海洋生态环境保护与修复

潘 毅 主编

科学出版社

北京

内 容 简 介

海洋生态环境保护与修复是中国海洋战略的重要组成部分。对海洋生态灾害进行有效预防和治理、有效恢复受到破坏的海洋生态系统、开展海洋生态文明建设工作，需要依赖具有专业知识的人才。本教材以海洋生态环境保护与修复为引，在注重基础、反映前沿的原则下，侧重工程应用，通过大量现场图片和工程案例，总结了各种海洋生态灾害及应对措施，针对不同海岸类型介绍了生态修复基础理论和修复方法，旨在帮助读者对海洋生态环境保护与修复的理论和方法建立总体上的认知。

本教材可供海洋资源开发技术、海岸带资源与环境等专业的本科生和研究生学习使用，也可供从事海洋、海岸生态修复的工程师、管理人员和科研工作者参考。

图书在版编目（CIP）数据

海洋生态环境保护与修复 / 潘毅主编． —北京：科学出版社，2022.4
ISBN 978-7-03-071911-9

Ⅰ．①海… Ⅱ．①潘… Ⅲ．①海洋环境—生态环境保护—研究—中国 ②海洋环境—生态恢复—研究—中国 Ⅳ．① X321.2 ② X145

中国版本图书馆 CIP 数据核字（2022）第044820号

责任编辑：席 慧 韩书云 / 责任校对：严 娜
责任印制：张 伟 / 封面设计：蓝正设计

科 学 出 版 社 出版
北京东黄城根北街 16 号
邮政编码：100717
http://www.sciencep.com
北京凌奇印刷有限责任公司印刷
科学出版社发行 各地新华书店经销
*
2022年 4 月第 一 版 开本：787×1092 1/16
2024年 7 月第三次印刷 印张：11
字数：280 000
定价：49.80元
（如有印装质量问题，我社负责调换）

编 委 名 单

主　　编：潘　毅（河海大学）
副 主 编：胡　湛（中山大学）
　　　　　许春阳（河海大学）
　　　　　张甲波（河北省海洋地质资源调查中心）
　　　　　彭逸生（中山大学）
编写成员：（按姓氏笔画排序）
　　　　　白　雪（河海大学）
　　　　　刘玉虹（河海大学）
　　　　　许春阳（河海大学）
　　　　　李　欢（河海大学）
　　　　　宋　伦（辽宁省海洋水产科学研究院）
　　　　　张　宇（自然资源部海洋咨询中心）
　　　　　张甲波（河北省海洋地质资源调查中心）
　　　　　张学庆（中国海洋大学）
　　　　　陈作艺（河北省海洋地质资源调查中心）
　　　　　周　曾（河海大学）
　　　　　屈小开（河海大学）
　　　　　胡　湛（中山大学）
　　　　　姜　龙（河海大学）
　　　　　姜德刚（自然资源部海岛研究中心）
　　　　　娄　琦（中国海洋大学）
　　　　　彭逸生（中山大学）
　　　　　雷　刚（自然资源部第三海洋研究所）
　　　　　潘　毅（河海大学）
主　　审：郑金海（河海大学）

序

　　海洋是生命的摇篮，占地球表面70.8%的面积，拥有丰富的渔业、旅游、能源、矿产、交通资源，以及未来可期的新能源和空间资源，是人类赖以生存和发展的重要载体，关系着人类的前途和命运。海洋资源的开发利用越来越受到世界各国的重视，科学、可持续、遵循自然规律地开发利用海洋资源已经成为人类共识。然而，在气候变化和人类活动的影响下，海洋生态环境的污染和破坏事件仍时有发生，如频发的海洋溢油、赤潮暴发、新污染物灾害，以及持续性的海洋生态环境退化等，成为海洋资源可持续开发利用面临的重要挑战。

　　2010年以来，我国先后实施了海域海岛海岸带整治修复保护、海岛生态修复示范与领海基点保护试点项目、"蓝色海湾"整治行动、渤海综合治理攻坚战行动、海岸带生态保护和修复重大工程、红树林保护修复专项行动、海洋生态保护修复等项目，生态系统退化态势得以遏制，生态环境质量明显改善，取得了显著的社会、经济与生态效益。海洋生态环境保护与修复作为实现人与自然和谐共生的重要途径，不仅是当前海洋领域学术界和工程界的研究热点，也是推进海洋生态文明建设和落实联合国2030年可持续发展目标的重要任务。

　　为传播海洋生态环境保护与修复的专业知识，培养学生实事求是的科学态度和精益求精的工匠精神，为相关行业输送高水平人才，河海大学开设了"海洋生态环境保护与修复"专业课程，重点介绍各类海洋生态灾害和应对措施，以及不同类型海岸的侵蚀退化机制和修复手段。《海洋生态环境保护与修复》一书为该课程的配套教材，注重基础理论、学术前沿和实例教学，通过大量现场图片和工程案例，加强学生对海洋生态环境保护与修复基础理论和实践方法的总体认知。全书内容丰富、条理清晰、覆盖面全，对传播海洋生态环境保护与修复知识和了解相关领域的最新研究进展有重要价值，可作为高等院校、科研机构有关学科的教学和研究工作的重要参考书。

河海大学教授　郑金海

2021年12月

前　言

　　本书围绕海洋灾害的概念、特征、防治、修复开展论述，前半部分介绍各种海洋生态灾害及防治措施，后半部分针对不同海岸类型介绍生态修复方法。第1章为概论，第2章至第7章讲述了各种海洋生态灾害及应对措施，包括赤潮、绿潮、海上溢油、水母灾害、海洋生物入侵等生态灾害的概念、特征、危害及防治对策，介绍了微塑料等新污染物的概念、特征及危害，并简述了海洋生态损害评估理论及方法；第8章至第11章讲述了不同类型海岸，包括沙质海岸、盐沼海岸、红树林海岸和海岛海岸的生态修复方法，通过理论结合案例，深入浅出地讲解海洋生态环境保护与修复的理论和方法。

　　本书由来自8家高校和科研院所的18位教学、科研人员编写完成。第一章由河海大学潘毅编写，第二章由河北省海洋地质资源调查中心张甲波、陈作艺编写，第三章由河海大学姜龙编写，第四章由中国海洋大学张学庆、娄琦编写，第五章由河海大学白雪、许春阳编写，第六章由辽宁省海洋水产科学研究院宋伦、河海大学屈小开编写，第七章由河海大学李欢、刘玉虹编写，第八章由河海大学潘毅、自然资源部第三海洋研究所雷刚编写，第九章由河海大学周曾编写，第十章由中山大学彭逸生、胡湛编写，第十一章由自然资源部海岛研究中心姜德刚、自然资源部海洋咨询中心张宇编写。

　　本书的出版得到了江苏高校品牌专业建设工程经费和河北省海洋岸线生态修复与智慧海洋监测工程研究中心的资助，在此表示感谢。

　　限于编者水平，本书难免有不足之处，敬请读者指正。

编　者

2021年8月

目　录

第1章

1.1　引　言

进入21世纪，人类面临着日益严峻的能源短缺、气候变化、粮食安全、生存空间不足等问题，这些问题的解决措施之一是对海洋的开发。随着海洋开发的呼声越来越高，原来以"渔盐之利，舟楫之便"为目标的海洋经济，已经拓展到千米水深的海底油气；原来以为不可能有生命的深海底下，居然滋养着地球上30%的生物量；自古以来被留给神话世界的深海远洋，近来变成了资源勘探的对象（国家自然科学基金委员会，2012）。然而，无序的过度开发会给海洋生态环境带来一系列破坏，这些破坏的完全修复需要数十年的时间，甚至有些破坏是不可逆的。图1.1为2010年墨西哥湾发生深海石油平台溢油后船只在清理海上原油的图片。研究表明，这次震惊世界的溢油事故对墨西哥湾生态环境造成的危害可能要持续数十年之久。

彩图

图1.1　墨西哥湾发生溢油后船只在清理海上的原油
美国国家海洋和大气管理局应急和修复办公室（ORR，NOAA）（https://www.flickr.com/photos/noaa_response_restoration/12685861633），原图名为Skimming oil in the Gulf of Mexico during the deepwater horizon oil spill

人类对陆地开发的过程中，对自然环境、生态系统的不了解和不重视，引发了诸如莱茵河污染事件等恶劣的生态灾难。为了避免走这条"先污染，后治理"的老路，中国将生态文明建设作为国策来推进，对海洋生态的保护与修复尤为重视。事实上，世界各国均制定了类似的国家战略，如遵循自然的建设（building with nature）、顺应自然的工法（working with natural process）等。2015年以后，中国发动了"蓝色海湾"整治行动、渤海综合治理攻坚战行动、海岸带生态保护和修复重大工程等国家层面的海洋生态环境保护与修复计划，以保证在对海洋资源的开发过程中做到保护性、可持续性的开发，并对已遭到破坏的海洋生态环境开展了全国范围的修复工作。

目前，各国学者对于主要海洋生态灾害（如赤潮、溢油、生物入侵等）的发生和发展机制已经有了不同程度的认知，也提出了一些可行的处置对策；对于不同海岸类型的生态修复方法，在数十年的实践中探索前行，取得了丰硕的研究成果。

1.2 生态系统、生态环境、生态灾害和生态修复

生态，简单地说，就是指一切生物的生存状态，以及它们之间和它们与环境之间环环相扣的关系。地球上的森林、草原、沙漠、河流、湖泊、海洋等自然环境的外貌千差万别，生物组成也各不相同，但它们都是由生物与环境共同构成的一个相互作用的整体，将其称为生态系统（陈凤桂等，2015）。生态系统（ecosystem）是指在一定时间和空间范围内，生物（一个或多个生物群落）与非生物环境通过能量流动和物质循环所形成的一个相互联系、相互作用并具有自动调节机制的自然整体（沈国英等，2010）。生态系统是一个宽泛的概念，其范围根据研究目的和研究对象而定。一片草地、一个湖泊、一片湿地、一个河口三角洲都可以视为一个相对独立的生态系统。从大的范围来说，整个陆地或海洋也可视为两个巨大的生态系统。与陆地生态系统相比，海洋生态系统较复杂且不稳定。海洋生物的大小跨越8个数量级，整个食物链的基础是$1\sim100\mu m$大小的自养浮游生物，而次级生产力仍然是$0.1\sim100mm$的浮游动物。海洋锋面和跃层等中尺度海洋物理过程及与悬浮颗粒物和沉积物有关的生物地球化学循环，都会影响海洋生态系统。2005年，联合国发表的"千年生态系统评估报告"，将近海的资源与环境列为特别关注的生态系统，指出近海生态系统与人类的文明活动最为密切，但目前正以前所未有的速率在许多地区发生着不可逆转的变化（Millennium Ecosystem Assessment Board，2005）。

生态环境（ecological environment）则泛指生态系统及其所处的环境，是指生物群落及非生物自然因素组成的各种生态系统所构成的整体，并间接地、潜在地对人类的生活和生产活动产生深远的影响。生态环境有时与自然环境可以混用，但自然环境比生态环境的范围要更加宽泛，比如仅由非生物因素组成的整体，虽然可以称为自然环境，但并不能称为生态环境。多数情况下，二者所表达的含义是一致的，如当我们提到自然环境遭到破坏时，其含义等同于生态环境遭到破坏。

生态灾害是指由于生态系统平衡改变给生态系统本身及人类经济社会带来的各种不良后果。海洋生态灾害是生态灾害的一种，是由自然和人为因素所引起的、损害近海生态环境和海岸生态系统的灾害，多数由陆源污染入海后引发的一系列海洋生态问题造成，比较典型的海洋生态灾害有赤潮、绿潮、灾害水母、生物入侵和溢油次生灾害等（宋伦和毕相东，2015）。例如，2010年7月，大连新港附近中石油输油管道起火爆炸，导致1500t原油进入海洋，约$430km^2$海域受到污染，重度污染海域$12km^2$，对周边海域的海洋生态、渔业和养殖业造成了严重影响。溢油发生后2周，在周边海滩观测到渗入地表以下的油污如图1.2（a）所示，这些油污需要采用人工配合生物、化学的方法予以清理。中国山东、江苏沿海的浒苔暴发（也称绿潮灾害）也是一个典型的海洋生态灾害案例。山东海岸线分布着众多的优质旅游海滩，自2005年以来，基本上每年夏季都会出现不同程度的浒苔暴发现象，挤占其他海洋生物的生存空间，且严重影响海滩的旅游功能。如图1.2（b）所示，严重暴发时，浒苔占据整个近岸水体。对于浒苔的暴发，目前多数海滩仍然采用较为直接的人工清理方法，但清理效率较低，多数情况下跟不上浒苔的暴发速度。

彩图

图1.2　海洋生态灾害案例

（a）大连新港溢油2周后在附近砾石滩滩面以下观测到的油污；（b）青岛旅游海滩的浒苔暴发

受生态灾害、水体污染、人类工程等的影响，海岸生态环境易受破坏，会发生生态系统的退化。各种海岸类型的生态环境退化特征不一，多数以植被的退化、生物量的减少、原本生态平衡被打破和原本海岸功能的丧失为标志。而针对各种类型的海岸退化，世界各国的工程师采用了各种方法试图对退化的生态环境和海岸环境进行修复，从上百年的工程实践中形成了不同的理论体系并针对新浮现的问题不断进行完善。图1.3给出了一个经典的沙质海岸修复案例，在中国北戴河海滩，采用人工吹填和机械整平的方式，正对遭受严重侵蚀的海滩进行宽度拓展。沙质海岸的修复历史悠久，实施起来相对较为简单，通常以恢复海滩宽度和投放生态鱼礁等为主要措施。对于其他类型的生物海岸，修复过程则更为复杂和困难，其措施包括寻找和降低导致其生态环境退化的环境胁迫、寻找和筛选合适的先锋物种等。

彩图

图1.3　中国北戴河海滩修复实例

1.3　教学内容和目标

本书的教学内容主要分为生态灾害和生态修复两大部分。

第一部分讲海洋生态灾害，讲述了各种海洋生态灾害及应对措施，包括赤潮、绿潮、海上溢油、水母灾害、海洋生物入侵等生态灾害的概念、暴发机制、特征、对生态环境的危害及防治对策，介绍了微塑料等新污染物的概念、特征及危害，并简述了海洋生态损害评估理论及方法。

　　第二部分讲海岸生态修复，涉及的海岸类型包括沙质海岸、盐沼海岸、红树林海岸和海岛海岸，讲述了各种海岸类型的侵蚀退化机制、破坏现状和分布特点、动力学和生态学原理、模拟预测方法，以及不同生态修复方式的特点和适用范围；并结合典型工程案例，深入浅出地讲述了海洋生态环境保护与修复的方法和理论。

思 考 题

1. 回忆生活中接触到的各类新闻，你能想到哪些典型的海洋生态灾害？
2. 为什么近海和海岸生态系统需要特别关注？

参 考 文 献

陈凤桂，张继伟，陈克亮，等. 2015. 基于生态修复的海洋生态损害评估方法研究. 北京：海洋出版社：141

国家自然科学基金委员会. 2012. 未来10年中国学科发展战略：海洋科学. 北京：科学出版社：194

沈国英，黄凌风，郭丰，等. 2010. 海洋生态学. 3版. 北京：科学出版社：360

宋伦，毕相东. 2015. 渤海海洋生态灾害及应急处置. 沈阳：辽宁科学技术出版社：278

Millennium Ecosystem Assessment Board. 2005. Ecosystems and Human Well-being: A Framework for Assessment. Washington, DC: Island Press: 245

第2章

赤潮灾害及防治对策

当温度、营养盐等条件合适时，某些藻类大量生长，引起海水呈现红色，引发赤潮（red tide），闻名世界的红海或因此而得名。然而事实上，赤潮带来的并不只是红色的海水而已，也会给当地生态环境带来一系列不利影响。本章从赤潮的危害、成因、发生发展过程、预报技术和应对策略的角度，对赤潮现象进行全面的介绍。

2.1 赤潮现象及其危害

2.1.1 赤潮简介

赤潮是指在一定的环境条件下，海洋中的浮游微藻、原生动物或细菌等在短时间内突发性链式增殖和聚集的海洋生态异常现象。从字面意思来看，多数人会认为赤潮发生时会使海水呈现红色，其实这是不正确的。赤潮发生时，海水的颜色取决于此时占优势的赤潮生物的种类，因此有时造成的海水颜色不一定是红色。例如，大部分中缢虫赤潮为砖红色，夜光藻赤潮为粉色，硅藻赤潮为黄褐色，定鞭藻类赤潮为褐色，赤潮异弯藻赤潮为酱油色，而膝沟藻或裸甲藻赤潮达到一定数量时，有时不会使海水呈现任何颜色。图2.1给出了中国暴发的几场典型的赤潮灾害图片。

彩图

图2.1 各种颜色的赤潮（青岛市海洋发展局）
图中椭圆圈内是赤潮暴发时的颜色变化

大多数赤潮是无害的，但是可以产生毒性或者严重破坏海洋生态系统的赤潮称为有害藻华（harmful algal blooms），其是严重威胁、危害海洋生态环境和人类健康的一种海洋灾害。"赤潮"和"有害藻华"是不同的概念，"有害藻华"倾向于藻华的危害性，而"赤潮"则侧重指赤潮生物的快速增殖与聚集的现象。例如，有些赤潮生物在低密度下仍然产生危害，但是有一些赤潮生物在海水中大规模增殖仍然没有害处。

2.1.2　赤潮的危害

赤潮的危害主要表现在以下4个方面。

1．对近海景观的影响

多数赤潮暴发时一个明显的特点是引起水体变色，或呈血色，或混沌污浊，破坏了正常海水的蔚蓝、清澈，严重者有碍观瞻。特别是在赤潮发生的后期，即消亡阶段，由于大量赤潮生物死亡分解，以及因赤潮而死亡的其他生物的腐烂，整个水体发臭、发腥，表层浮有大量的泡沫，海洋景观遭到严重破坏。如果发生因有毒赤潮而人员受害的情况，更会严重影响该区的旅游业、商业交流，造成难以估算的经济损失。例如，据统计美国佛罗里达州只1973～1974年的赤潮造成旅游业的损失就达1.5亿美元。

2．对水产养殖业的影响

水产养殖业每年由赤潮导致的损失都非常惊人，赤潮发生时，主要通过以下几种方式危害水生生物：①赤潮生物在生活过程中分泌黏液，黏附于鱼类等海洋动物的鳃上，妨碍其呼吸，导致其窒息死亡；②有些赤潮生物能分泌出有害物质（如氨、硫化氢等），危害水体生态环境并使其他生物中毒；③有些赤潮生物能产生毒素，直接毒死养殖生物或者随食物链转移，甚至引起人体中毒死亡；④赤潮暴发时，导致水体缺氧或造成水体有大量硫化氢和甲烷等，使养殖生物缺氧或中毒致死；⑤在水的表层，大量密集的赤潮生物吸收阳光，遮蔽海面，使其他海洋生物因得不到充足的阳光而死亡。经过统计发现，赤潮发生的后期对水产养殖业带来的危害最大，这是由于在赤潮的消亡阶段，赤潮生物死亡分解导致水体中溶氧匮乏、有机物和细菌的增加促进了各种病菌的大量滋生繁殖，加上各种养殖鱼类、虾类经过赤潮后身体虚弱，抵抗能力差。

3．对人类健康的影响

当赤潮暴发时，若赤潮生物是有毒种时，某些种排放出的有毒化合物可能会随风传播，影响人的皮肤、呼吸道健康；更为普遍的是有毒赤潮生物的毒素可能随着食物链传入人体，直接危害人的健康。例如，多边膝沟藻（*Gonyaulax polyedra*）在其自身代谢过程中能产生一种麻痹性贝毒，这些贝毒能通过食物链转移到贝类的体内并形成累积，人们不慎食用这些毒贝就会中毒。

4．对海洋生态平衡的破坏

海洋是一种生物与环境、生物与生物之间相互依存、相互制约的复杂生态系统，在正常情况下，系统中的物质循环、能量流动都处于相对稳定的动态平衡中。当赤潮发生时，恶性增殖的赤潮生物破坏了这种平衡。例如，在浮游藻引发的赤潮初期，由于藻类的光合作用，水体会出现高叶绿素a含量、溶解氧、化学耗氧量，这种环境因素致使一些海洋生物不能正常生长、发育、繁殖，导致一些生物逃避甚至死亡，破坏了原有的生态平衡。

2.1.3　近岸海域典型赤潮藻种

目前发现的赤潮生物有330多种（图2.2），其分布极为广泛，几乎遍及世界各个海域。藻类植物甲藻门有60多种能引起赤潮，其中夜光藻（*Noctiluca scintillans*）、短裸甲藻（*Gymnodinium breve*）及多边膝沟藻（*Gonyaulax polyedra*）等最为常见。夜光藻是热带和亚热带海区发生赤

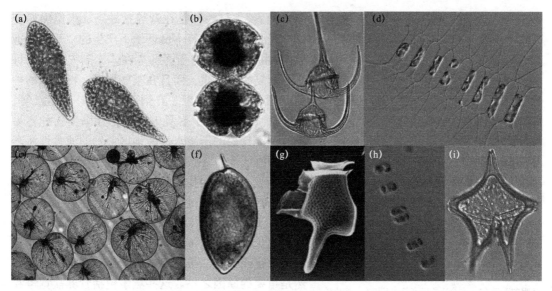

图2.2　各种引发赤潮的生物

（a）古老卡盾藻（*Chattonella antiqua*）；（b）链状亚历山大藻（*Alexandrium catenella*）；（c）三角角藻（*Ceratium tripos*）；（d）洛氏角毛藻（*Chaetoceros lorenzianus*）；（e）夜光藻（*Noctiluca scintillans*）；（f）海洋原甲藻（*Prorocentrum micans*）；（g）具尾鳍藻（*Dinophysis caudata*）；（h）极小海链藻（*Thalassiosira minima*）；（i）透明原多甲藻（*Protoperidinium pellucidum*）

彩图

潮的主要种类；海洋原甲藻（*Prorocentrum micans*）是太平洋东海岸赤潮的主要种类之一；红海束毛藻（*Trichodesmium erythraeum*）、薛氏束毛藻（*T. thiebautii*）、汉氏束毛藻（*T. hildebrandtii*）是引起中国东海赤潮的常见种。原生动物中的某些种类，如缢虫（*Mesodinium* sp.）等也属于赤潮生物，其繁殖过盛也可引起赤潮。中国沿海的赤潮生物约有136种，其中43种曾引发过赤潮。

2.2　赤潮的成因及生消过程

2.2.1　赤潮的成因

赤潮是一种复杂的生态异常现象，是海洋生物、海洋物理、海洋化学融合交汇的过程。而全球气候变化、人类活动加剧等对近年来赤潮频发有重要影响。例如，人类活动导致的近海富营养化是赤潮频发的物质基础。本节从生物成因、物理成因、化学成因三个方面对有害赤潮的暴发原因进行阐述。

1. 有害赤潮的生物成因

第一，赤潮生物物种的存在是暴发赤潮的第一要素。海洋浮游微藻是引发赤潮的主要生物，在目前发现的4000多种海洋浮游微藻中有260余种能形成赤潮，其中有70多种能产生毒素（也有文献报道，目前已被确定的有毒赤潮生物有83种）。分布于中国沿海的赤潮生物约有136种（其中43种曾引发过赤潮），分别隶属甲藻20属65种，硅藻22属58种，蓝藻2种，金藻4种，针胞藻3种，绿色鞭毛藻2种，隐藻和原生动物各1种。

第二，赤潮生物的孢囊在有些赤潮生物的生命周期中占有重要位置。孢囊既可能是赤潮发生的"种源"，又可能是后期赤潮消亡的原因之一。图2.3描述了亚历山大藻生命周期中孢囊的形成、萌发过程。通常孢囊有两种类型：一种是能越冬的具外膜的休眠孢囊，称为"季

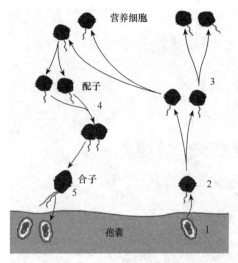

图2.3　亚历山大藻的生命周期

休眠的孢子（1）在合适的环境条件下萌发，产生游动细胞（2），分离产生群体（3），当外界条件不利于藻细胞的生长时，分离停止，形成配子（4）和合子（5），然后又形成孢囊

节性孢囊"；另一种是在营养盐缺乏、水温突然变化、光照条件不足等不良环境下产生的"暂时性孢囊"。由于赤潮生物孢囊的存在，赤潮灾害可以每年周而复始地发生，而且在某些海区，特定生物种的赤潮往往连续发生（齐雨藻，2003；周名江等，2001）。也正是由于孢囊的存在，赤潮生物种容易随着远洋轮船的压舱水、跨地区消费的滤食性海产品而跨海区传播，加剧了赤潮灾害的全球蔓延。

第三，其他生物对赤潮生物的生长也有明显影响。①在赤潮暴发过程中，海域内的浮游生物种类逐渐由平衡多样性向单一化发展，个别种出现异常增殖现象。虽然这种现象的成因十分复杂，有些问题迄今也还未能获得完满的解释，但种间的竞争显然是重要的原因之一。这些竞争包括营养盐竞争和克生作用，即物种之间可能会分泌某些化学物质，相互抑制。在竞争中获得优势的物种将有可能进一步繁殖，暴发成赤潮。②海洋中大量的细菌类微型生物可能促进了赤潮生物的生长。大量陆源污水和投海垃圾导致海水中的营养盐富足，经过海水中细菌类生物的必要分解转化，给赤潮藻的生长、增殖提供了必要的无机氮、磷等营养盐。特别是细菌通过对入海有机质和死亡的各种生物体的分解，给赤潮藻增殖提供了大量促进物质（如维生素B_{12}、维生素B_1、生物素以及核酸、嘌呤、嘧啶、酵母自身消化产物等）。另外，对于某些兼养和异养的赤潮种，大量的细菌可以直接成为其食物来源。③作为海洋浮游藻类最直接的、最普遍的捕食者的海洋浮游动物，对赤潮藻的生长增殖有着明显的影响。大量浮游动物的摄食直接给赤潮藻种带来压力，使赤潮生物的增殖处于稳定的平衡状态。但如果生态系统内存在的平衡关系由于特殊原因或被外来作用破坏而丧失时，比如浮游动物数量锐减，赤潮藻所受到的摄食压力明显减弱，形成赤潮的机会就会大大增加。

2. 有害赤潮的物理成因

第一，地理环境是赤潮形成的一个重要因素。在一个特定的海域，如封闭性内湾，水体交换能力差，若该海域存在富营养化，稀释、扩散不利，则营养物质会大量积累，为赤潮生物大量繁殖创造充分的物质条件。除自然的海湾外，一些人为建筑如堤坝、港口等，容易改变原来交换良好的水体环境而为赤潮形成创造条件。具有淡水径流的河口区域，也较易发生赤潮，由径流带来的丰富的营养盐也给赤潮生物提供了充分的物质基础。近几年在中国渤海湾、长江口海域频繁暴发赤潮灾害，其特定的地理环境是一个非常重要的促成因素。

第二，赤潮的形成与所在海区的水文状况密切相关。水体的稳定性在甲藻赤潮发生过程中最为重要，小范围的海洋搅动会使甲藻生长受到明显的抑制作用，但随着较平静环境的出现，甲藻会恢复生长。很多赤潮监测报告指出，赤潮发生前以及发生时，海区多处于一个"平静"的状态，风小，气压低，水体搅动少。室内培养甲藻也要求少搅动才有利于其生长。可见海水的稳定性是赤潮生物，特别是甲藻增殖、发展形成赤潮现象的重要因素。

第三，也有研究表明上升流的存在是赤潮形成的一个诱因。上升流会使水底的营养盐上浮，有可能把存在于底部的孢囊带到水面，若大量萌发则可能形成赤潮。潮汐在近岸赤潮形成中起重要作用，夜光藻数量与潮汐密切相关，在一个潮周期中，夜光藻数量高峰出现在高潮时，数量低谷与低潮相对应。

第四，赤潮的发生与很多气象条件关系密切，很多赤潮发生监测报告中指出低气压、微风、大雨、持续高温都能促进赤潮发生。季风转换常导致底泥中的营养素上升到水面，若配合适当的环境因子，赤潮生物便会大量繁殖，并出现赤潮。梁松等（2000）指出，南中国海赤潮的季节性周期与3~5月由东北季风向西南季风转换一致，微风可促使大量赤潮生物较稳定地聚集形成赤潮带，风速的减弱是某些藻种（如海洋卡盾藻）赤潮发生的重要因子。

另外，适宜的水温、盐度及光照是赤潮形成的必要因子。同其他生物一样，各种赤潮生物生长都有一定的最适宜生长温度和盐度。赤潮生物的生理活动、体内酶活性等都需要一个适宜的温、盐度范围，而且赤潮生物在全球的分布特征也多与其较适宜的温、盐度相关，表现出冷、温、暖水性及半咸水性、高盐性和广盐性等特征。

3．有害赤潮的化学成因

赤潮现象是由大量的浮游生物聚集造成的，因此充分的营养基础是促使这些生物形成巨大生物量的前提条件。早在20世纪50年代，人们就发现氮、磷及某些微量元素在鞭毛藻类增殖中具有重要的作用。20世纪70年代，学者确立了氮、磷两种元素在赤潮增殖中的重要作用，并且提出某些种类大量繁殖有特殊的营养要求，如维生素B_{12}、锰、酵母消化产物及一些有机氮化合物等，使人们对赤潮发生机制的认识有了突破性进展。

虽然赤潮发生的机制还没有完全研究清楚，但是众多的调查及研究结果证明，赤潮的分布及发展与所在海域的海洋污染，特别是与有机物污染有密切关系。水体中的营养盐（如氮、磷、硅等）、有机物、微量元素（如铁、维生素等）与藻类的生长繁殖密切相关。随着沿海经济的发展，海域富营养化日趋严重，赤潮现象也频繁发生。

2.2.2　赤潮的生消过程

赤潮持续的时间长短不一，且发生的规模也各不相同。往往赤潮现象来得突然，消失得也很快。持续时间长、发生规模大的赤潮属于少数。目前，由于现场跟踪困难，赤潮发生的机制尚无法完全揭示。但是通过多年大量的现场追踪与科学验证，科学工作者已基本确定赤潮从形成到消亡基本分为起始阶段、发展阶段、维持阶段与消亡阶段4个阶段。

1．起始阶段

赤潮起始阶段始发于孢囊、休眠体或休眠孢子，也可以是藻类经过冬季存活的营养体。当这些藻细胞遇到适当的外部环境，并且受到其他海洋生物相对较弱的设施压力时，赤潮生物就会开始生长，随后大量增殖。在特定海域，能否形成赤潮取决于生物、化学及物理因素。生物因素为赤潮生物的种类、来源与组成；化学因素主要指营养盐、微量元素、维生素等赤潮生物的生长需要从外界摄取的必要化学物质；物理因素包括适宜的温度、一定的光照及水体的垂直混合。

2．发展阶段

发展阶段又称形成阶段，是赤潮生物的生物量指数增长的阶段。在发展阶段，赤潮生物已基本适应所在海域的温度、盐度、光照等水文环境。此外，赤潮生物受到捕食者产生的捕食压力较低或者在该区域竞争力优于其他生物。在这一阶段，赤潮生物量随时间在很大程度上呈指数增长，并达到可利用的营养盐与微量元素所决定的最大生物量，从而形成赤潮。

3．维持阶段

维持阶段又称持续阶段，是赤潮生物的生物量达到最大值的阶段。单向型赤潮在数量达到一定密度时会进入维持阶段。不同赤潮生物形成的赤潮在维持阶段的密度不尽相同。当赤潮生物的增长量高于被捕食量或自然死亡等减少量时，这种维持阶段才能保持此种状态。维持阶段的时间长短取决于温度、盐度、光照、营养盐、水团的稳定性等。如果该阶段随水流扩散较弱，营养盐与微量元素及水文等物理因素稳定，则赤潮持续时间相对较长。

4．消亡阶段

消亡阶段是指赤潮生物的生物量下降，赤潮现象消失的过程。赤潮消亡的原因可归结于被捕食、细胞裂解死亡、平流传输、营养限制、寄生及生活史状态的转变等。也有专家指出，水动力条件在赤潮的消亡过程中发挥着重要作用。此外，台风、阴雨及温度等也是重要的影响因素。除上述因素之外，一些藻类生物或者其他微生物的他感物质可能引起藻细胞的溶解及细胞凋亡，甚至一些微生物，如杀藻细菌、藻病毒、噬藻体等，可以直接作用于藻细胞，从而杀死藻体。

值得注意的是，赤潮消亡过程往往会对渔业、旅游业产生严重的危害。大量的赤潮生物死亡，通常伴随着海区含氧量降低的现象，会造成其他海洋生物的缺氧死亡。此外，赤潮生物在分解过程中还可以产生许多有害物质，如H_2S等，从而威胁到海域经济养殖资源及破坏当地旅游产业。

2.3　赤潮灾害预警预报技术

2.3.1　赤潮灾害预警预报概念

1．赤潮后报

后报是用当时不具备的知识或信息对发生在过去的事情或现象进行解释。从技术角度来讲，就是利用模型方法在事件过后对事件过程进行模拟，以模拟回溯事件过程。例如，利用已有的赤潮模型对历史上某个赤潮过程进行反演、拟合以得到整个赤潮过程就属于这个范畴。从赤潮减灾角度来看，这项工作是在所需预测的事件发生之后，时间长短也无明确的界定和要求，有助于对赤潮过程要素的了解和发生机制的掌握，但不具备实际应用价值。

2．赤潮现报

现报是通过某种技术方法获取事件的现势信息，并对在空间上未知的信息进行内插或外推，以了解事件的全貌。此项工作在时间上通常与事件同步或滞后于事件很短的时间（小时或天），如滞后数天或更长，则丧失了实际应用意义，也就变成了后报。从实际情况来看，它实际是一种具有明确时限要求的监测，即现在通常所说的实时或准实时监测。目前所做的赤潮卫星遥感业务化监测就是对赤潮的现势性进行监测，即相当于赤潮现报。

3．赤潮预报

赤潮预报是在对赤潮的过去和现势性生物学或环境学信息了解和掌握的基础上，依据灾害机制和数学方法对未来一定时间范围内赤潮灾害灾情要素的发生发展趋势做出定性或定量说明。依据预测时间的长短，赤潮预报又可分为预警、短期预报、中期预报、长期预测等。

2.3.2 单因子预警预报模型

1. 基于叶绿素a的预报模型

大多数赤潮是伴随着细胞数暴发性增殖出现的，这种增殖过程表现为指数增长（图2.4），绝大多数的赤潮都有一个群落生物量指数增长的过程，由于所有浮游植物门类都含有叶绿素，叶绿素a含量可反映海区现有浮游植物浓度的高低，根据实测资料分析，当叶绿素a含量从正常值上升至10mg/m³以上，并有迅速增加的趋势时，就可预警赤潮即将发生。另外，由于赤潮生消机制的复杂性和不确定性，在当前赤潮发生的机制尚不完全清楚的前提下，从赤潮发生表征因子——叶绿素a的特征信息来预测赤潮成为可能。

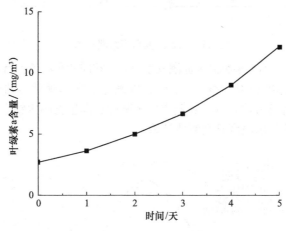

图2.4 指数增长模型示意图

在实际操作中，以叶绿素a含量大于基准值C_0（mg/m³）的一天为起点，如果在连续的2天内，所测出的叶绿素a含量呈指数型增长的趋势，则判断未来1～3天内可能会发生赤潮；否则判定为2天之内发生赤潮的可能性较小；如果叶绿素a含量小于1mg/m³，则判定为2天内不可能发生赤潮。可表示为

$$C_N = C_0 e^{KT_N} \tag{2.1}$$

式中，C_N为某天的叶绿素a含量，mg/m³；K为叶绿素a增长速率，天；T_N为距考察开始的时间，天。

2. 基于积温的中期预报模型

海水温度的变化幅度也与赤潮生物增殖速度有一定的关系。王正方等的研究表明，海洋原甲藻增殖同温度的关系密切，尽管起始密度、培养介质相同，因温度不同，细胞密度也不相同。（25±2）℃的生长曲线上，细胞密度在第9天有最高值，其次分别为（28±2）℃、（22±2）℃、（18±2）℃。其中32℃和10℃的值相当低。以上结果表明在赤潮生消过程中，生物学零度、适宜生长温度、最佳生长温度、温度变化率的作用相当明显。

由于同一种赤潮生物在不同的海区表现出不同的生态习性，其暴发的时间也不尽相同，因此可以推定，同一种赤潮生物在每个生长发育阶段所需要的积温是相同的，有效积温在这个过程中起到了控制作用。海水温度在不同年份，其变化规律总体一致，但升温或降温幅度不尽相同，只有海水温度超过或低于这个积温值时，才会诱发或抑制赤潮的发生，气候变化或其他因素导致的积温值的提前或延后，会导致赤潮的提前或延后出现（图2.5）。也就是说，

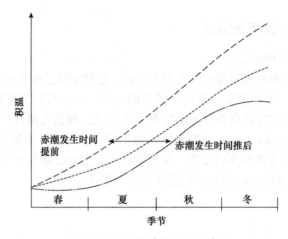

图2.5　积温预报赤潮原理示意图

根据以往统计结果即使达到了某类藻种赤潮发生时间，相应的积温值没有达到也不会发生赤潮。

通过建立藻种的标准积温曲线（图2.6），以确定不同赤潮种类的标准发生时限和积温数。按照有效积温的计算方法，其计算起点应为某种赤潮生物的生物学零度。年标准积温曲线以特定海域多年平均海水温度日观测值计算。

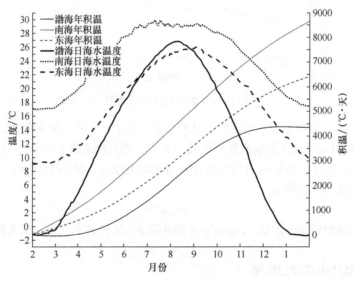

图2.6　各海区日均海温变化情况及积温曲线

预报模式为细胞密度的变化率与最适宜温度（T_s）的变幅（ΔT）有关，即

$$\frac{\mathrm{d}N}{\mathrm{d}t} = \frac{\mathrm{d}(T - T_s)}{\mathrm{d}T} \tag{2.2}$$

积温大小是热量多少的标志，一般通用预报模式为

$$D = D_1 + \frac{A}{t - B} \tag{2.3}$$

式中，N为细胞密度；T为海水温度；D为所要预报的某一生消过程（如孢囊萌发）距某一日期（孢囊休眠）的天数；D_1为前一个生消过程距某一日期的天数；A为这两个过程之间的有效积温常数；B为所要预报的某一过程与前一个过程赤潮生物开始生长发育的生物学下限温

度；t 为根据海温观测资料和长期海温预报得到的两个过程之间的平均海水温度。

3．水质生态模型

构建水质生态模型，可以采用浮游植物、浮游动物、颗粒有机碳、溶解有机碳、总无机氮、总无机磷、溶解氧和化学需氧量等参数。目前所构建的单点水质生态模型的模拟结果和实测资料虽然存在一定的差异，但是总体上能把握生态系统的变化特点；而且各水质要素之间存在较为密切的关系，这一点在模拟结果中也能客观地体现。若想模拟结果更为准确，要结合水文、气象数值模型综合分析，对模型进行二维化开发，同时要对水质生态系统模型的生物化学过程进行进一步的研究，特别是要对某些关键过程的参数化方案进行进一步的改进。

2.3.3　其他预报模型

（1）漂移预测模型。赤潮漂移预测模型不考虑赤潮的生态繁殖扩展过程，而只考虑动力环境对赤潮漂移的影响，利用获取的风速和风向、流速和流向等数据计算赤潮生物团的漂移过程，应用粒子拉格朗日随机游走模式来模拟计算赤潮生物团的扩散过程。赤潮生物团在风和水流共同作用下，只考虑其在水平方向的物理过程。由于目前的赤潮漂移预测模型不考虑赤潮的生态繁殖扩展过程，而只考虑动力环境对赤潮漂移的影响。因此，漂移预测模型预报精度的检验对观测数据的要求比较高，需要对同一浓度的赤潮区域进行连续跟踪监测。

（2）大数据分析模型。其包括近岸海域水动力数学模型（如Delft3D模型、EFDC模型）和基于FBM粒子追踪的赤潮运移模型等。

2.4　赤潮灾害应对策略

2.4.1　赤潮应急消除技术

当养殖水体或近海海域已经发生赤潮时，为降低其危害，需要采取有效的直接手段控制或消除赤潮灾害。常见的治理方法可以分为物理法、化学法和生物法三大类。

1．物理法

物理法就是在赤潮治理中，利用某些设备、器材等分离赤潮水体中的赤潮生物或者在水体中设置特定的安全隔离区，利用某些机械装置灭杀、驱散赤潮生物的方法。物理法主要包括以下5种。

（1）过滤法。用吸水泵在赤潮密集区将赤潮水体吸入离心分离机或过滤装置，离心分离或加压过滤，去除大量的赤潮生物。日本运输省第三港湾建设局专门研制出了自吸式赤潮过滤船，并在濑户内海、大阪湾和神户港近海进行了几次大规模的试验，效果良好。

（2）隔离法。在赤潮暴发时，赤潮生物往往密集在水体表层，利用垂帘、泡沫等设立隔离帐，可阻止赤潮生物入侵养殖区，减轻有害赤潮的影响。2000年，韩国在暴发赤潮的养殖区进行了大量的隔离实验，取得了一定效果。另外一种隔离方法是"光隔离"，其原理是根据有些赤潮生物，如巴哈马梨甲藻（*Pyrodinium bahamense*）对光照的要求较高，可通过控制光照达到消除的目的。例如，向赤潮区域喷洒一层木炭粉，隔离光照，以达到消灭赤潮藻类的目的。

（3）光照射法。某些波长的光线对特定藻类细胞具有较强的灭杀作用。例如，波长为253.7nm的紫外线能杀死双脚多甲藻（*Peridinium bipes*）。进一步的现场实验表明，在一条船上装上紫外线灯，在5h内能够处理表层细胞密度为$1.0×10^3～5.0×10^4$N/mL（N代表个数，下文同）的潮水约$2.0×10^4m^2$，其去除效率是通常所用过滤法的10倍。

（4）超声波法。在适当的频率下，超声波引起的冲击波、射流、辐射压等可使水藻外壁破裂、细胞内物质流出而死亡，也可以破坏藻类细胞的气胞使之成为空化泡而破裂，从而达到消除赤潮的目的。早在1974年，日本水产厅就开始试验利用不同频率的超声波对赤潮生物进行消杀，发现用频率400kHz的超声波消杀2min的效果最佳。并有研究表明经过超声波处理后，褐胞藻和裸藻类的凝聚性均得到显著提高。但是，由于超声波的能量有限，其有效作用范围有限，应用时需要耗散大量能源，并且对水体中的生物有一定的负面影响。

（5）电解法。电解法消除赤潮依据的原理主要是利用海水盐度大、导电性强的特点，在海水中施加一定强度的电压，破坏浮游生物细胞。例如，在养殖隔栏外装有的金属电极网上加上一定电压，能够在不破碎浮游植物细胞的情况下迅速使其停止代谢，从而去除赤潮生物。该方法不影响海草类、贝类和鱼类生长，而且能通过电解海水增加养殖区溶氧。

2. 化学法

化学法是指利用化学产品或者矿物质杀死、抑制或去除赤潮生物的方法。这类方法是最早被采用、目前使用最多、发展最快的一类。化学法主要包括以下两种。

（1）灭杀法。灭杀法是利用化学药品直接杀死赤潮生物的赤潮治理方法，根据作用机制的不同，又可分为化学杀藻剂直接灭杀、无机杀藻剂氧化杀藻和有机除藻剂除藻。①化学杀藻剂：利用化学杀藻剂直接控制赤潮是常用的赤潮治理方法之一（俞志明等，1993）。早在19世纪末，人们就发现硫酸铜（$CuSO_4$）是一种非常有效的杀藻剂，但随着应用研究的加深，硫酸铜毒性强、持久性弱、成本高等缺点逐渐暴露出来，近年来铜盐改良制剂始有报道，如以可溶玻璃为载体缓释铜离子（Cu^{2+}）、以生物载体携带Cu^{2+}对赤潮生物进行灭杀等（梁想等，2001）。②无机杀藻剂：通过氧化作用破坏藻细胞来消除赤潮灾害。其中，以过氧化氢（H_2O_2）为代表的过氧化物类杀藻剂被研究得最广，其优点是在水体中易分解、残留量少，在杀藻的同时还能消除有毒赤潮生物的毒素活性，但H_2O_2有一个明显的缺点是储备、应用不方便。后来，人们发现过碳酸钠（$2Na_2CO_3·3H_2O_2$）有与H_2O_2相同的优点，并且稳定性好。类似的过氧化氢改良试剂还有过硼酸钠（$NaBO_3·4H_2O$）、过硫酸钠（$Na_2S_2O_8$）等。此外，据报道，高铁酸盐复合药剂氧化除藻的效果也较好。③有机除藻剂：分为人工化学物质和天然提取物质两类，目前研究的主要对象是天然提取物质，以一些表面活性化合物为主，包括高度不饱和脂肪酸和表面活性剂两大类。例如，日本东京筑波大学从束丝藻中提取了一种生理活性物质——十八碳五烯酸来灭杀赤潮生物，实验表明，1mg/L的十八碳五烯酸在1min内就能杀死赤潮生物，并且对其他生物无害，因而被称为海水养殖的"除草剂"。

总之，化学灭杀法是目前较常用的方法，具有操作简单、用量较少等优点，但往往存在灭杀效果不彻底，对生态环境、非赤潮生物会产生不良影响以及成本高等诸多问题。例如，1957年美国使用硫酸铜治理圣彼得斯堡赤潮时，在10～14天后，2/5的海区内赤潮生物量又恢复了（Rounsefell and Evans，1958）；1987年在日本的Shido湾赤潮实验中发现，50ppm[①]的过碳酸钠能有效地使表层的卡盾藻（*Chattonella* spp.）失活，但对于底部的孢囊效果不大。

---

① 1ppm＝1mg/L

因此，能够推广应用的化学灭杀法寥寥无几（俞志明等，1993）。

（2）沉降法。沉降法主要是通过添加一定量的化学絮凝剂或矿物絮凝剂，使赤潮生物凝聚、沉淀而被消除。普遍使用的化学絮凝剂是铝和铁的化合物，主要利用铝盐和铁盐在海水状态下形成胶体粒子，对赤潮生物产生凝聚作用。从20世纪90年代开始研究天然矿物絮凝法，由于黏土矿物具有来源丰富、成本低、无污染等特点，其被认为是一种理想的治理赤潮的天然凝聚剂。国内外相关文献表明，黏土矿物不但可以吸附海水中的磷酸盐和硝酸盐（俞志明等，1994）和絮凝赤潮生物，还能显著抑制赤潮藻毒素的产生，这说明黏土矿物法是一种极有应用前景的赤潮治理方法。例如，俞志明等成功制备出一种改性黏土新材料，絮凝效率达90%以上，使赤潮治理效率大大提高。除黏土矿物外，具有类似性质的其他矿物也可用作治理赤潮的凝聚剂，如硅酸或硅酸盐，还有科学家提出的由沸石和多氯化铝或硫酸铝组成的赤潮去除剂，以及以水铝英石、腐殖酸为主要成分的赤潮生物强力凝聚剂等。但就其应用性而言，这些方法远不如黏土矿物絮凝法，作为补充，这些方法的提出为人们治理赤潮开阔了思路和途径。

3. 生物法

所谓生物法防治赤潮，就是通过其他生物（滤食性贝类、大型植物、藻类、细菌或病毒等）与赤潮生物之间的拮抗或抑制作用来防治赤潮的方法。按所用生物的不同，可将生物防治赤潮的方法分为三类，即微生物法、利用植物间的拮抗作用抑制赤潮生物的生长、利用海洋动物或海洋滤食性动物去除赤潮生物。

1）微生物法　　细菌、病毒及一些类病毒颗粒普遍存在于海洋的水体环境，以及各级浮游生物的细胞内，这些微生物通过产生一些能够刺激或抑制浮游生物生长的物质影响浮游生物的生消过程，被认为是调节有害藻类种群动态的重要潜在因子。微生物主要通过以下几种途径对藻细胞生长发挥抑制作用。

（1）一些微生物能够直接杀死赤潮藻。灭杀赤潮藻主要通过两种方式：直接灭杀和产生具有杀藻性质的物质。其中，直接灭杀主要是通过细菌溶解藻细胞。例如，从日本东部濑户内海分离的嗜纤维菌属（*Cytophage* sp.），不但能杀死包括硅藻、甲藻和针胞藻在内的各种藻类，而且在贫营养水体中生长良好，所以可用来抑制赤潮藻的增殖。另外，还有一些微藻能够分泌某些他感化合物杀死赤潮藻。例如，从圆胞束球藻（*Gomphosphaeria aponina*）中分离出了一种能有效溶解短裸甲藻（*Gymnodinium breve*）的他感化合物（Martin and Gonzalez，1976）。

（2）一些微生物能向环境中释放抑制藻细胞生长的物质。从澳大利亚南部塔斯马尼亚近海中分离出了一株含黄色素的交替假单胞菌属（*Pseudoalteromonas*）的菌株，其分泌的一种具有强大杀藻能力的物质，能使裸甲藻和针胞藻迅速裂解和死亡，并使亚历山大藻等具甲壳的甲藻蜕掉甲壳，但对隐藻、硅藻、蓝藻及两种原生动物不产生影响，这充分表明了一些细菌在调节赤潮生消过程中起到了重要作用。另外，一些真菌可以释放抗生素或抗生素类物质来抑制藻类的生长，如青霉菌分泌的青霉素对藻类有很强的毒性，当浓度达0.02μL/mL就足以抑制组囊藻（*Anacystis nidulans*）的生长；某些假单胞菌、杆菌、蛭弧菌可分泌有毒物质释放到环境中，抑制某些藻类，如甲藻和硅藻的生殖。另外，放线菌分泌的一些抗生素（如链霉素等）也可应用于有害藻类的生物防治上（赵以军和刘永定，1996）。

（3）自养型微生物与藻类竞争有限的营养物质而抑制赤潮藻的生长。光合细菌广泛分布于湖泊、海洋、河流和土壤中，在厌氧弱光条件下能分解低分子有机物和同化水中氨氮等，具有净化水质的显著功能。菌体含有丰富的蛋白质、多种维生素和生物活性物质，且无毒易消化，是虾贝良好的饵料。有人试验在养殖池内投放光合细菌进行繁殖，消耗水中的营养盐类，进而控制虾池水体的富营养化，一方面达到防止赤潮发生的目的，另一方面具有预防虾病的功能。

2）利用植物间的拮抗作用抑制赤潮生物的生长　　大型植物和微藻在自然与实验水生生态环境中存在拮抗作用。通常，它们可通过竞争有限的营养盐和光照的方式来抑制微藻的生长。另外，大量研究证实许多大型植物（如大型藻类、海草等）可以通过分泌种间化学物质来限制微藻的生长。

（1）两者之间存在营养盐竞争。大型藻本身属于食物链的一个组成部分，其与浮游植物竞争营养盐和其他资源；大型藻还能够促进氮的反硝化过程，降低氮对于浮游植物的可利用性。例如，风信子（*Hyacinthus orientalis*）具有降低污水稳定池中藻密度的作用，其根、茎、叶通过吸附、沉降、呼吸及抑制等作用降低水中的藻密度。

（2）大型藻能够分泌种间化学物质，灭杀浮游生物。例如，石菖蒲（*Acorus tatarinowii*）抑制藻类的机制除对光的遮挡和矿质营养的竞争外，其根系还会向水体分泌化学物质，破坏藻类的叶绿素a，使其光合速率、细胞还原氯化三苯四氮唑（TTC）能力显著下降，从而达到消除藻类的目的。水蕴草（*Egeria densa*）、密刺苦草（*Vallisneria denseserrulata*）等大型藻对蓝绿藻类的铜绿微囊藻（*Microcystis aeruginosa*）、水华鱼腥藻（*Anabaena flos-aquae*）、纤细席藻（*Phormidium tenue*）等都有抑制作用。

3）利用海洋动物或海洋滤食性动物去除赤潮生物　　大多数赤潮生物，如硅藻、甲藻等，通常是浮游动物、贝类、鱼虾等特定生长时期的直接饵料。根据捕食关系，引入摄食赤潮生物的其他动物，以达到抑制或消灭赤潮生物的目的。研究表明，影响赤潮产生、规模、持续时间的一个必不可少的因素就是海洋生态系统的营养结构，如果动物的摄食量接近或超过赤潮生物的生长量，即使环境十分有利，也不会导致赤潮的暴发。因此，充分利用浮游动物的摄食压力，来影响赤潮生物的生消过程，从理论上是可行的。例如，滤食性动物——紫贻贝（*Mytilus galloprovincialis*）曾被放入发生赤潮的水体里滤食其中的浮游植物（Takeda and Kurihara，1994），紫贻贝所排泄出来的粪便能迅速地沉积在海底，其粪便中含有大量未被紫贻贝吸收的有机物质，也能被一种底栖动物——刺参（*Stichopus japonicus*）所利用。另外，还有关于使用摄食率较高的双壳贝类，如牡蛎、扇贝、文蛤、蛤蜊等对赤潮生物进行消除的报道。

综上所述，当前见诸文献报道的各类赤潮治理方法有许多种，但由于赤潮灾害的复杂性和多样性，还没有一种方法能完全满足价廉、高效、无毒、无害的要求。但是随着研究工作的进一步深入，充分分析赤潮发生的实际情况和比较现有各种方法的特点，一些方法经过改进后是可以被选择利用的。

2.4.2　赤潮应急消除技术的应用

面对肆虐的赤潮灾害，如何科学有效地控制赤潮灾害仍是当前的一个国际性难题。如前文综述，虽然在理论或实验研究中已经发现了多种多样的赤潮防治方法，但受限于这些方法固有的不足面，真正得以推广应用的方法寥寥无几。为减轻或消除赤潮的危害，许多国家都采取了积极主动的应对措施。近年来，中国在应急处置近海赤潮行动上，无论在处理范围，还是处理方法上都走在了国际前沿；而日本、美国、韩国、澳大利亚等国家的赤潮（藻华）应急处置行动也都具有一定的特色，其成果具有很好的借鉴意义。

1. 北京奥运会青岛帆船赛场赤潮消除

青岛是2008年北京奥运会帆船比赛举办城市，为了保障比赛水域不受有害藻华的影响，青岛市政府早在2006年就将改性黏土方法确定为奥运会帆船赛场藻华应急处置的唯一方法，制订了相应的应急方案，储备了改性黏土材料。2008年8月7日奥运会开幕前夕，海监飞机发现紧邻奥运会帆船赛场的灵山岛北部海域暴发了面积约86km²，以古老卡盾藻（*Chattonella antiqua*）、海链藻（*Thalassiosira* sp.）、中肋骨条藻（*Skeletonema costatum*）等为优势种的有害藻华。主管部门启动改性黏土消除藻华应急预案，组织了36艘船只、使用了360t改性黏土，应急处置了近40h，成功消除了威胁奥运会帆船赛场的有害藻华（图2.7）。8月9日，海监飞机再次对该海域进行监测发现，该海域水色已经恢复正常，现场监测结果表明，藻细胞密度降低了1～2个数量级；8月10日再次监测，水域浮游植物数量恢复正常，赤潮警报解除。

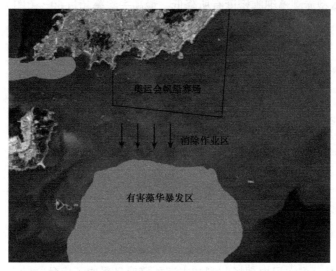

彩图

图2.7　北京奥运会青岛帆船赛场邻近海域有害藻华暴发区及消除作业区

2. 中国北戴河近岸海域赤潮灾害处置

北戴河是享誉中外的休闲度假胜地，但近年来，北戴河及邻近海域的赤潮灾害问题日益突出。据不完全统计，20世纪90年代的10年间北戴河附近海域仅发生2次赤潮，而在2000年后的12年间共发生了22次赤潮。2009年5月25～31日，北戴河附近海域发生面积超过460km²的夜光藻赤潮；时隔不到20天，相同海域内又发生了上千平方公里的抑食金球藻赤潮（褐潮），该赤潮持续至9月初。北戴河及邻近海域频繁暴发的赤潮灾害严重危害了当地的贝类养殖业的发展、破坏了滨海景观和浴场休养功能，引起了各级政府和社会公众的高度关注。因此，如何对赤潮灾害进行科学有效的防控，已经成为北戴河海洋环境保护迫切需要解决的重大问题。

从2011年开始部署和开展秦皇岛市北戴河近岸海域赤潮应急消除工作。针对北戴河近岸海域环境保护的需求及赤潮的特点进行针对性方法筛选，确立并优化了安全无害且已有成功实用经验的改性黏土法，结合当地近海环境特点研发了配套设备和现场施工工艺。在研发基础上，建设了北戴河赤潮应急处置示范基地，确立了高效的运行机制，多次成功地消除了目标海域内突发的赤潮灾害，从而形成了赤潮科学应急处置示范应用。该示范从赤潮应急处置的方案构建、物料储备、监测预警和应急响应等都进行了开创性建设，在科学集成后形成了赤潮防控体系。北戴河近岸海域赤潮应急处置示范是中国自主发明的改性黏土法治理赤潮快速发展的又一个里程碑，作为国际上第一个规范化的近岸赤潮防治样板性工程，将为中国赤潮防治技术走出国门、服务世界近海环境保护提供示范。

按照当地赤潮应急消除预案要求，2012年6月27日，秦皇岛市海洋局（现为秦皇岛市海洋和渔业局）、河北省环境监测中心、中国科学院海洋研究所等在北戴河渔港和北戴河中直浴场附近海域联合开展了北戴河海域赤潮消除应急演练。此次演练主要针对警戒海域水色异常，经赤潮应急消除专家组会商、指挥部批准，启动赤潮应急消除程序，进行现场消除。整个演练持续约2h，水质监测人员跟踪监测了演练前后海区水质的变化，特别是水体内赤潮生物的变化。尽管演练面积较小、改性黏土喷洒量较少（仅数吨），但由于应急处置的水体与未处置的赤潮水体发生了交换，此次消除赤潮的效果依然很好，跟踪监测结果表明，应急处置后水体中的微微型赤潮藻细胞密度有所降低，最高去除率超过60%（图2.8）。

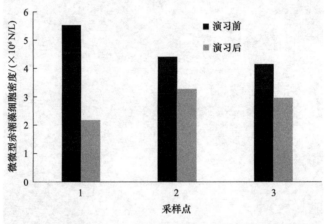

图2.8　赤潮应急演练前后微微型赤潮藻细胞密度变化

2012年7～8月，多次根据现场监测和赤潮预警信息采取了应急行动。其中，2012年7月3日，根据监测预警报告，北戴河河口近岸海域的微微型赤潮藻生物量升高。在相关主管部门的安排下，国家海洋局秦皇岛海洋环境监测中心站立即出动了9艘赤潮消除船在面积大约4km^{2}的赤潮水体上展开了赤潮消除作业（图2.9）。

该次行动共使用改性黏土约13t，有效降低了水体中赤潮生物密度。微微型赤潮藻细胞密度从喷洒改性黏土前的$2.72 \times 10^8 \sim 4.03 \times 10^8$N/L，降至喷洒后的$1.16 \times 10^8 \sim 1.94 \times 10^8$N/L，最高去除率达71.2%，进一步检验了改性黏土应急处置微微型藻赤潮的方法与技术。

3.日本赤潮防治

鉴于由甲藻类生物引发的赤潮给水产养殖业造成的巨大损失，日本自20世纪70年代后加强了赤潮科学研究，包括赤潮生物的生态学研究、养殖区的保护研究及防护养殖鱼类免遭赤潮危害的研究等，找到了一些赤潮防治对策，并且已经逐步解决了一些实际的问题。

日本提出了两个方面的应对对策，即主动对策和被动对策。采取的第一种主动对策是通过打捞等方法直接去除赤潮生物。为此建造了赤潮生物搜集专用船，通过真空泵收集表层海水中的赤潮生物，经过滤、离心和浓缩后的赤潮生物最后被带到陆地。这一方法虽然有效，但不太实用，因为有时赤潮的发生面积太大而无法全部清除。采取的第二种主动对策是撒播抗生素等药物。这是日本在早期的珍珠、牡蛎养殖场赤潮防治中常用的保护方法。采取的第

彩图

图2.9　北戴河海域赤潮消除现场照片

三种主动对策是撒播黏土等天然矿物。20世纪80年代初，日本鹿儿岛水产试验场等单位进行了大规模撒布黏土的现场实验，取得了满意的效果。鹿儿岛水产试验场的结果表明，蒙脱土在110～400g/m²时，能灭杀有害藻华生物——旋沟藻属（*Cochlodinium*），并对鱼类没有任何影响。1979年9月，八代海发生了旋沟藻藻华，渔民自行喷洒黏土，70%以上的人认为黏土防治藻华是有效的，并且不会对鱼类产生影响。日本还开展了空中喷洒黏土的实验，有效撒布量为200g/m²。因此，自鹿儿岛赤潮防控行动中发现播撒黏土可以有效去除赤潮生物后，日本当地的渔业协会都推荐采用这一方法作为防治赤潮的紧急措施。

另外，日本在赤潮防治行动中，也提出了不同的被动对策。第一，将保护目标移出赤潮发生区，即赤潮发生时将养殖网箱移至安全区域或者将网箱下沉到较深的水层，以避免受到赤潮的危害，此方法已经成功应用于黄鲷养殖逃离褐孢藻赤潮。第二，网箱隔离法，用塑料薄膜将鱼箱和赤潮水体隔开，然后抽取底层水进入养网箱以便充氧。第三，积极进行赤潮预测预报，弥补赤潮消除能力的限制或降低赤潮消除成本。第四，加强环境保护，改善环境污染，采取的具体措施包括：①保护养殖环境，控制污水排放；②在养殖区科学投放饵料，如由投喂鲜活饵料改为合成饵料，防止剩余饵料腐烂造成的养殖业的自身污染；③进行底泥通气、扰动，降低其化学耗氧量、有机碳含量和有机磷含量等。

4．美国赤潮防治案例

美国作为世界第一经济大国，水环境受人类活动的影响也日益严重，在许多内陆湖泊和近岸海区各种赤潮灾害频繁发生。美国也是第一个尝试对沿海大规模赤潮采取应急处置行动的国家。1957年秋，在佛罗里达州圣彼得斯堡（St. Petersburg）外沿海岸线，从Anclote Key到Pass-a-Grille Beach的长32英里[①]、面积约16平方英里[②]的海区内，动用农用直升机按照每

---

① 1英里＝1.609 344km

② 1平方英里＝2.589 988km²

英亩[①]约20磅[②]的量播撒了硫酸铜，水体中的短裸甲藻（*Gymnodinium breve*）很快被铜离子消除，细胞密度由每升几百万个迅速降低至几乎检测不出，该次行动有效消除了该有毒藻赤潮，解除了短裸甲藻毒素对其他生物的威胁。但是在行动结束后的10～14天，约有2/5采取行动的海区内短裸甲藻再次达到了足以导致鱼死亡的水平，并且随后的生态安全跟踪分析发现，施用硫酸铜对生态系统内生物具有毁灭性破坏，因此，播撒硫酸铜被认为是一时之计。在跟进研究之后，赤潮防治专家给出了禁止直接施用硫酸铜的建议。

进入21世纪后，美国的赤潮灾害仍旧居高不下，该国开始尝试天然矿物法应急处置赤潮。2000年，在得克萨斯州科珀斯克里斯蒂湾（Corpus Christi Bay）和佛罗里达州萨拉索塔湾（Sarasota Bay）暴发三角异冒藻（*Heterocapsa triquetra*）赤潮（藻细胞密度10^5～10^6N/L）时，尝试使用了磷矿粉进行小型围隔消除实验，结果发现，当黏土用量为0.25g/L时，赤潮藻去除率达到85%，消除效果良好。

思 考 题

1. 什么是赤潮？赤潮灾害有哪些危害？
2. 赤潮的成因有哪些？
3. 简述赤潮的生消过程。
4. 赤潮灾害的单因子预警预报模型有哪些？并简述模型原理。
5. 可以通过哪些手段来治理赤潮灾害？
6. 请思考为了防治赤潮灾害，未来有哪些可行的措施。

参 考 文 献

黄琳. 2011. 生物法防治有害赤潮的研究进展. 能源与环境，（4）：107-108

梁松，钱宏林，齐雨藻. 2000. 中国沿海的赤潮问题. 生态科学，19（4）：44-50

梁想，尹平河，赵玲. 2001. 生物载体除藻剂去除海洋赤潮藻. 中国环境科学，21（1）：15-17

齐雨藻. 2003. 中国沿海赤潮. 北京：科学出版社：348

俞志明，邹景忠，马锡年. 1993. 治理赤潮的化学方法. 海洋与湖沼，24（3）：314-318

俞志明，邹景忠，马锡年. 1994. 一种去除赤潮生物更有效的粘土种类. 自然灾害学报，3（2）：105-108

赵以军，刘永定. 1996. 有害藻类及其微生物防治的基础——藻菌关系的研究动态. 水生生物学报，20（2）：173-181

周名江，朱明远，张经. 2001. 中国赤潮的发生趋势和研究进展. 生命科学，13（2）：54-59

Martin D F, Gonzalez M H. 1976. Artificial initiation of sessile forms of the red tide organism *Gymnodinium breve*. J Environ Sci Heal A, 11(6): 385-395

Rounsefell G A, Evans J E. 1958. Large-scale experimental test of copper sulfate as a control for the Florida red tide. Spec Sci Rep Fish US Fish Wildl Serv, Washington DC (USA), (270): 57

Takeda S, Kurihara Y. 1994. Preliminary study of management of red tide water by the filter feeder *Mytilus edulis galloprovincialis*. Marine Pollution Bulletin, 28(11): 662-667

---

① 1英亩 = 0.404 856hm^2
② 1磅 = 0.453 592kg

第3章

绿潮灾害及防治对策

随着人类社会的发展和海洋的开发，赤潮（red tide）、绿潮（green tide）、金潮（golden tide）这些名词开始频繁地出现在人们的面前。湛蓝的海水被染上五颜六色，其主要原因就是表层海水里漂浮着大量"疯狂"生长的藻类。不同类型的藻类繁殖可以单独暴发，也可能会同时发生（孔凡洲等，2018），使近海海域的生态灾害问题变得更加复杂。藻类的疯长挤占了其他生物的生存空间，给近海海域的生态环境带来了严峻压力，同时也会给涉海运动项目、滨海旅游业、渔业和养殖业带来一系列问题。

本章介绍绿潮灾害的概念、危害、成灾藻种的生物学特征，以及绿潮的成灾条件和应对对策，并简述了绿潮相关的研究前沿。

3.1　绿潮现象及其危害

绿潮灾害是一种世界范围内常见的生态灾害，近年来在中国发生频率不断攀升，常常表现为漂浮生长的绿藻短期内急剧生长繁殖，覆盖于海洋表面，导致海洋生态环境异常。绿潮往往在浅海和近岸多发，而且暴发绿潮的海域往往由于人类活动富集了大量的营养盐和有机污染物。欧盟已经将绿潮藻类作为衡量河口近岸水体生态系统健康状况的一个重要指标（Wan et al.，2017）。本节将介绍绿潮的定义、基本特征、重大危害及引发绿潮物种的生物学特征。

3.1.1　绿潮简介

如图3.1所示，在海洋表层大量繁殖的绿藻随潮水被带到近岸，形成了典型的绿潮现象。绿潮现象一般是由在近海过量繁殖的漂浮绿藻引起的，这类漂浮生长的绿藻一般隶属于绿藻门（Chlorophyta）石莼纲（Ulvophyceae）石莼目（Ulvales）石莼科（Ulvaceae）石莼属（*Ulva*）。

彩图

图3.1　青岛第六海水浴场的浒苔（摄于2008年6月21日，
https://www.flickr.com/photos/liddybits/2606898857/in/photostream/ ）

这里需要解释一下石莼属的分类地位。在一些较早的文献中，有学者根据形态（叶片状还是管状）将浒苔属（*Enteromorpha*）和石莼属（*Ulva*）区分开。但是，有很多物种能够以两种形态存在，比如缘管浒苔（*Ulva linza*），又叫长石莼。分子生物学证据表明，浒苔属和石莼属似乎更应该是归为同一属（Hayden et al.，2003）。因此，很多学者把引起绿潮的绿藻统称为石莼属种类（*Ulva* spp.）。

从20世纪50年代以来，据不完全统计，全世界报道的近海和沿岸的绿潮灾害次数达数百次。由于石莼属物种的广温广盐特性，绿潮暴发地点在淡水、半咸水到海水都有分布。表3.1给出了引发世界各地绿潮的主要石莼属物种。可以看到，不同时期、不同地点绿潮暴发的"罪魁祸首"（物种）不尽相同，同一个地方的绿潮中也可能会出现多个石莼属物种（*Ulva* spp.）大量繁殖，加之绿潮可能和赤潮、金潮等灾害同时暴发，这些特征使得对绿潮灾害的防治工作变得更加复杂。

表3.1　引发世界各地绿潮的主要石莼属物种

石莼属种类	绿潮发生地
Ulva rigida	英国 Langstone 港口、意大利 Sacca di Goro 海湾、巴西 Cabo Frio 地区、阿根廷 Golfo Nuevo 海湾、荷兰 Veerse Meer 咸水湖、爱尔兰多个河口、美国 Narragansett 海湾
Ulva lactuca	英国 Ythan 河口、荷兰 Veerse Meer 咸水湖、菲律宾 Mactan 岛、印度 Jaleswar Reef 海滩、美国 Narragansett 海湾、美国 Jamaica 海湾、美国 Penn Cove 海湾
Ulva fenestrata	美国 Willapa 海湾
Ulva rotundata	法国 Brittany 地区沿海、西班牙 Palmones 河口、爱尔兰 Newouay 河口
Ulva fasciata	巴西 Cabo Frio 地区
Ulva ohnoi	日本近海
Ulva reticulata	菲律宾 Mactan 岛
Ulva pertusa	法国 Thau 海湾、韩国南岸、日本近海
Ulva armoricana	法国 Brittany 半岛沿海
Ulva curvata	西班牙 Palmones 河口、荷兰 Veerse Meer 咸水湖
Ulva scandinavica	荷兰 Veerse Meer 咸水湖
Ulva intestinalis	葡萄牙 Mondego 河口、美国 South Carolina 海岸、美国 Hood Canal 海湾、芬兰 Haukilahti 沿岸、芬兰西海岸
Ulva prolifera	美国 Willapa 海湾、西班牙 Palmones 河口、中国黄海、爱尔兰 Tolka 和 Argideen 河口
Ulva linza	美国 Hood Canal 海湾
Ulva compressa	美国 Narragansett 海湾、爱尔兰 Tolka 和 Argideen 河口
Ulva flexuosa	美国 Muskegon 湖

资料来源：唐启升等，2010；Kim et al.，2004；Palomo et al.，2004；Wan et al.，2017；Guidone and Thornber，2013；Franz and Friedman，2002；Nakamura et al.，2020；van Alstyne，2016；Bermejo et al.，2019

近年来中国发生的绿潮灾害中，最著名的当数2008年夏季在青岛暴发的绿潮。北京奥运会青岛帆船赛举办前期，成片的浒苔（*Ulva prolifera*）聚集在青岛外海、海湾和海岸线，给奥运会帆船赛的举办带来了极大的不便，也耗费了大量的人力、物力来打捞和清理（图3.2）。绿潮对中国海岸的影响范围并不局限在以青岛为代表的山东、江苏沿海；事实上，2007年以来，浒苔引发的绿潮在中国的渤海至南海沿岸都有报道（唐学玺等，2019）。

彩图

图 3.2　奥运会帆船赛前夕青岛的绿潮灾害

3.1.2　绿潮的危害

绿潮的危害主要表现在以下几方面。

第一，绿潮的暴发严重影响了滨海旅游业、近海交通运输业和水产养殖业。以青岛为例，每年暑期是青岛滨海旅游旺季，蔚蓝的海水、洁净的沙滩和礁石、海水浴场是海岸带旅游者向往的旅游目的地。由于浒苔的暴发，这些区域都覆盖着碧绿的浒苔。浒苔在夏季高温下的消亡腐败过程中会产生腥臭，给观光旅游带来负面的体验。经调查发现，青岛旅游行业"食、住、行、游、购、娱"的经济收入有所降低，同时绿潮也会影响旅游项目的开发和近海旅游吸引力（刘佳等，2017）。另外，成片的浒苔会堵塞海上交通运输航道，影响瞭望和船舶通行，遮盖养殖区域和潜在航线标志，为近海航运特别是夜间航行带来极大的不便甚至危险。浒苔丝状体还可能缠绕在船只螺旋桨上，堵塞排水孔，被吸入海水冷却系统，容易造成海上交通事故。大面积漂浮的石莼属绿藻可以给沿海水产养殖和近海渔业资源带来灾难性的打击。有浒苔附生的紫菜筏架紫菜的品质和产量均受影响。绿潮藻类腐烂分解也会产生有毒物质，恶化养殖水体。有研究表明，浒苔腐烂液对太平洋牡蛎的胚胎发育有较强的毒性作用（付萍等，2019）。仅 2008 年，绿潮灾害为黄海沿岸的海参、鲍鱼等海水养殖业造成的损失就达数亿元（王宗灵等，2020）。

第二，大规模的绿潮暴发影响了涉海运动项目大型赛事的举办。2008 年青岛沿海的浒苔肆虐增殖，局部覆盖了奥运会帆船赛的赛场海面，给帆船赛带来了很多麻烦，为了保证奥运会的顺利进行，青岛市政府、市民、海军北海舰队共同出动。2012 年 6 月，绿潮逼近正在举办第三届亚洲沙滩运动会的山东省海阳市，为了防止海上运动项目受到绿潮影响，海阳市政府严阵以待，调集了总计千余艘船只进行浒苔的清理。从 2007 年起，黄海的绿潮成为春夏之交困扰中国的一大生态难题，其覆盖面积及绿藻的生物量均达到前所未有的量级，见表 3.2。绿潮的定期暴发给涉海运动项目大型赛事的举办带来了很多麻烦，每次需耗费大量的人力、物力予以清理。

表 3.2　2007～2019 年中国黄海海域浒苔绿潮发生情况

年份	最早发现时间	消亡时间	最大分布面积/km²	最大覆盖面积/km²
2007	—	—	—	—
2008	—	—	25 000	650
2009	—	—	58 000	2 100
2010	4月下旬	8月中旬	29 800	530
2011	5月下旬	8月下旬	26 400	560
2012	3月中旬	8月下旬	19 610	267
2013	3月中下旬	8月中旬	29 733	790
2014	5月中旬	8月中旬	50 000	540
2015	4月中旬	8月上旬	52 700	594
2016	5月上旬	8月上旬	57 500	554
2017	5月中旬	7月中下旬	29 522	281
2018	4月下旬	8月中旬	38 046	193
2019	4月下旬	8月上旬	55 699	508

资料来源：《2012年中国海洋灾害公报》《2019年中国海洋灾害公报》

第三，绿潮灾害对整个近海生态系统造成了强烈的扰动，形成了诸多负面影响。绿潮藻短期内吸收营养盐产生了大量的有机物，这对浮游植物形成了较强的竞争作用。成片浒苔可以遮蔽海气界面，阻碍海气交换。浒苔丝状体缠绕水生动物鳃部，影响其呼吸。巨大的绿藻生物量在短期内消亡沉到海底，其腐败分解将极大地影响近海的物质循环、能量流动和微生物群落结构（Chen et al., 2020a）。例如，绿藻在腐败过程中会释放氨氮、硫化物等有害物质，而且有机物短期内分解极易造成海底缺氧的情况，这些都会对底栖生物形成强烈的环境压力（韩露等，2018）；绿潮灾害影响的区域底栖鱼类和幼鱼的多样性与丰度都明显降低，特别是绿藻生物量较高的区域（le Luherne et al., 2016）；绿潮藻分解区域硫化物浓度升高，底栖群落结构有明显的改变（宋肖跃，2018）。除此以外，绿藻分解的区域，水体中氮磷无机盐、溶解态和颗粒态氮磷浓度均有大幅提升，易导致赤潮等次生生态灾害（Wang et al., 2012a）。

3.1.3　浒苔大规模繁殖的生物学特征

作为中国南黄海绿潮的"肇事元凶"，浒苔有哪些生物学特点可以使其短期内高速繁殖、泛滥成灾？本小节将解答这个问题。

像大多数石莼科的种类一样，浒苔一般为多细胞叶片状或中空的管状（图3.3），藻体基部具有一个附着器，细胞内有一个侧生含淀粉核的片状色素体。石莼属的种类一般为潮间带物种，对于温度、盐度、光照条件有极强的适应能力，这使其在生态上具有较强的竞争优势。

浒苔的生活史是同型世代交替，也就是说其孢子体（sporophyte）和配子体（gametophyte）无显著的形态差异。浒苔的无性繁殖世代减数分裂由孢子囊产生4根鞭毛没有趋光性的孢子（spore），孢子萌发形成配子体。配子体行有性生殖时可以有丝分裂产生双鞭毛的雌雄配子（gamete），配子结合成具4根鞭毛的合子，发育成新的藻体。配子也可以单性生殖形成新的个体。图3.4给出了浒苔孢子和配子的显微图片。浒苔的有性世代和无性世代并不是有规律地交替进行，有时可以进行连续的单性生殖（Liu et al., 2015）。浒苔复杂而多变的繁殖方式使其在不同环境条件下有较强的适应能力，进行快速的生长繁殖。

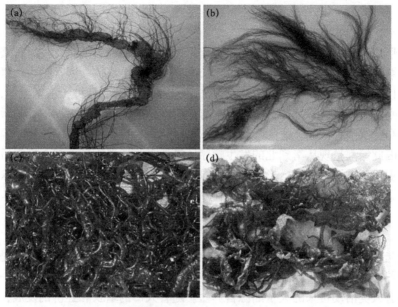

图3.3　浒苔成体的几种形态（Zhang et al.，2013）

（a）叶片上萌发丝状体；（b）丝状体叶片；（c）管状或囊状叶片；（d）褶皱叶片

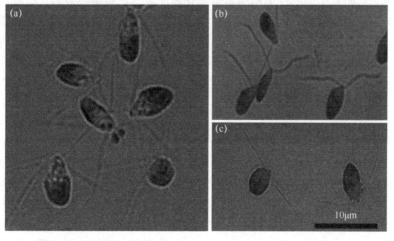

彩图

图3.4　浒苔的孢子 [（a）] 和配子 [（b）（c）]（Liu et al.，2015）

此外，浒苔属于漂浮生长，能够直接利用空气中的CO_2，其利用效率要高于其他只能利用水中HCO_3^-的水生初级生产者，而且能快速产生孢子囊（王广策等，2020）。浒苔还具有极强的利用水中有机和无机氮磷营养的能力，其光合效率要超过很多其他初级生产者（Wang et al.，2012b）。这些独特的生长特性都有利于环境适宜时浒苔的快速增长繁殖。

3.2　绿潮的成灾条件

要形成一定规模的绿潮，至少要满足三个条件，即充足的种源、丰富的营养盐和适宜的海况条件。

3.2.1 种源

种源是形成绿潮的物质基础。首先介绍繁殖体（propagule）的概念。微观繁殖体是指可以引起绿藻繁殖的孢子、配子、合子或可以长成成体的微小藻体。通常把微观繁殖体称为绿潮的种源。以南黄海的绿潮为例，目前种源的可能来源有以下几种（王宗灵等，2020）：第一，浒苔在南黄海的微观繁殖体，很可能来自水产养殖的池塘；第二，浒苔的微观繁殖体在各地都有分布，这些种源在合适的外部条件下可以萌发并快速增长繁殖，由于温度从南到北逐渐升高，因此绿潮呈现从南到北的发生顺序；第三，绿潮消亡后，沉入底泥后的藻体可以将大量的微观繁殖体埋入底泥，形成了来年绿潮暴发的种源；第四，江苏省滩涂养殖紫菜筏架上的附生绿藻被清理入海后，其漂浮种成为后来大量繁殖的物质基础。

3.2.2 营养盐

营养盐是一切初级生产者进行生长和繁殖的物质基础。绿潮的产生，同样是以海区内较高水平的营养盐为基础的。绿潮一般发生在浅海、河口、海湾或者近岸区域，一个重要原因是这些区域有人类活动带来的大量陆源营养盐。随着人口的增长和经济的发展，人类活动产生的生活污水、工业废水、农业化肥和水产养殖尾水等的排放量逐渐增加，造成了河流和近海的富营养化现象。富营养化和绿潮灾害都是随人类发展而产生的世界性环境问题。

南黄海绿潮起始发生地的江苏沿海富营养化较严重，水质条件较差，呈现出从北到南和从外海到近岸逐渐恶化的趋势。1996～2014年，江苏沿海的无机氮含量（包括氨氮、硝态氮和亚硝态氮）加倍，而磷酸盐稍有降低，导致氮磷比增加了数倍，如图3.5所示。无机氮对大型藻类的生长尤其重要，而浒苔更倾向于快速吸收和利用无机氮中的硝酸盐（王广策等，2020）。利用硝酸盐的过程中，浒苔可以产生一氧化氮分子，而一氧化氮正是浒苔产生孢子囊和配子囊的必需信号（Wang et al.，2020）。因此，无机氮，特别是硝酸盐浓度的升高，为浒苔的迅速生长繁殖提供了优良的条件。

关于营养盐的主要来源，目前还没有形成广泛的共识。其可能的来源包括本地海水养殖和附近的河流输入（Li et al.，2017）、沿岸上升流带到水体表层的底层营养盐（Wei et al.，2018）、长江输入的营养盐（王广策等，2020）和地下水的贡献等（Liu et al.，2017）。但无论来源如何，降低水体中的营养盐含量是减弱和消除绿潮暴发的关键一步。

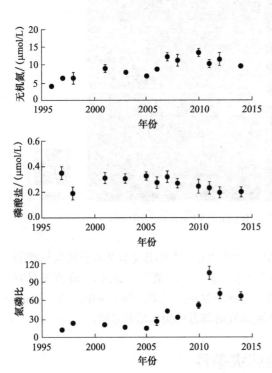

图3.5　1996～2014年江苏沿海3月下旬至4月绿潮暴发前期海水表层无机氮、磷酸盐和氮磷比的变化（改绘自Li et al.，2017）

3.2.3 海况条件

除了种源和营养盐之外，致灾绿藻在短期

内大量生长繁殖需要适宜的环境条件。其中温度是一个关键要素。绿藻普遍为广温性，对温度的适应性一般较强。不同种类绿藻的最适生长温度有所差异，且最适生长温度在不同光照条件下也会发生变化（Nakamura et al., 2020）。而不同绿藻对温度的响应某种程度上决定了它们在种间竞争中的关系。例如，缘管浒苔（*Ulva linza*）相对于浒苔（*Ulva prolifera*）对温度的变化更为敏感，在30℃高温下缘管浒苔的无机碳利用率会出现明显的下降（徐军田等，2013）。作为黄海绿潮的"肇事种"，浒苔的萌发温度在10℃以上，因此绿潮起始时间一般在3月底左右；在10~25℃，浒苔的微观繁殖体可以大量萌发繁殖，这跟黄海绿潮在春夏之交暴发的时间也相吻合。

除温度之外，表层海流决定了漂浮生长的绿藻的漂流轨迹。在中国南黄海绿潮发生发展过程中，东中国海盛行东南季风。在东南季风的驱动下，黄海表层水流以北向为主，驱动表层的绿潮藻逐渐向南运动。而风场和流场的季节与年际变化也将对绿潮的漂流轨迹产生重要的影响。作者进行了一个案例研究：例如，2008年6月，海面在风的作用下形成了垂直于山东南岸的向岸流，造成大量浒苔在青岛海滩堆积，进入2008年7月初，风向改变造成表层流平行于山东南岸，大大减少了向岸输运的绿潮生物量；而2010年6~7月，风向和流场与2008年7月初较为类似，该年份浒苔在青岛海岸线的堆积量则相对较小（Qiao et al., 2011）。因此，对气候条件和流场特征的掌握，对绿潮的防灾减灾工作具有重要意义。

3.3　绿潮灾害应对策略

绿潮灾害作为一个世界性的难题，目前还没有快速高效的解决办法。事实上最根本的方法是降低入海营养盐通量和减轻近海海水富营养化水平来减轻绿潮灾害，但这是一个长久之计，见效缓慢，解决不了眼前的问题。

目前防止绿潮影响特定海域的解决方法主要是物理打捞和设网拦截等被动方式。通过大量船只和人员对近海浒苔进行打捞，采用拖网、浒苔吸收泵等船载装置提高打捞效率。在一些重点保护海域，可以设置拦网拦截浒苔藻体。例如，山东省2019年在日照、青岛、烟台、威海几个重点城市布设围网80km，在一定程度上减少了绿潮对重点岸线的侵袭（王宗灵等，2020）。

在一些养殖池塘，浒苔等杂藻可以通过次氯酸钠等除草剂被杀灭，但是这种方法无法在海洋中大范围使用。还有人提出用投放食藻鱼类和分解浒苔的微生物的方式来清除过量的绿藻，但这些方法的使用也应谨慎，因为新物种的引入易打破原有的物质循环和食物网的平衡，稍有不慎将很容易造成新的生态灾难。目前来看，净化入海河流和地下水及物理打捞仍是应对绿潮的主要方法。

除清理、防止措施以外，绿潮的预警预报也是其应对策略的重要组成部分。原国家海洋局2017年发布的《中华人民共和国海洋行业标准——绿潮预报和警报发布》（编号HY/T 217—2017），对黄海绿潮灾害预警进行了规范。该标准根据绿潮覆盖面积和分布面积将绿潮规模分为5级（表3.3）。预报人员借助卫星遥感和海洋数值模式预测，对绿潮分布面积和漂移路径进行预测。当绿潮靠近沿岸海域时，监测部门将发布预报和预警。绿潮预警等级根据严重程度从低到高分为蓝色、黄色、橙色、红色4种（表3.4）。

表 3.3　绿潮灾害等级划分标准

绿潮等级	分布面积	覆盖面积
特大规模	大于等于 55 000km²	大于等于 2 000km²
大规模	大于等于 30 000km²，小于 55 000km²	大于等于 1 000km²，小于 2 000km²
较大规模	大于等于 15 000km²，小于 30 000km²	大于等于 500km²，小于 1 000km²
中等规模	大于等于 1 000km²，小于 15 000km²	大于等于 250km²，小于 500km²
小规模	大于等于 1km²，小于 1 000km²	大于等于 0.01km²，小于 250km²

注：分布面积和覆盖面积标准满足一条即可划分为此等级

表 3.4　绿潮预警等级及其标准

绿潮预警等级	判断标准
只预报不预警	预计未来 120h 内绿潮不到达沿岸海域
蓝色预警	预计沿岸海域或海水浴场、自然保护区等敏感海域未来 120h 内可能受中等规模绿潮影响，或已受中等规模绿潮影响并可能持续
黄色预警	预计沿岸海域未来 120h 内可能受较大规模绿潮影响，或已受较大规模绿潮影响并可能持续
橙色预警	预计沿岸海域未来 120h 内可能受大规模绿潮影响，或已受大规模绿潮影响并可能持续
红色预警	预计沿岸海域未来 72h 内可能受特大规模绿潮影响，或已受特大规模绿潮影响并可能持续

3.4　绿潮研究前沿简述

　　绿潮在中国黄海海域已经连续发生了十余年，关于这种生态灾害的研究层出不穷。绿潮灾害本身是一个涉及气象学、物理海洋学、海洋生物学、海洋生态学等多学科领域的复杂问题，需要多方面科学家的广泛合作。目前，学者仍然没有完全弄清楚围绕浒苔和绿潮的很多科学问题，更没有彻底解决这一生态顽疾。本节借助前人文献报道，简要介绍一下绿潮研究过程中的几个热点方向。

　　第一，关于绿潮的监测手段的研究。由于绿潮灾害在中国南黄海领域发生的空间尺度（几百公里）和时间跨度（几个月）非常大，很难用常规的观测平台和调查船对绿潮进行追踪监测。卫星遥感观测是目前最常用的技术，但目前卫星遥感的分辨率还偏低，只能监测到覆盖面积，并不能有效地估计绿藻的生物量（王宗灵等，2020）。面对马尾藻和浒苔同时大量繁殖的现象，目前还缺乏简单高效的方法将二者进行区分。近年来，针对以上缺陷，浒苔的卫星遥感产品的研发较为广泛（如 Xing et al.，2018；袁超等，2020），针对更小空间尺度的无人机遥感技术和光学雷达也在迅速发展（如 Xing et al.，2019；Jiang et al.，2020）。

　　第二，绿潮灾害的实时预报系统的开发。前面讲到，浒苔的生长繁殖和漂移是一个涉及多学科的过程。开展绿潮灾害的实时预报，需要首先清楚绿潮生长繁殖过程与环境之间的关系，然后结合天气预报、海洋环境预报和浒苔生长预报进行计算机模拟，综合难度极大。目前，有科学家从海流（Hu et al.，2018）、生态动力（Chen et al.，2020b）和浒苔生长（Sun et al.，2020）等角度入手开发预报方法，为绿潮灾害预报打下了基础。但是，距离绿潮灾害预警工作达到业务化的水准，还有漫长的路要走。

　　第三，绿潮优势种的基础生物学和生态学研究，如食藻动物和浒苔之间的相互作用问题、浒苔短时间内大量繁殖的具体机制、浒苔种源的溯源、浒苔在大量增殖期的具体繁殖策略等（王广策等，2020）。这些问题的解决能够为解决绿潮暴发问题提供必要的理论基础。

思 考 题

1. 绿潮是什么，与赤潮有哪些区别？
2. 绿潮灾害有哪些危害？
3. 浒苔有哪些生物学特性导致其可以在中国南黄海大量繁殖？
4. 绿潮暴发需要哪些基本条件？
5. 可以通过哪些手段来应对绿潮灾害？
6. 请思考为了防治绿潮灾害，未来有哪些可行的措施。

参 考 文 献

付萍，何健龙，张秀珍，等. 2019. 浒苔腐烂液的生物毒性及其对太平洋牡蛎胚胎发育的影响. 海洋开发与管理，8：13-17

韩露，邓雪，李培峰，等. 2018. 海水温度对衰亡期浒苔释放生源硫影响的模拟研究. 海洋学报，（10）：110-118

孔凡洲，姜鹏，魏传杰，等. 2018. 2017年春、夏季黄海35°N共发的绿潮、金潮和赤潮. 海洋与湖沼，49（5）：85-94

刘佳，张洪香，张俊飞，等. 2017. 浒苔绿潮灾害对青岛滨海旅游业影响研究. 海洋湖沼通报，（3）：131-136

宋肖跃. 2018. 绿潮藻类对典型海域底栖生境影响及其饵料价值研究. 青岛：中国科学院海洋研究所博士学位论文：134

唐启升，张晓雯，叶乃好，等. 2010. 绿潮研究现状与问题. 中国科学基金，1：5-9

唐学玺，王斌，高翔. 2019. 海洋生态灾害学. 北京：海洋出版社：351

王广策，王辉，高山，等. 2020. 绿潮生物学机制研究. 海洋湖沼学报，51（4）：789-808

王宗灵，傅明珠，周健，等. 2020. 黄海浒苔绿潮防灾减灾现状与早期防控展望. 海洋学报，42：1-11

徐军田，王学文，钟志海，等. 2013. 两种浒苔无机碳利用对温度响应的机制. 生态学报，33（24）：7892-7897

袁超，张靖宇，肖洁，等. 2020. 基于哨兵2号卫星遥感影像的2018年苏北浅滩漂浮绿藻时空分布特征研究. 海洋学报，42：12-20

Bermejo R, Heesch S, Mac M M, et al. 2019. Spatial and temporal variability of biomass and composition of green tides in Ireland. Harm Algae, 81: 94-105

Chen J, Li H, Zhang Z, et al. 2020b. DOC dynamics and bacterial community succession during long-term degradation of *Ulva prolifera* and their implications for the legacy effect of green tides on refractory DOC pool in seawater. Water Res, 185: 116268

Chen Y, Song D, Li K, et al. 2020a. Hydro-biogeochemical modeling of the early-stage outbreak of green tide (*Ulva prolifera*) driven by land-based nutrient loads in the Jiangsu coast. Mar Pollu Bull, 153: 111028

Franz D R, Friedman I. 2002. Effects of a macroalgal mat (*Ulva lactuca*) on estuarine sand flat copepods: an experimental study. J Exp Mar Biol Ecol, 271: 209-226

Guidone M, Thornber C S. 2013. Examination of *Ulva* bloom species richness and relative abundance reveals two cryptically co-occurring bloom species in Narragansett Bay, Rhode Island. Harm Algae, 24: 1-9

Hayden H S, Blomster J, Maggs C A, et al. 2003. Linnaeus was right all along: *Ulva* and *Enteromorpha* are not distinct genera. Eur J Phycol, 38: 277-294

Hu P, Liu Y, Hou Y, et al. 2018. An early forecasting method for the drift path of green tides: a case study in the Yellow Sea, China. Int J Appl Earth Obs Geoinformation, 71: 121-131

Jiang X, Gao Z, Zhang Q, et al. 2020. Remote sensing methods for biomass estimation of green algae attached to nursery-nets and raft rope. Marine Pollution Bulletin, 150: 110678

Kim K Y, Choi T S, Kim J H, et al. 2004. Physiological ecology and seasonality of *Ulva pertusa* on a temperate rocky shore. Phycologia, 43: 483-492 le Luherne E, Réveillac E, Ponsero A, et al. 2016. Fish community responses to green tides in shallow estuarine and coastal areas. Estuar Coast Shelf Sci, 175: 79-92

Li H, Zhang Y, Tang H, et al. 2017. Spatiotemporal variations of inorganic nutrients along the Jiangsu coast, China, and the occurrence of macroalgal blooms (green tides) in the southern Yellow Sea. Harm Algae, 63: 164-172

Liu J, Su N, Wang X, et al. 2017. Submarine groundwater discharge and associated nutrient fluxes into the Southern Yellow Sea: A case study for semi-enclosed and oligotrophic seas-implication for green tide bloom. J Geophys Res Oceans, 122: 139-152

Liu Q, Yu R C, Yan T, et al. 2015. Laboratory study on the life history of bloom-forming *Ulva prolifera* in the Yellow Sea. Estuar Coast Shelf Sci, 163: 82-88

Nakamura M, Kumagai N H, Tamaoki M, et al. 2020. Photosynthesis and growth of *Ulva ohnoi* and *Ulva pertusa* (Ulvophyceae) under high light and high temperature conditions, and implications for green tide in Japan. Phyco Res, 68: 152-160

Palomo L, Clavero V, Izquierdo J J, et al. 2004. Influence of macrophytes on sediment phosphorus accumulation in a eutrophic estuary (Palmones River, Southern Spain). Aquat Bot, 80: 103-113

Qiao F, Wang G, Lü X, et al. 2011. Drift characteristics of green macroalgae in the Yellow Sea in 2008 and 2010. Chinese Sci Bull, 56: 2236-2242

Sun K, Ren J S, Bai T, et al. 2020. A dynamic growth model of *Ulva prolifera*: Application in quantifying the biomass of green tides in the Yellow Sea, China. Ecol Model, 428: 109072

van Alstyne K L. 2016. Seasonal changes in nutrient limitation and nitrate sources in the green macroalga *Ulva lactuca* at sites with and without green tides in a northeastern Pacific embayment. Mar Pollu Bull, 103: 186-194

Wan A H, Wilkes R J, Heesch S, et al. 2017. Assessment and characterisation of Ireland's green tides (*Ulva* species). PLoS One, 12: e0169049

Wang C, Yu R C, Zhou M J. 2012a. Effects of the decomposing green macroalga *Ulva* (*Enteromorpha*) *prolifera* on the growth of four red-tide species. Harm Algae, 16: 12-19

Wang H, Wang G, Gu W. 2020. Macroalgal blooms caused by marine nutrient changes resulting from human activities. J Appl Ecol, 57: 766-776

Wang Y, Wang Y, Zhu L, et al. 2012b. Comparative studies on the ecophysiological differences of two green tide macroalgae under controlled laboratory conditions. PLoS One, 7: e38245

Wei Q, Wang B, Yao Q, et al. 2018. Hydro-biogeochemical processes and their implications for *Ulva prolifera* blooms and expansion in the world's largest green tide occurence region (Yellow Sea, China). Science of the Total Environment, 654: 257-266

Xing Q, An D, Zheng X, et al. 2019. Monitoring seaweed aquaculture in the Yellow Sea with multiple sensors for managing the disaster of macroalgal blooms. Remote Sens Environ, 231: 111279

Xing Q, Wu L, Tian L, et al. 2018. Remote sensing of early-stage green tide in the Yellow Sea for floating-macroalgae collecting campaign. Mar Pollu Bull, 133: 150-156

Zhang J, Huo Y, Yu K, et al. 2013. Growth characteristics and reproductive capability of green tide algae in Rudong coast, China. J Appl Phyco, 25: 795-803

第4章

海上溢油灾害及防治对策

在海洋石油勘探、开采、加工、运输过程中，由于意外事故或操作失误，原油或油制品从作业现场或储存器里溢出外泄，使之流向海洋水体、海面或海滩，这一行为称为海洋溢油。海洋溢油会造成海洋环境质量下降或海岸环境污染，从而影响人类和生物正常生活、生存的现象称为海洋溢油污染。

溢油事故发生后，为了遏制溢油量与影响范围，最大限度地控制、减少、清除溢油，减轻海洋溢油对环境的污染损害，所采取的抗溢油应急行动，以及所采取的其他应急处理和长期处理技术，通常被看作溢油污染的防治。

4.1 海上溢油灾害现象及其危害

4.1.1 海上溢油灾害现象

海洋溢油发生的形式多样，大规模的海洋溢油主要包括海洋石油资源勘探开发过程中由井喷、输油管道破裂等原因造成的原油泄漏，以及海洋运输船舶搁浅、碰撞、失事等原因造成的船舶灾害溢油和油库储藏设施爆炸溢油。以下是曾发生的典型的溢油事故。

1967年3月，利比里亚"托雷峡谷"号油轮在英国锡利群岛附近海域沉没，1.2×10^5 t 原油倾入大海，浮油漂至法国海岸。受此次事件影响，联合国下属的国际海事组织（IMO）出台了一项关于海洋溢油污染预防和应对及问责和赔偿问题的工作方案，并于1973年通过了《国际防止船舶造成污染公约》，俗称《防污公约》。

1979年7月，"大西洋女皇"号和"爱琴海船长"号两艘油轮在多巴哥岛附近的加勒比海水域发生碰撞导致爆炸，见图4.1，泄漏原油 2.87×10^5 t，此次泄漏为历史上最大的船舶泄漏事故，对海洋生态环境造成了严重的损害。

彩图

图4.1 油轮碰撞发生爆炸和原油泄漏（http://counterspill.org/disaster/atlantic-empress-oil-spill）

1989年3月，美国埃克森公司"埃克森·瓦尔迪兹"号油轮在阿拉斯加州威廉王子湾触礁搁浅，见图4.2，泄漏$3.75×10^4$t原油，沿海2100km海岸线受到污染。就对环境的破坏而言，它是全球最严重的漏油事件（Exxon Valdez Oil Spill Trustee Council，2007）。

彩图

图4.2　"埃克森·瓦尔迪兹"号油轮的原油泄漏事故（Exxon Valdez Oil Spill Trustee Council，2007）

2002年11月，载有$7.7×10^4$t燃料油的希腊"威望"号油轮，在从拉脱维亚驶往直布罗陀的途中，遭遇强风暴，在西班牙西北部距海岸9km的海域搁浅，船体出现裂口导致燃料油外泄，海面出现大片污染，见图4.3。西班牙4艘拖船将这艘油轮拖向外海，11月19日船体发生断裂，随后沉没于海底，泄漏的$6×10^4$t燃料油污染了西班牙、法国和葡萄牙数千公里的海岸线和1000多个海滩，对当地渔业造成了极大的危害，该次溢油事件是西班牙和葡萄牙历史上最大的环境灾难。

彩图

图4.3　"威望"号油轮断裂导致原油泄漏

（https://safety4sea.com/cm-learn-from-the-past-prestige-sinking-one-of-the-worst-oil-spills-in-europe/）

2010年4月，英国石油公司在墨西哥湾所租用的名为"深水地平线"的深海钻井平台发生井喷并爆炸，导致了溢油事故。事故导致11名工作人员死亡及17人受伤，共泄漏原油$5.8×10^5$t（图4.4）。从2010年4月20日至7月15日，大约共泄漏了320万桶石油，导致至少2500km²的海面被石油覆盖。

彩图

图 4.4　墨西哥湾 "深水地平线" 钻井平台溢油事故（http://counterspill.org/disaster/bp-oil-spill）

2010 年 7 月 16 日 18 时，位于辽宁省大连市保税区的大连中石油国际储运有限公司原油罐区，一艘 30 万吨级外籍油轮在卸油的过程中，操作不当引发了输油管线爆炸，引起火灾，导致管道和设备烧损，部分泄漏原油流入附近海域造成污染，见图 4.5。

彩图

图 4.5　大连新港输油管道特大火灾事故（http://news.sina.com.cn/c/2010-07-17/103020699545.shtml）

4.1.2　海洋溢油危害

海洋溢油危害表现在突然将大量有毒有害物质引入海洋生态系统，给海洋生态系统及其中的生物带来严重的威胁。

1．对浮游生物的影响

石油对浮游生物的毒性可分为两类：一类是大量石油造成的急性中毒；另一类是长期低

浓度石油的毒性效应。据相关研究成果，浮游植物的石油急性中毒致死浓度为 0.1～10mg/L，一般为 1mg/L，浮游动物为 0.1～15mg/L。因此，发生溢油事故后，对海域内的浮游动植物的损害无疑是十分严重的。这主要是由于油膜在潮流和海面风应力的作用下漂移。另外，一般浮游植物的生命周期短，在油膜覆盖下，无法进行光合作用，在毒性和缺氧条件下死亡。同样，浮游动物也会在油类毒性和缺氧条件下大量死亡。当出现溢油污染事故时，在油膜扩散分布范围内的浮游生物基本上难以生存，继而会引起食物链中其他高级消费者数量的相应减少，从而导致整个海洋生物群落的衰退。

由于浮游植物是海洋中，甚至是整个地球上氧气的主要供应者，故海水中溶解氧的含量也将随之降低，厌氧的种群增殖，好氧的生物则衰减，最终会导致溢油事故海域海洋生态平衡的失调。

2．对底栖生物和潮间带生物的影响

目前，海洋生态系统较为脆弱，一旦发生溢油事故，必然给底栖生物的生境带来严重伤害。当油膜接触海岸时，很难再折回海中，将黏附在滩涂、礁石或沉积物上，并导致事故海域滩涂生物窒息或中毒死亡，其中一些固着性贝类，如牡蛎、贻贝等，以及甲壳类的虾、蟹将深受其害，一些滩涂鱼类和养殖的紫菜、海带也会因此受害，幸存者也将因有臭味而降低其经济价值，或根本不能食用。此外，滩涂及沉积物中未经降解的石油可能还原于水中造成二次污染。

不同种类底栖生物对石油浓度的适应性有所不同，多数底栖生物石油急性中毒致死浓度为 2～15mg/L，其幼体的致死浓度范围更小些。软体动物双壳类能吸收水中含量很低的石油。例如，0.01mg/L 的石油可能使牡蛎呈明显的油味，严重的油味可持续达半年之久。受石油污染的牡蛎会引起纤毛鳃上皮细胞麻痹而破坏其摄食机制，进而导致死亡。

3．对海洋旅游业的影响

油污污染旅游岸线，沿岸的植被、海洋生物、景观资源受到严重破坏和污染，让人视觉感觉不爽。油污散发的气味，让游人感觉恶心。这会影响旅游收入，且这样的污染损害恢复时间较长，对环境的危害很大。

4．对滩涂和湿地的影响

滩涂和湿地资源的生态价值很高，当落潮后，鸟类在此觅食，涨潮时又是幼鱼活动的场所，这种水域对油的净化能力非常弱，而且也不适于使用溢油分散剂，溢油影响周期很长。因此，这类水域通常被列为重点保护区域。当溢油污染会波及该类水域时，可以提前布置围油栏等设施，避免溢油抵岸或进入潮间带区域。

5．对其他生物资源的影响

自然环境中，海洋生物的许多习性如觅食、躲避天敌、区系选择、交尾繁殖以及鱼类洄游等都会受到海水中某些浓度极低的化学物质的控制。当海洋环境遭受石油及其他一些物质污染时，这类化学物质的浓度会发生变化，生物的上述习性就有可能受到影响。

石油中的有害物质会通过食物链影响鱼类、贝类和人类，研究表明高浓度的油会使鱼卵、仔幼鱼短时间内中毒死亡，低浓度的长期亚急性毒性可影响鱼类摄食和繁殖。海面上的溢油对鸟类，尤其是潜水摄食的鸟类存在较大的危害。潜水摄食的鸟类以海洋浮游生物及鱼类为食，当接触油膜后，羽毛浸吸油类，导致羽毛失去防水、保温能力，鸟类用嘴整理羽毛时会摄取油污，或是摄入被油污染的浮游动物或植物，都会损伤内脏或造成中毒；另外还可能致使鸟类无法觅食。

6．对人类健康的危害

石油进入海洋后，会通过食物链最终在人体内富集，从而对人体健康造成危害。

4.2　海上溢油灾害评估

4.2.1　海上溢油灾害评估理论

海洋溢油污染是全球面临的主要海洋灾害之一，一旦发生溢油，将对海洋渔业、水产、滨海旅游、海洋生物以及海洋生态系统造成严重的损害。为降低海洋溢油造成的经济损失，保护生态环境，科学合理的赔偿是国际上的通行做法。

1．海洋溢油损害赔偿有关的法律法规

1）国际公约　　由于溢油事故造成的损失大，涉及当事人多，因此溢油损害索赔过程中会需要许多相关的法律法规的支持。1969 年和 1971 年国际海事组织分别通过了《1969 年国际油污损害民事责任公约》（简称 CLC1969）、《1971 年设立国际油污损害赔偿基金国际公约》（简称 FUND1971）；1992 年国际海事组织通过了这两个公约的议定书，分别称为《1992 年国际油污损害民事责任公约》（简称 CLC1992）、《1992 年设立国际油污损害赔偿基金国际公约》（简称 FUND1992）。中国已加入 CLC1992 和 FUND1992，并于 2000 年 1 月 5 日对中国生效，而后者仅适用于香港特别行政区。

中国还加入了适用于非运输油类的船舶燃油污染损害赔偿的《2001 年国际燃油污染损害民事责任公约》（简称《国际燃油公约》），该公约于 2009 年 3 月 9 日对中国生效。

2）中国有关溢油损害赔偿的法律法规　　目前，中国已加入 CLC1969 及其 1992 年议定书，FUND1971 及其 1992 年议定书（仅对香港特别行政区适用）及《国际燃油公约》。目前国内仍没有相应的溢油赔偿基金，2010 年 3 月实施的《中华人民共和国防治船舶污染海洋环境管理条例》及《中华人民共和国船舶污染损害民事责任保险实施办法》（交通运输部令 2010 年第 3 号令）、《船舶油污损害赔偿基金征收使用管理办法》（财政部、交通运输部，财综〔2012〕33 号）等有关法规的发布，将有力地推动中国油污赔偿机制的建立和完善。

2．海洋溢油损害评估

国际上，2008 年版《索赔手册》将赔偿范围划分为 6 大类：清除和预防油污损害费用；财产损失；渔场、海产品养殖和水产品加工业的经济损失；旅游业的经济损失；采取预防纯经济损失措施费用；环境损害及溢油后的研究费用。

刘敏燕和徐恒振（2014）结合《索赔手册》和国家科技支撑计划课题"水上溢油事故应急处理技术"（2006BAC11B03）的研究成果，将评估分为 4 个大类：清污和预防措施费用、渔业损失、其他经济损失、环境损失。

1）清污和预防措施费用　　刘敏燕和徐恒振（2014）将清污和预防措施费用细分为海上清污和预防措施费用、岸上清污和预防措施费用、其他设备设施和人力资源费用。

目前，国际上尚未有针对清污措施合理性评估的技术和方法。国际油污赔偿基金（IOPC FUND）制定的《索赔手册》规定了合理的溢油应急清污措施应满足以下三个方面：应急措施能预防或减轻污染损害；清污措施发生的费用或损失是恰当的；有科学的证据。重大的溢油事故，清污行动合理性由权威机构所聘用的专家给出。

2）渔业损失　　渔业损失细分为捕捞业损失、养殖业损失、水产品加工业损失和天然渔业资源损失。

国际上，IOPC FUND于2009年发布了用于指导索赔者如何提出索赔的导则《捕捞业、海水养殖业及水产加工业索赔指南》，指导评审员开展渔业生产损失评估的《评估渔业部门索赔技术指南》。

在国内，针对溢油事故对渔业的损害评估主要依据农业部（现为农业农村部）发布的《渔业水域污染事故调查处理程序规定》（农业部1997年3月26日）、《水域污染事故渔业损失计算方法规定》（农业部1996年10月8日）及《渔业污染事故经济损失计算方法》（GB/T 21678—2018）。《水域污染事故渔业损失计算方法规定》在经济损失计算方法方面规定了直接经济损失额计算和天然渔业资源经济损失额计算两种方法。《渔业污染事故经济损失计算方法》规定了直接经济损失，鱼卵、仔稚鱼经济损失及天然渔业资源损失恢复费用三种计算方法。

有关天然渔业资源损失方面，在《索赔手册》中并没有明确规定，显然国内法规和国际上的惯例存在矛盾。"水上溢油事故应急处理技术"（2006BAC11B03）课题结果表明，"天然渔业资源损失在经济赔偿性质上属于环境损害，但根据中国的行政管理体制，为便于索赔管理，按索赔行业分类将其列入渔业损失类别中，针对天然渔业资源损失所采取的恢复措施可以得到赔偿"，这样划分提高了天然渔业资源损失索赔的科学性、合理性和可操作性，又保持了与国际惯例的一致性。

3）其他经济损失　　刘敏燕和徐恒振（2014）结合《索赔手册》和国内的溢油索赔情况，将其他经济损失分为沿岸工业损失、旅游业损失和交通运输业损失。

4）环境损失　　国际油污赔偿体制下的环境损害评估：主要是依据《国际油污损害民事责任公约》（CLC1992）及《油污损害赔偿——国际油污损害责任和赔偿公约指南》对溢油污染造成的环境损害进行评估。对于溢油造成的环境损害赔偿，仅限于实际采取的或将要采取的合理复原措施费用，并且这种损失能以金钱计量，按照理论模式计算出的抽象损害索赔是不会被接受的。

美国的环境损害评估：美国没有加入CLC1992和FUND1992，1996年美国几个研究部门在《美国1990年油污法》框架下联合开发了"自然资源损害评估指导文件"（Guidance Document for Natural Resource Damage Assessment，Under the Oil Pollution Act for 1990），其评估对象包括自然环境中的空气、水、沼泽、潮滩及其间栖息的动植物等，评估程序包括预评估、恢复计划和完成恢复三个阶段，评估方法包括经验公式法、计算机模型法及等价分析法。

国内环境损害情况评估：近年来，中国专家对海洋溢油生态损害评估的理论、方法进行了深入研究。基于2002年渤海湾"塔斯曼海"号油轮原油对海洋生态环境污损索赔案件，国家海洋局北海环境监测中心出版了《海洋溢油生态损害评估的理论、方法及案例研究》（高振会等，2007），该评估方法将生态损失界定为环境容量损失和生态系统服务损失，包括海洋生境修复费用、海洋生物修复费用及监测评估费用等间接损失，其适用条件是天然渔业资源，水产养殖资源等自然资源损失单独评估，不包含在生态损害评估中。该方法第一次在真正意义上实现了中国对海洋生态环境损害的评估，但在实际应用中还存在一定不足。

2007年4月9日，国家海洋局发布行业标准《海洋溢油生态损害评估技术导则》（HY/T 095—2007）；2017年10月14日，中国发布国家标准《海洋生态损害评估技术导则第2部分：海洋溢油》（GB/T 34546.2—2017）。二者对海洋生态损害评估的内容是一致的，按照GB/T 34546.2—2017，海洋生态损害包括恢复期的海洋生态损失、修复期的费用和调查评估费。其中，恢复期的海洋生态损失为海洋生态直接损失，包括海洋生态服务功能损失和海洋环境容量损失；修复期的费用为海洋生境修复费用和生物种群恢复费用。

4.2.2　海上溢油灾害评估技术体系

1. 海洋溢油源的鉴别

海洋溢油事故不可避免地会给海水养殖、海洋生态、海洋开发活动及人类的健康带来影响，必然会涉及溢油污染的利益纠纷、环境损害评估等问题。因此，及时准确地确定海洋溢油源具有非常重要的意义。油品的组成特征和化学特征如同人类指纹一样具有唯一性，人们把油品的光谱、色谱图称为"油指纹"，通过对油样的油指纹进行比对鉴定来确认溢油源，这种方法即溢油源鉴别（刘敏燕和徐恒振，2014）。

溢油源鉴别是溢油事故调查处理的重要取证手段，21世纪以来，溢油分析技术发展迅速，目前，实验室常用的油指纹分析方法有气相色谱法、气相色谱/质谱法、红外光谱法、紫外光谱法、荧光光谱法、稳定同位素法等。根据需要的化学、物理信息及所应用的分析手段，油指纹分析方法可分为两大类：非特征方法和特征方法。传统的非特征方法包括红外光谱法、紫外光谱法等，其特点是预处理和分析时间短、费用低，缺点是缺乏详细的组分和石油来源的特性信息；特征分析方法如气相色谱法、气相色谱/质谱法，易于获取石油烃的特征和数量等详细信息（孙培艳等，2017）。由于海洋环境中溢油组分的复杂性，没有一种分析方法可以把油品的所有信息完全表达出来，一般需要多种鉴别方法联合使用。

2007年，中国发布了国家标准《海面溢油鉴别系统规范》（GB/T 21247—2007），参考了欧洲标准委员会《溢油鉴别标准》（CEN/TR 15522-2）、美国材料与试验协会（ASTM）石油分析相关标准等文献，本标准规定了5种分析方法，包括荧光光谱法、红外光谱法、气相色谱法、气相色谱/质谱法和单分子烃稳定碳同位素方法。采用逐级鉴别方式，首先进行可疑溢油源样品的筛选，荧光光谱法或红外光谱法作为可选方法，先于气相色谱法进行初步筛选，排除明显不一致的可疑溢油源样品；然后进行气相色谱和气相色谱/质谱分析，必要时辅以单分子烃稳定碳同位素分析进行最终鉴别。

2. 海洋溢油预测预报

溢油入海后会发生复杂的物理、化学和生物变化，最终从海洋中消失。按照溢油的行为和归宿可分为三个过程（牟林等，2011）：①扩展过程，指海面油膜由于自身作用力而面积增大的过程；②输移过程，指在海洋环境动力要素的作用下溢油的迁移运动；③风化过程，能够引起溢油组成性质改变的所有过程，包括蒸发、溶解、乳化、光氧化、生物降解、沉积等。溢油进入海洋后的行为过程可参考图4.6。

建立海上溢油行为及归宿的数学模型，模拟溢油事故发生后油膜的扩展、漂移路径、抵达敏感目标的时间及溢油性质变化等信息，在溢油灾害评估和溢油应急管理方面具有重要的作用。一般来讲，溢油模型可分为欧拉型溢油模型和拉格朗日型溢油模型两类，前者主要是求解油膜的质量和动力守恒方程或对流-扩散方程，而后者是将海面浮油离散为大量的"油粒子"（Cekirge et al.，1992），这些粒子可以在水的表面或者悬浮在水中，每个粒子有质量和与之相关的时间、空间坐标，在风、水流、周围粒子的作用下发生对流、扩散作用，并同时发生蒸发、溶解、降解、乳化等过程。近几十年来，溢油模型取得了显著进展，目前主要采用拉格朗日型溢油模型，并结合了石油的扩展、平流、扩散和风化过程。

4.2.3　海上溢油灾害评估实例

2002年11月，马耳他籍"塔斯曼海"号油轮与中国大连"顺凯一号"油轮在天津大沽

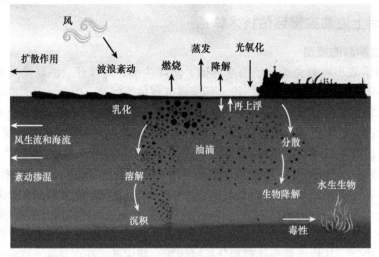

彩图

图 4.6　影响溢油的主要行为过程（Keramea et al.，2021）

锚地东部海域发生碰撞致原油泄漏，这次溢油事故是中国生态索赔的第一个案例。高振会等
（2007）考虑了海洋环境容量损失、海洋生态系统服务损失、海洋沉积物生境恢复和潮间带
生境恢复费用、海洋生物恢复费用、修复前期研究费用及监测评估费用等。具体如下。

　　海洋环境容量损失，采用影子工程法，损失为3600万元。

　　海洋生态系统服务损失，采用Costanza等的计算方法，如湿地生态价值、森林生态价
值、海岸带生态价值等，损失为738.17万元。

　　海洋沉积物生境恢复和潮间带生境恢复，采用生物修复技术进行，海洋沉积物生境修复
费用为2614万元，潮间带生物修复费用为1306万元，海洋生物恢复费用为938.09万元。

　　修复前期研究费用为106.83万元，监测评估费用为532.88万元。

　　综上，该溢油事故造成的海洋环境与生态总价值为9835.97万元，其中，海洋生态损害
损失费用达4338万元。

　　在司法实践中，2009年该案终结，肇事者"塔斯曼海"船东及伦敦汽船船东互保协会赔
偿1513.42万元。

4.3　海上溢油灾害应对策略

　　海上溢油事故发生后，必须对溢油进行应急处理，有效地控制溢油污染范围，最大限度
地降低溢油事故对海洋生物及海洋生态环境的影响。海洋发生溢油后，首先要控制溢油源，
避免继续泄漏，然后阻止溢油随海流迁移扩散，随后采取适当措施将溢油回收，最后在不能
回收的情况下，采取适当措施将溢油分散或消除。

4.3.1　海上溢油处理技术

　　传统的海上溢油处理技术包括溢油源的控制、防溢油扩散、溢油回收、溢油的消除等。

1. 溢油源的控制

　　溢油发生后，溢油源的控制是最主要的措施。海上溢油源主要有海上船舶、输油管道、
石油钻井平台等，不同的事故需要不同的源头封堵技术。

1）船舶溢油　　船舶发生触礁、碰撞后，需要立即检测碰撞和漏洞位置，利用船上防溢油设备和器材进行堵漏。在船舶可能发生倾覆、断裂、沉没的情况下，要采取应急卸载措施，将所载油品或燃油进行转移。

2）输油管道泄漏　　对于输油管道封堵技术，主要有调整堵漏法、机械堵漏法、带压黏接堵漏法、带压注剂堵漏法和焊接堵漏法等（郑洪波和张树深，2014）。

3）钻井平台溢油　　海上石油钻井平台可能发生井喷、爆炸等事故，一旦发生事故，将造成巨大的人员和财产损失，对海洋环境造成极大的破坏，如墨西哥湾"深水地平线"钻井平台溢油事故、渤海蓬莱19-3溢油事故等。以英国石油公司对"深水地平线"钻井平台溢油事故的应急处置方案为例，其控制技术包括遥控机器人启动水下防喷器组、放置水下控油罩、吸油管法、灭顶法、盖帽法、减压井法。其中只有盖帽法和减压井法被成功应用，并最终控制住了溢油源。

2．防溢油扩散技术

海上溢油发生后，海面溢油在风、海流的作用下会快速迁移扩散并可能抵达岸边礁石、沙滩或湿地，溢油面积扩大和抵达岸边都将给溢油处置带来困难。因此，对海面溢油处理第一步需采取围控措施，阻止溢油的偏移和扩散，为后续油污的处理奠定基础。

1）围油栏　　用于围控水面浮油及漂浮物的机械漂浮栅栏——围油栏（GB/T 34621—2017），是海洋溢油污染物理处理方法中最常见的应急器材，它由围油栏的浮体、水上功能部分、水下部分和压载组成。围油栏的水上部分主要起到围油的作用，阻止溢油进一步扩散，并且可以使海水表层的浮油层厚度增加，便于后续船只对水体表层油品的回收。而水下部分主要是防止大块的或含有杂质的浮油从下部漂走漏出。围油栏通过浮体为其提供浮力，利用压载确保围油栏能够在水体中保持直立，从而使其稳定地浮于水面上。几种常见的围油栏及布设方式见图4.7。

彩图

图4.7　围油栏形状及其布设

围油栏的使用受到环境因素的影响，比如在海风和海浪较大的溢油区域，围油栏使用起来比较困难，对溢油的处理效率不高。所以，围油栏一般在海洋环境较为平稳的港湾、港口码头、污水排放口或海滨浴场内使用，作为预防突发事故的一项应急处理措施。

2）凝油剂　　凝油剂是一种使溢油固化成凝胶状或块状的化学试剂，目前主要有山梨糖醇型、淀粉型、蛋白质型和氨基酸型溢油剂。凝油剂能使原油、重油、轻质油、烃类（芳烃、烷烃等）、植物油等在短时间内凝成半固体状油块漂浮于水面，使其易于用网具等机械设备打捞出水面而加以回收。一般在下面两种情况下使用：一是用来使事故油轮内的残油迅速固化成凝胶状，防止油从破孔中流出来；二是用来使海面溢油固化成凝胶状，防止扩散以便回收，对面积大、油膜薄的溢油适用。凝油剂的毒性低，在风浪的影响下，能有效防止溢油扩散，配合围油栏和溢油回收装置使用可有效提高溢油回收的效率，但其缺点是凝油速度慢、成本高、有二次污染等。

3）集油剂　集油剂又称聚油剂、化学围油栏等，由不溶于水的表面活性剂和活性溶剂混配而成。目前，国外使用的集油剂型号有丙烯酸铵系列、聚丙烯酸胺系列和聚乙烯醇系列，国内的主要有羧酸系列。喷洒集油剂的作用是将海面的溢油集中起来，防止溢油进一步扩散，方便溢油回收。集油剂适用于控制大面积薄油膜，撒布作业比围油栏容易、迅速。但在风速较大时，对含水50%以上的溢油，使用效果较差。

3. 溢油回收技术

海上溢油回收技术作为溢油应急技术的第二阶段措施，主要利用物理技术回收，如利用吸油材料、收油机等，不同的技术方法所应用的条件和区域各异。

1）吸油材料　利用吸油材料吸附海面溢油是一种简单、有效的回收方法，吸油材料对石油制品进行吸附后能够浮在水面上，便于后续集中处理。用作吸油材料的物质主要分为无机吸油材料、天然有机吸油材料和有机合成吸油材料三类。无机吸油材料主要有硅藻土、黏土、沸石、浮石等。天然有机吸油材料常见的有稻草、麦秆、芦苇、木屑等，由于人的头发或动物毛发能有效吸收各种油脂，因此也被用作吸油材料。例如，美国在墨西哥湾溢油事故中，美国志愿组织发起收集毛发行动，用于清除海岸溢油。有机合成吸油材料包括聚合材料聚丙烯和聚氨酯泡沫等，它们具有亲油性和疏水性，比其他类型的材料具有更好的吸附性能，是处理油污染的常用材料。吸油毡是人造制成的纤维毡，能迅速吸收本身重量数十倍的油污，而且吸水性差，是一种良好的溢油应急器材。

2）收油机　收油机也称撇油器，是一种从水表面清除油但不改变油的物化性能的机械回收装置。其分为堰式、绳式、盘式、刷式、带式、真空收油机等。图4.8为堰式收油机和转筒式收油机。

 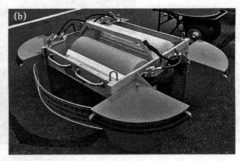

彩图

图4.8　机械回收装置

（a）堰式收油机；（b）转筒式收油机

堰式收油机是利用溢油的重力、流动性和堰式挡水结构回收水面溢油或油水混合物而不改变其物理、化学特性的机械装置，一般由收油头、动力站、传输系统等部分组成（《堰式收油机》，JT/T 1042—2016）。

带式收油机是利用与水面成一定角度的动态收油带回收水面溢油或油水混合物而不改变其物理、化学特性的机械装置，分为上行带式、下行带式、动态斜面式和上下行组合式（《带式收油机》，JT/T 1201—2018），在船体内部或船舷外部固定安装的称为船用带式收油机（GB/T 37447—2019）。

转盘/转筒/转刷式收油机是利用转盘/转筒/转刷回收水面溢油或油水混合物，一般由动力站、收油头、传输系统、浮体等部分组成（《转盘/转筒/转刷式收油机》，JT/T 863—2013）。

船用刷式收油机是在船体内部或船舷外部固定安装的机械装置，利用半浸于水中的转刷不断转动，将水面溢油或油水混合物黏附在转刷上带出水面（《船用刷式收油机》，GB/T 37446—2019）。

收油机回收的是油水混合液，后续仍需进行油水分离处理，主要应用于已围控的溢油区域，也可用于敞开的水域中，但浪高过2m，收油效率会很低，收油机和围油栏一起使用才能达到较高的效率，受不同黏度的油品影响，收油机的回收效率会不同。

3）油拖网　　高黏度、高倾点的海面溢油容易乳化成块状和片状，对于这种溢油块，用油拖网回收可提高回收效率。

4）溢油的存储设备　　用物理方法进行海上溢油回收时，必须有现场溢油存储设备，用于海上溢油的临时储存，然后运往陆地处理。临时存储设备主要有油轮、溢油回收船、浮动油囊、轻便式储油罐等，海上溢油的及时储存和运输将会影响溢油处置效率。

4．海上溢油的消除

1）溢油分散剂　　溢油分散剂也称为"消油剂"，是可将水面浮油乳化、分散或溶解于水体中的化学制剂。溢油分散剂由表面活性剂的混合物和溶剂组成（《溢油分散剂　技术条件》，GB 18188.1—2000）。溢油分散剂分为常规型分散剂和浓缩型分散剂两类，常规型分散剂由脂肪烃溶剂与表面活性剂混合物组成，表面活性剂的含量不超过30%。常规型分散剂不可经水稀释后使用。浓缩型分散剂通常含有氧化脂肪烃溶剂，表面活性剂含量一般为50%～75%，浓缩型分散剂分为可经水稀释或不可经水稀释两种。

根据《溢油分散剂　使用准则》（GB 18188.2—2000），在下述情况下可以考虑使用溢油分散剂。

（1）水面漂浮油或事故溢油可能向海岸水产养殖地及其他对溢油敏感的水域移动，威胁着商业环境或舒适性的利益，并且在到达上述敏感区域之前既不能通过自然蒸发或者风浪流的作用自行消散，也不能用物理方法围堵或回收处理；

（2）对于物理的、机械的方法难于处理的溢油，采用溢油分散剂促使其向水体分散所造成的总的损害比把油留在水面上不处理的损害小；

（3）溢油发生在水深大于20m的非港区水域，可以先使用，然后向主管部门报告；

（4）水面漂浮油或事故溢油的类型及水温适合于化学分散（一般来说，水温需高于拟处理油的倾点5℃以上），气象、海况等环境条件宜于分散油的扩散；

（5）在已经发生或可能发生油火灾、爆炸等危及人命或设施安全的不可抗拒的情况下。

溢油分散剂的缺点是会给某些生物的生长发育带来影响，费用昂贵，在以下的情况下，限制使用。

（1）溢油为汽油、煤油等易挥发的轻质油，或呈现彩虹特征的薄油膜；

（2）溢油为高蜡含量、高倾点的难于化学分散的油；

（3）溢油在环境水温下不呈流态或经过几天风蚀后形成具有清晰边缘的油包水乳化物的厚碎片；

（4）溢油发生在封闭的浅水区或平静的水域；

（5）溢油发生在淡水水源或对水产资源有重大影响的区域。

2）海面溢油燃烧法　　将海上溢油直接用火点燃将溢油除去的方法称为海面溢油燃烧

法，适用于大规模海面溢油的情况。例如，墨西哥湾"深水地平线"钻井平台溢油事故采用了大量燃烧处置海面溢油的方法。现场燃烧要考虑可行性和安全性，需要满足一定的条件方可进行（郑洪波和张树深，2014）。燃烧方法的缺点是容易造成二次污染（大气、水体、残留物），烟和残留未燃烧尽的油处置较难；对生态环境会造成不良影响，并且浪费资源，配套设备配置较难等。

3）物理分离技术　物理分离就是采用物理的方法对环境中的溢油污染物直接进行分离处理的方法，一般应用于近岸潮滩区域。特别是掩蔽型的海滩，该区域受风浪和潮汐的影响较小，油污不能有效地进行收集和处理，大多依靠人工处理的方法对溢油污染区域的油污进行直接分离收集，或者采用大型的挖掘装置将受污染区域的海滩挖走进行异位修复处理。在海洋近岸礁石较多的区域，一般采用就地淋洗技术，就是在水压的作用下，将溢油分离出来再进行收集处理。

4）生物处理技术　海洋溢油的生物处理法是一个长时期过程，主要是利用微生物降解将分散在水中的原油最终转化成无机物。生物处理技术不会引起二次污染，对人和环境造成的影响小，无残毒，成本低，是一种安全、高效、环境友好的处理技术。相较于其他化学试剂，微生物菌剂正逐渐成为一种新型的环保材料而被应用于海洋环境污染的处理过程中。因此，微生物修复技术是目前海洋溢油修复过程中的研究重点。

其缺点是由于石油的疏水性，泄油进入水域形成明显的两相，石油的微生物利用度低；微生物的繁殖和培养受到各种环境因素的影响，如营养因子和氧气浓度等；石油降解菌的降解效率低，亟待筛选、培育和改良高效降解石油污染物的微生物。

5．海上溢油处置方法的选择

海面溢油发生后，溢油处置方法和技术的应用，需要根据溢油的性质、溢油量、水文气象条件、海洋环境的影响及所采用技术的经济效益等方面进行综合考虑。溢油应急技术的选择可参考表4.1（郑洪波和张树深，2014）。

表4.1　溢油应急技术的选择

指标		备选处置方案							
		围控及回收		化学分散		现场燃烧		自然降解	
		可行	不可行	可行	不可行	可行	不可行	可行	不可行
环境条件	风速/(km/h)	<20	>20	<20	>20	<20	>20	<20	>20
	浪高/m	<3	短时大浪	>0.6	<0.6	<3	短时大浪	短时大浪	
	潮流流速/n mile/h	<1	>1	<3	>3	<2	>2	<2	>2
溢油特性	油膜厚/mm	<0.25	>0.25	<0.25	>0.25	<0.25	>0.25		
	溢油黏度/(mm²/s)	<2000	>2000	<1000	>1000	<2000	>2000		
	风化程度	水面自由流动	不能流动，发生沉降	水面自由流动	不能流动，发生沉降	水面自由流动	不能流动，发生沉降		
溢油地点	近岸地区	√		×		×		√	
	水产养殖区	√		×		×		√	
	河口地区	√		×		×		√	

注：√表示可行，×表示不可行

4.3.2　海上溢油灾害应急管理

2011年国务院出台了《关于加强环境保护重点工作的意见》，首次将环境应急管理纳入国家战略层面。根据《国家突发环境事件应急预案》中的定义，环境应急是针对可能或已发生的突发环境事件需要立即采取某些超出正常工作程序的行动，以避免事件发生或减轻事件的后果的状态，也称紧急状态。而海上溢油事故作为突发环境事件的一种，历来会引起政府管理部门和专家学者的重视。

1．溢油应急方面的法律法规

国际法方面，1998年3月中国加入《1990年国际油污防备、反应和合作公约》(《OPRC 1990公约》)；国内立法方面，先后颁布了一系列法律规范与标准条例，形成了较完整的溢油防治法律体系，包括《中华人民共和国海洋环境保护法》(1982年8月23日)、《中华人民共和国防治船舶污染海洋环境管理条例》(2009年9月9日)、《中华人民共和国海上交通安全法》(1983年9月2日)、《中华人民共和国海洋石油勘探开发环境保护管理条例实施办法》(1989年12月1日)、《中华人民共和国突发事件应对法》(2007年8月30日)等。在国际公约和国内法律法规框架下，中国逐步完善了溢油应急管理体系，制订了溢油应急计划和溢油应急预案，提高了溢油应急的反应能力。

2．应急管理体系

国外的溢油应急管理发展较早，以美国为例，其海上溢油应急体系是依托1990年《石油污染法案》和1994年《溢油应急计划》而建立的。《石油污染法案》明确规定了各部门的职责，建立了国家应急指挥系统，推行国家基金制度，完善了海上溢油事故的防治及其规划工作（郑克芳等，2015）。美国的溢油应急响应队伍由美国海岸警备队、环境保护署、国防部、能源部和农业部等16个部门组成，美国海岸警备队负责水上应急行动，环境保护署负责陆上应急行动。美国还构建了国家、区域和地方三位一体的溢油应急计划。

目前，中国已经建立了较完善的溢油应急管理体系，包括应急组织指挥体系及各种应急计划和应急预案。《中华人民共和国海洋环境保护法》第十八条规定：国家海洋行政主管部门负责制定全国海洋石油勘探开发重大海上溢油应急计划，国家海事行政主管部门负责制定全国船舶重大海上溢油污染事故应急计划。对于国家重大海上溢油应急处置，组织指挥体系由国家重大海上溢油应急处置部际联席会议、相关部门和单位、中国海上溢油应急中心、联合指挥部、现场指挥部、专家组组成。其中，部际联席会议负责组织、指导全国重大海上溢油应急处置工作。

为了贯彻《中华人民共和国海洋环境保护法》，履行国际海事组织《OPRC1990公约》，交通部（现为交通运输部）和国家环境保护总局（现为生态环境部）联合颁布实施了《中国海上船舶溢油应急计划》及《北方海区溢油应急计划》《东海海区溢油应急计划　中国海上船舶溢油应急计划》《南海海区溢油应急计划》《台湾海峡水域溢油应急计划》。

编制溢油应急预案，是有序、有效地实施海上溢油应急处置行动，最大限度地减少海上溢油造成的环境和财产损失的关键环节。

国家重大海上溢油应急处置部际联席会议发布的《国家重大海上溢油应急处置预案》和国家海洋局编制的《海洋石油勘探开发溢油事故应急预案》可为海洋溢油事故应对提供一定的依据。《国家重大海上溢油应急处置预案》主要包括组织指挥体系、监测预警和信息报告、应急响应和处置、后期处置、综合保障等部分。《海洋石油勘探开发溢油事故应急预案》主要包括应急组织指挥体系及职责和应急响应程序两部分。

目前，中国已基本建设完成了国家级、海区级、省级（自治区、直辖市）、港口级和船舶级等5级溢油应急体系。但是在溢油应急联动机制、器材配备、应急力量、科学决策等方面仍存在严重不足。

4.3.3　海上溢油灾害应急处理案例

2010年4月20日，由英国石油公司（以下简称BP）租用的石油钻井平台"深水地平线"发生爆炸并引发大火，大约36h后平台沉入墨西哥湾，随后大量石油泄漏入海。此次漏油事件造成了巨大的环境危害和经济损失。本节简要介绍此次事件过程中美国溢油应急处理方式和措施，以资借鉴。

1. 溢油应急响应机制

溢油事故发生后，美国政府在《美国1990年油污法》和1994年《国家应急计划》的指导下，启动了区域和地方的各级应急响应体系。爆炸当天，成立了以海岸警卫队为核心的地方应急指挥中心，协调沿岸各州及地方政府控制和解决污染事件。4月21日，区域应急响应体系启动；4月22日，国家响应工作组成立；4月24日，建立了统一的指挥中心和联合信息中心，以集合并协调所有响应机构，同时向公众以及指挥中心提供可靠、实时的溢油响应相关信息（陈虹等，2011）。

2. 第一时间反应

以最快的速度将有效资源部署到可能受污染的区域，关键的因素是部署应急资源。此次事故中的"机遇之船"的工作模式值得借鉴。具体包括以下内容。

（1）"机遇之船"计划中共计包含5800艘船舶，雇用了当地的海员并提供给他们一些相关设备让他们来参与海岸线的保护。

（2）应急响应小组充分整合了"机遇之船"的资源，扩大了后勤运输补给的范围和能力，并通过他们来支持布放围油栏和撇油器作业，组织收集稠油并将其燃烧。应急响应小组还经常借助船东对当地海岸地区的熟悉状况，预测和观察溢油在敏感海岸的流动状况。

（3）应用系统性的方法来进行选择、观察、培训、开发、标记及配置装备以满足美国职业安全与健康管理局（OSHA）和其他监管部门的要求。

3. 监视监测

溢油应急中的监测工作对有效处置、评估溢油对生态环境的损害等具有重要的作用。在油膜可视的情况下，借助飞机或船舶作为平台进行观察，美国制定了一系列的溢油观察的技术规范，如美国海洋气象局（NOAA）的《开阔水域空中溢油确认工作帮助》手册等；在油膜不可见的情况下，使用船载或机载相关红外线技术，定点航拍湿地、海岸线等生态环境敏感目标及卫星遥感的手段，对溢油的位置、油膜厚度和密度、油污染区域的位置和污染程度等进行监视。

在溢油监测方面，美国环境保护署定期监测空气、水体和沉积物中油、苯系物、多环芳烃和表面活性剂等特征污染物的含量，并据此与基准值对比，评价其对人体健康和水生生物是否具有影响；NOAA以自然资源损害评估为主要目的，通过生物监测，了解溢油相关特征污染物的基准值、生物富集状况及进行生物影响调查，同时，进行食品安全相关监测和分析。

通过监视监测结果，如溢油现状图、溢油轨迹图、各环境介质的质量状况及公园的环境质量和开发情况等信息，每日或定期向公众发布。良好科研成果的积累和信息公开的机制为墨西哥湾溢油事件的响应提供了坚实的基础，这些措施值得借鉴（陈虹等，2011；郑洪波和张树深，2014）。

4．溢油应急处理措施

1）溢油源控制　　墨西哥湾溢油是由防喷阀失效导致的，共产生了3个漏油点。为控制溢油，BP公司先后尝试了由水下机器人启动止漏装置、钢筋水泥罩法、吸油管法和灭顶法等，但均未成功遏制石油的泄漏。2010年6月4日，通过切断损坏的泄油管，采用虹吸管盖住阀门以收集原油，堵漏工作开始出现进展。截至溢油后约3个月，墨西哥湾溢油得以控制。2010年9月中旬，减压井竣工，溢油得以彻底控制（郑洪波和张树深，2014）。

2）溢油的处置

（1）物理技术。

布控围油栏：布控围油栏是保护海岸线最有效的方法之一，此次漏油事故处理中进行了史上最大的溢油围油栏部署，共使用了超过4100km的围油栏，其中包括约1300km的普通围油栏和约2800km的吸油围油栏。

收油系统：海岸警卫队使用新设计制造的V型收油系统进行机械清污与回收，取得了明显效果。

撇油器：撇油器的使用达到了有史以来的最大规模，部署了4个由驳船改装成的"BigGulp"撇油器，该撇油器可以用于处理乳化油和清理水草；研发了一种创新性的"Pitstop"撇油器，并投入运行超过100天；在一条280英尺①长的海洋工程船上部署了来自挪威的新一代撇油器TransRec150。

溢油回收船：研发了新技术以提高深海区域溢油回收船的作业效率（包括围油栏的拖放和溢油船上分离漏油的效率）。

沼泽清污：超过2500名清污人员进行模块化分工，展开高效、快速的清污工作；配备了固定式泵机械臂等新工具，用于在湿地的深处，通过注水以加快对浮油的冲刷作用；开发了浅水驳船以用于清理现场；通过"机遇之船"模式，提高了作业的可操作性，并减少了在沼泽水域的意外伤害。

海岸清理：应急响应小组采用以下方法提高了岸滩的清污能力，减小了对海滩的危害，其中包括：夜间开展海滩清理工作；培训了超过11 000名合格的环境保护人员；组织安排海滩清洁人员在下一次浪潮来临前的清污工作，并尽量减少在海滩上的油污脚印；评估机械设备的适应情况并进行更换，清理海滩上的砂石、海草等杂物，采用新的设备和方法以便更深入和快速地清理海滩污油；不断改进清污技术方法；装备了"SandShark"沙滩油污清洁车，它能挖掘得更深，而且在清除污油过程中减少了拖带沙粒量；明确了何时及如何从海滩清理溢油和废物管理。

（2）化学技术。

受控燃烧法：本次溢油事件共执行了411次受控燃烧，共处理石油约26.5万桶；培训和部署了10支专业的燃烧队伍，相关专家人数从最开始的不到10人增加到超过50人；提高了耐火围油栏的技术，包括水冷式和可重复利用的围油栏；采用新技术来控制和燃烧溢油，此外还开发出"动态燃烧法"，该方法可通过连续燃烧新油来增加控制溢油燃烧的长度；开发和实施了新的人工点火技术，明确了影响受控燃烧法的因素；采用了新的安全技术，包括使

---

① 1英尺=3.048×10⁻¹m

用有颜色的油布来识别溢油燃烧船，提高了技术安全性。

溢油分散剂：在平台漏油事故的初期，用飞机喷洒溢油分散剂（主要是 Corexit9500/Corexit9527A）至海面，是主要的溢油处理方法，应急响应小组通过动员全球多名不同学科的专家以保证该方法的成功执行。在溢油事故发生的2天内出动约400架次飞机喷洒溢油分散剂；通过改善流程来优化喷洒的数量和目标；通过应用成像技术及其他技术包括培训相关的监测人员来提高喷洒的精度和实现喷洒数量的控制；改善溢油分散剂的供应链，保证供应，以提高Corexit分散剂的可靠性；由政府机构和BP公司负责编制详细的取样和监测方案。

当前，随着海洋石油开采区域的不断扩大，海上船舶运输的日益频繁，海洋溢油事故发生的概率也不断增大。以史为鉴，国家需要协调处理海洋开发和海洋治理的关系，完善监管机制，制订海洋环境溢油灾害应急预案，加强海洋灾害应急力量，提高海洋溢油事故的应对能力。

思 考 题

1. 海洋溢油的来源、组成成分及其危害有哪些？
2. 中国的有关溢油损害赔偿的法律法规有哪些？
3. 油指纹鉴别溢油的方法有哪些？各有什么优缺点？
4. 简述海洋溢油应急处理中防溢油扩散的技术方法及适用条件。
5. 海洋溢油应急中，溢油回收技术主要有哪些？
6. 海上溢油时，应怎样选择溢油处理技术？

参 考 文 献

陈虹，雷婷，张灿，等. 2011. 美国墨西哥湾溢油应急响应机制和技术手段研究及启示. 海洋开发与管理，28（11）：51-54

高振会，杨建强，王培刚. 2007. 海洋溢油生态损害评估的理论、方法及案例研究. 北京：海洋出版社：446

刘亮，范会渠. 2011. 墨西哥湾漏油事件中溢油应对处理方案研究. 中国造船，52（S1）：233-239

刘敏燕，徐恒振. 2014. 水上溢油源快速鉴别技术. 北京：中国环境出版社：230

牟林，邹和平，武双全，等. 2011. 海上溢油数值模型研究进展. 海洋通报，30（4）：473-480

孙培艳，王鑫平，周青. 2017. 油指纹鉴别技术. 北京：海洋出版社：137

郑洪波，张树深. 2014. 溢油环境污染事故应急处置实用技术. 北京：中国环境出版社：312

郑克芳，田天，于梦璇，等. 2015. 中美溢油应急管理对比研究. 海洋开发与管理，32（1）：84-87

Cekirge H M, Al-Rabeh A H, Gunay N. 1992. Use of three generations of oil spill models during the Gulf War oil spills. *In*: Fingas M F, Kyle D A, Tennyson E J. Proceedings of the Arctic and Marine Oil Spill Program (AMOP) Technical Seminar. Environment Canada. Ottawa: Environmental Protection Service: 93-105

Exxon Valdez Oil Spill Trustee Council. 2007. Frequently asked questions about the spill. https://evostc.state.ak.us/oil-spill-facts/q-and-a/ [2021-08-20]

Fay J A. 1971. Physical processes in the spread of oil on a water surface. *In*: Proceedings of Joint Conference on Prevention and Control of Oil Spills. Washington, DC: American Petroleum Institute: 463-468

Keramea P, Spanoudaki K, Zodiatis G, et al. 2021. Oil spill modeling: a critical review on current trends, perspectives, and challenges. Journal of Marine Science and Engineering, 9(2): 181

第5章

新污染物灾害

新污染物又被称为"新型污染物"或"新兴污染物"，这两种称呼曾长期在学界并存，直到"十四五"规划才建议将其统称为"新污染物"。根据美国地质调查局（United States Geological Survey，USGS）规定，新污染物是指这样一类人工合成的或自然产生的化学物质或微生物：它们通常在环境中不受监控，但有可能进入环境并产生已知的或可能的不利于生态和（或）人类健康的影响。根据来源、用途、潜在影响等可以将新污染物分为以下几大类：医药和兽药产品、消毒剂和杀菌剂、非法毒品、个人护理品和其他生活用品、工业化学品、纳米材料、消毒副产品、食品添加剂、水性病原体、生物毒素。

新污染物在环境和生物圈中并不一定是新出现的，这些污染物可能已经进入了环境，并存在了很长一段时间，但并不被视为污染物。随着分析技术的提高、新化学物的开发或污染程度的扩大等原因，这些污染物才逐渐引起人们的关注。新污染物存在于废水、土壤、地下水或饮用水中，其浓度极低（pg/L 到 ng/L）。目前，对新污染物的生态毒理学仍处在研究阶段，对于其环境浓度的测量能力非常有限，有关它们的立法和规定远远落后于它们产生和释放的速度。

本章选取了近年来引起普遍关注的药品和个人护理品、纳米材料及微塑料这三种新污染物，并对它们在海洋环境中的来源及危害展开叙述。

5.1　药品和个人护理品对海洋的污染及危害

本节阐述海洋中药品和个人护理品污染的种类、来源及主要已知危害。

5.1.1　海洋中药品和个人护理品的种类与来源

药品和个人护理品（pharmaceuticals and personal care product，PPCP）是数千种化学物质的集合。药物包括用于诊断、治疗或预防人类和动物各种身体与精神疾病的医疗产品，如抗生素、抗抑郁剂、非甾体抗炎药、止痛药等。个人护理品包括一些人体日常消费品，如化妆品、洗浴用品、香水、防晒霜等。药品和个人护理品作为人们日常生活中最常接触到的一类化学品已经在环境中存在很长时间了，且随着技术的进步和需求的增长，药品和个人护理品的生产量和使用量一直在增加。全世界仅药物就有4000多种。据估计，欧洲每年向环境释放的抗生素约为15 000t。尽管如此，药品和个人护理品对环境可能造成的污染与危害直至20世纪90年代才逐渐引起研究人员的注意。

药品和个人护理品可以通过多种途径进入环境（段艳萍等，2018），如图5.1所示。

市政污水和垃圾渗滤液是环境中药品和个人护理品的首要来源（张亚男和周雪飞，2012）。药品在进入人体后，由体内的酶或细菌代谢，代谢的程度随药品的性质和使用情况而不同，一般情况下，绝大多数的药物无法在体内被完全降解，这使得一部分的药物组分和

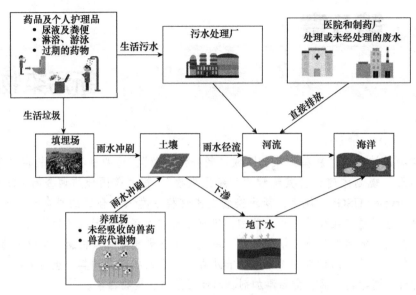

图5.1　药品和个人护理品进入海洋的途径

代谢产物会随着尿液或粪便被排出体外。而个人护理品则常通过洗澡、游泳等方式进入污水（Arpin-Pont et al.，2016）。这些药品和个人护理品随着污水进入污水处理厂后，并没有相对应的处理设备来去除它们，而传统的城市污水处理方法对于大多数的药品和个人护理品是几乎无效的，即便是在最佳的情况下，药品和个人护理品的去除率也只有20%~50%。另外，大量过期药物的丢弃使得垃圾渗滤液也成了药品和个人护理品的重要来源。

医院及药物或个人护理品生产工厂的点源排放也是不可忽略的来源，由于缺乏有效的监测方法和严格的排放标准，大量的药品和个人护理品在生产与使用过程中随着废水、废渣被排放到环境中。调查显示，药品和个人护理品的浓度在制药厂与医院周围的河流中要明显高于其他河流。此外，兽药（如抗生素和激素等）在养殖业中常被用于促进动物生长，它们在动物饲料中的滥用现象使得大量代谢产物和未被吸收的兽药成分随着地表径流进入河流或土壤。

海洋是工业、农业和城市污染物的最终目的地，这些进入河流、土壤与污水处理厂的药品和个人护理品通过雨水及径流被运送到海洋。

5.1.2　海洋中药品和个人护理品的危害

如5.1.1小节所述，由于人类对于药物及个人护理品使用量的不断增加，以及其在人体或动物体内的不完全吸收，药品和个人护理品被大量排放到环境中。目前，人们已经在不同的海洋环境中监测到了药品和个人护理品，其在海水中的浓度为0.21~5000ng/L。表5.1列出了一些海域中药品和个人护理品的浓度。

表5.1　不同海域中药品和个人护理品的浓度（Ojemaye and Petrik，2019）

种类	用途	浓度/（ng/L）	地区
阿司匹林	止痛药	2.1	法国南海岸
布洛芬	止痛药	1.7	法国南海岸
		12.1	中国台湾西南岸
		2.5~57.1	中国台湾北部

续表

种类	用途	浓度/（ng/L）	地区
咖啡因	兴奋剂	32	法国狮子湾
		16.92	中国台湾西南部
		16	北海
		ND*～5000	美国纽约牙买加湾河口地区
氯贝酸	降血脂	1.3	北海
		1.4～55.1	中国台湾北部
红霉素	抗生素	26.6	中国台湾西南部
		1.7	中国黄海
		12～1974	中国香港
		0.665～1.02	韩国南海
氯霉素	抗生素	1.14	中国大连
		73.2	中国黄海
四环素	抗生素	6.9～86	中国香港
地西泮	抗焦虑药	1.9	法国南海岸
		19	西班牙马略卡岛
对乙酰氨基酚	镇痛剂	16.7	中国台湾西南岸
		5.0～67.1	澳大利亚
甲芬那酸	非甾体抗炎药	29	爱尔兰
氟西汀	抗抑郁剂	0.9～36.0	澳大利亚
普萘洛尔	β-阻滞剂	7.02～7.58	韩国南海
		1.5～8.9	澳大利亚
咖啡因	兴奋剂	2～16	北海
		ND～5	地中海

*ND指未检出

　　虽然药品和个人护理品在海洋环境中的浓度并不太高，但海洋生物与海水长期接触，且药物被设计成在低浓度下仍具有生物效应，而个人护理品中常含有杀菌剂、表面活性剂和芳香剂，虽然效力不如药品，但也存在一定的威胁，因此药品和个人护理品对于海洋生物的潜在危害不可忽略。

　　药物对于海洋生物的危害主要是由天然或合成类固醇（如避孕药）所造成的内分泌干扰（Lambropoulou and Nollet，2014）。科学家在污水处理厂的下游发现了鱼类性别比例改变、异常的雌性鱼以及同时具有雄性和雌性生殖组织的双性鱼。人们意识到可能是避孕药中的雌激素产生的作用，这些避孕药进入人体后未被吸收的药物成分和代谢产物经由污水处理厂进入河道进而影响下游的鱼类和其他动物。镇静剂、抗抑郁剂和其他神经活性药物可能会影响鱼类和其他动物的行为。Beulig 和 Fowler（2008）研究了选择性血清素再摄取抑制剂（SSRI）——百忧解对于鱼类的影响，发现鱼类的神经递质血清素的数量发生了变化，这也导致鱼类的游泳和进食行为明显减少。抗生素对于藻类也存在毒性作用，它们通过破坏藻类的新陈代谢、叶绿体复制、蛋白质翻译和转录来抑制藻类的生长。

化妆品、乳液、防晒霜、驱虫剂等个人护理品和药品进入海洋中会对水生动植物产生影响。三氯生是一种常用的个人护理品和家庭用品中的抗菌物质（Weis，2015），是美国废水中最常见的化学物质之一。它是一种非常强大的内分泌干扰物，对甲状腺有影响，对水生植物也存在一定的毒性。大多数的清洁剂、消毒剂可通过生物转化形成壬基苯酚。壬基苯酚具有性激素活性，会干扰机体的内分泌系统，从而对动物和人类的生殖机能产生严重危害，如流产、生殖器官癌症等。表5.2中列举了一部分药品和个人护理品对生物的毒性效应。

表5.2 一部分药品和个人护理品对生物的毒性效应

种类	测试物种	毒性效应
双氯芬酸	鱼	在1μg/L时肾小肠坏死和增生，绒毛融合
		在5μg/L时肾脏病变、鳃改变
		对肝基因表达的影响
17α-乙炔雌二醇	鱼	脑和肾间甾体生成急性调节蛋白和细胞色素P450介导的胆固醇侧链断裂表达
磺胺甲噁唑	藻类	光合器官的慢性毒性效应
卡马西平	藻类	蛋白质组学分析显示对叶绿体有影响
布洛芬	藻类	蛋白质组学分析显示对叶绿体有影响
他莫昔芬	海胆	0.0037～3.7mg/L会损害胚胎发育
呋喃苯氨酸	水蚤	最低有影响浓度（LOEC）为0.3mg/L，1.25mg/L会抑制种群增长

资料来源：Frid and Caswell，2017

人类对于海产品的大量消费使得这些在海洋生物体内积累的微量药物可能通过食物链进入人体，对人的身体健康造成威胁。

药品和个人护理品是否属于持久性有机物这一范畴还存在很大的争议，但不可否认的是，药品和个人护理品与持久性有机污染物存在一定的相似性。由于其不断地通过污水处理厂、医院等的排水进入环境，即使半衰期并不长，药品和个人护理品仍具有假性持久现象，并被称为"伪持久性"污染物（Beiras，2018）。同时，药品和个人护理品基于生物效应被人类开发并大量使用，且与许多有害物质有类似的物理化学性质。这些原因使得药品和个人护理品虽然目前在环境中的浓度仍比较小，但依然被认为是高度优先的环境污染物。我们有必要对药品和个人护理品进行更深入的研究，以防止出现又一个"寂静的春天"。

5.2 纳米材料对海洋的污染及危害

5.2.1 海洋中纳米材料的来源

纳米材料（nanomaterial，NM）是指在三维空间中，至少在一个维度上处于纳米量级（1～100nm）的材料。纳米材料的纳米量级尺寸使得其在声、光、电、磁、热等性能上展现出与宏观材料截然不同的特质。

随着研究的深入和技术的发展，纳米材料的优异性能使其在各个领域得到了大量应用。例如，二氧化钛纳米颗粒具有良好的屏蔽紫外线、化学稳定性等性能，在防晒霜、化妆品中被大量添加；银纳米颗粒的抗菌性能使得其可用于除臭剂和清洁产品中；二氧化硅纳米颗粒在涂料中的添加，可以有效改善涂料的悬浮稳定性、硬度和抗老化能力。纳米材料在医学、航空航天、环境资源、生物技术等领域也有着广泛的应用。纳米材料的大量生产使得许多人工纳米颗粒进入了环境，据估计，每年全球约有 8300t 和 66 000t 的人工纳米颗粒会分别进入大气和地表水中。

除此之外，碳纳米管、碳富勒烯和二氧化硅纳米材料在距今 10 000 年的冰芯中被发现，而铁和硅的纳米颗粒也在白垩纪-第三纪的沉积岩中被发现，这表明纳米材料可以通过自然过程产生，火山爆发、地表沙漠、宇宙尘埃和微生物活动是纳米材料的主要天然来源（陈令新等，2018），每年自然产生的纳米材料可以达到数百万吨。

科学家提出用工程纳米颗粒（engineering nanomaterial，ENM）的概念来区分工业、商业应用产生的纳米材料和自然产生的纳米材料（O'Sullivan and Sandau，2013）。工程纳米颗粒一般被定义为合成和改性的纳米材料，这些材料只需在一个维度上小于 100nm 即可归入纳米材料，可用于技术或工业目的，以增强材料性能。工程纳米颗粒通常包括含碳纳米材料、金属氧化物纳米材料、半导体材料、零价金属纳米材料和纳米聚合物 5 类。

工程纳米颗粒通过有意或无意地被排放进入环境（Keller and Lazareva，2014），其中有意排放包括使用工程纳米颗粒修复受污染的土壤和地下水，以及用于水和废水处理。无意排放包括受控和不受控的大气排放，以及在药品、纺织品、生物技术、能源、个人护理产品等商品中固体和液体废物的排放。据研究估计，主要的工程纳米颗粒产量预计在 $2.7 \times 10^5 \sim 3.2 \times 10^5$ t/年，其中 17% 可能释放到土壤中，21% 释放到水体中，2.5% 释放到空气中，其余的进入垃圾填埋场。大气中的工程纳米颗粒最终会通过干湿沉降进入地表水体中，而土壤和地表水中的工程纳米颗粒也会随着径流最终汇入海洋。

5.2.2　海洋中纳米材料污染的危害

由于纳米材料与其宏观尺寸下的同类物质相比，性质发生了极大变化，原本不具毒性的材料也会对生物造成不同程度的影响。毒性试验表明，纳米材料对于许多物种都是有毒的，如细菌、藻类、无脊椎动物、鱼类和哺乳动物。大多数生态毒理学数据都是基于常用于毒理实验的淡水物种，如水蚤、鲦鱼和扁头鱼获得的。虽然数据有限，但可以看出藻类和甲壳类是对纳米材料最为敏感的类群（Frid and Caswell，2017）。纳米材料可能会聚集并吸附在生物体上，然后通过各种尚未被详细研究的可能机制被吸收到细胞中，对生物体造成危害。由于纳米材料可以在细胞内积累，它们很有可能可以通过食物链进行生物放大，从而对人类的健康构成威胁。

在过去的十几年里，科学家对于纳米材料的毒性开展了大量研究，但大多数材料的毒性机制仍未完全阐明。一般情况下，纳米材料的毒性表现为氧化应激和炎症反应（梅兴国，2019），进而对于细胞和机体产生毒性作用。

氧化应激是目前最为普遍接受的一种纳米材料致毒机制（Fu et al.，2014）。该机制认为，由于纳米颗粒体积小，其表面晶格可能出现破损，从而产生电子缺损或富余的活性位点，一定条件下可与氧分子相互作用形成超氧阴离子自由基，并进一步通过歧化反应或芬顿反应产生活性氧类物质（Shvedova et al.，2012）。研究人员在 Science 杂志上的一篇文章将氧化应激反应分成三级，如图 5.2 所示（Nel et al.，2006）。在正常的线粒体偶联条件下，活性氧类物质的生成频率很低，细胞可以通过转录因子 Nrf-2 激活抗氧化酶系统，利用谷胱甘肽和抗氧化酶等抗氧化剂中和活性氧类物质。当活性氧类物质水平升高时，细胞内的抗氧化系统功能失调，诱导炎症的发生；当活性氧类物质水平持续升高，细胞内出现严重的氧化应激反应时，则会引起线粒体通透性转换孔开放、膜电位下降、线粒体膨胀、溶酶体酶释放以及酶失

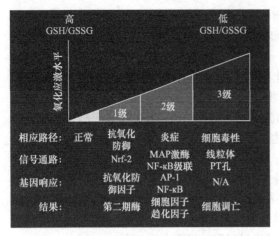

图5.2　分级氧化应激模型（Nel et al.，2006）
GSH. 还原型谷胱甘肽；GSSG. 氧化型谷胱甘肽；MAP激酶. 丝裂原激活的蛋白激酶；PT孔. 一种特殊的通透转变孔道；N/A. 不适用

活，进而导致细胞凋亡。炎症反应是指免疫系统被活化以识别并清除入侵病原微生物的过程，纳米材料通过内吞进入免疫细胞，刺激免疫细胞产生促炎性因子和趋化因子，诱导和加速炎症反应。此外，含金属的纳米材料可能会释放有害微量元素或化学离子，对细胞产生毒性。例如，银纳米材料可以释放银离子，与蛋白质相互作用，使酶失活。

海洋是纳米材料一个重要的汇入地。迄今为止，对于纳米材料毒性的研究远抵不过纳米材料发展的速度，尤其是纳米材料对河口和海洋物种毒性的研究还不完善。因此，未来需要开展在复杂的实际环境中纳米材料对于海洋环境的毒性研究，以避免对人类和生态造成不可挽回的危害。

5.3　微塑料对海洋的污染及危害

5.3.1　海洋微塑料的来源和分布特征

微塑料（microplastic），一般是指尺寸小于5mm的塑料颗粒，其化学性质较为稳定，可在海洋环境中存在数百至数千年（孙承君等，2016）。微塑料是形状多样的非均匀塑料颗粒混合体，其实际粒径范围从几微米到几毫米，肉眼往往难以分辨，被形象地称为"海中的PM2.5"。微塑料在海洋中普遍存在，一部分来自特殊用途生产的塑料制品，被称为"原生"微塑料，如个人护理品中添加的塑料微珠、3D打印使用的塑料粉末及工业用树脂粉末等；另一部分来自大型塑料裂解产生的微塑料（Andrady，2011），被称为"次生"微塑料，如塑料制品碎屑、塑料袋碎片、包装薄膜及合成纤维等（Cole et al.，2011）。微塑料在海洋中的分布因其自身属性和洋流、人类活动等的影响而具有异质性。本章主要从海洋的角度，探讨海洋微塑料的来源及其在海洋环境中的分布特征。

1. 海洋微塑料的来源

全球生产的塑料种类繁多，市场上主要有6类，即聚乙烯（高密度和低密度，PE）、聚丙烯（PP）、聚氯乙烯（PVC）、聚苯乙烯（PS，包括发泡型聚苯乙烯泡沫）、聚氨酯和聚对苯二甲酸乙二醇酯。塑料通常由化石燃料合成，一些生物质也可用作塑料原料。最常见的人造和天然聚合物的生产及其主要应用如图5.3所示。所有的塑料在环境暴露下将会裂解形成（次生）微塑料。

微塑料的陆地来源包括河流、排污系统、旅游沙滩、水产养殖海滩、港口码头及大气等，而海洋来源包括海洋渔业、船舶运输和油气钻井平台等（张晓栋等，2019）。本小节将分别从陆源和海源两个方面分别介绍海洋微塑料的来源。

1）海洋环境中的陆源微塑料污染　　陆源是海洋微塑料污染的重要来源，海洋中的大块塑料碎片80%来自陆地。

原生微塑料主要来源于工业生产及生活污水，包括一些工业污水中存在的大量工业原料或直接用于产品生产的微珠。例如，塑料行业在生产加工过程中无意排入环境的工业原料、纺

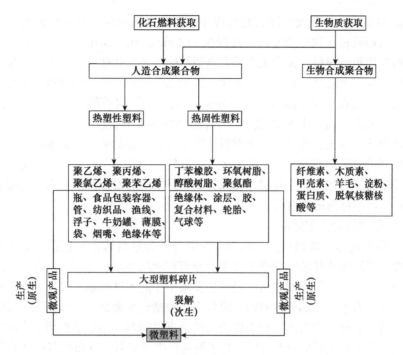

图5.3　常见的人造和天然聚合物的生产及其主要应用

织印染厂在衣物的制造和印染过程中产生的微纤维（江秀萍，2019），以及在日常生活中常使用的洗面奶、化妆品等个人护理品中的塑料微珠。在使用上述原料或产品之后，其中的微塑料会进入生活污水系统，由于目前全球生活污水处理水平有限，而微塑料粒径过小，污水处理系统无法将其拦截，大量微塑料随着河流或地表径流等途径进入海洋中（Cheung and Fok，2016）。

海洋次生微塑料污染大部分由陆源贡献。海洋环境中"次生"微塑料形成的基本过程有两种：一种是以大块塑料碎片的形式进入海洋，在太阳紫外辐射等外界环境的作用下，风化降解并逐渐失去其完整性，随着大面积的风化，塑料表面形成裂纹，逐渐裂解为微塑料。另一种是以微塑料的形式进入海洋环境，即在进入海洋之前处于陆地环境之中，在强烈的紫外辐射与其他环境粒子机械撞击等作用下，表面氧化并出现裂纹、凹坑等现象，随后发生裂解形成微塑料，如洗涤衣物产生的尼龙纤维，大块塑料在制造、使用及保存等过程中产生的磨损等。这些微塑料随着生活污水或工业废水进入污水厂，由于难以过滤处理而最终可能汇入淡水河流和海洋中（江秀萍，2019）。

2）海洋环境中的海源微塑料污染　　海洋环境中的海源微塑料污染主要包括海上人类活动污染和大洋"垃圾带"的污染。

海上人类活动中，工业原料的海上运输是海洋中原生微塑料的主要贡献途径。工业原料在海上运输或转移的过程中可能发生的运输包装的破损、原料的泄漏等事件，使之有意或无意地进入海洋环境中。海上人类活动污染还包括游船、客运船只的生活垃圾向海中的排入，海上作业的渔船及船只上塑料装置的破损及渔具的丢弃等。据《科学》杂志报告，2016年全球有900万t左右的塑料垃圾直接或间接地被排入海洋（陈斌，2018）。这些塑料垃圾在水流、风力等的作用力下，被风化、脆化、裂变而形成更小的颗粒。残留在沙滩附近的塑料由于沙滩比热低、升温快，光氧化速率更快而更易裂解产生次生微塑料（江秀萍，2019）。

从全球范围来看，在北太平洋和北大西洋的亚热带环流区，均存在大面积的毫米级塑料垃圾富集，从而形成了两个大洋的"垃圾带"（Law et al.，2010）。"垃圾带"中聚集着大量的大块塑料碎片和微塑料，其中无论是大块塑料碎片还是微塑料，均会进一步降解成更细小的塑料颗粒。从"垃圾带"来看，一方面，其中部分塑料碎片会因洋流等离开"垃圾带"，随洋流、风力等作用在海洋上漂流；另一方面，"垃圾带"以外的微塑料也会在洋流等外力作用下进入"垃圾带"，从而影响着整个海洋中微塑料的再分布。

此外，值得注意的是，海洋中的微塑料，除了以上所说的陆源和海源污染，大气传播与沉降也是海洋环境中微塑料的另一重要来源。一些轻质微塑料（如纤维等）进入环境后漂浮于大气中，并随着风力作用发生迁移，在风力减弱或降雨时发生沉降。大气传播和沉降是微塑料进入海洋环境不可忽视的途径。

2．海水中微塑料的分布特征

环境中的塑料残体可通过风力、河流、洋流等外力进行远距离迁移，地球各处都有塑料污染的存在。近海海洋环境中的微塑料主要分布在表层海水、海滩与岸滩及近海沉积物中（孙承君等，2016）。目前关于微塑料的调查主要集中于北半球海域，采样的地理覆盖范围逐年增加，有关表层海水中微塑料调查的报道较多，包括近岸海域、开放海域、封闭或半封闭海域，如地中海、北海（大西洋）和中国南海北部近岸海域。本小节介绍了全球近岸海域和大洋及"垃圾带"中微塑料的分布特征，为了解海洋中微塑料的分布状态提供系统认识。

1）近岸海域微塑料的分布特征　　通过分析近海、海湾、海峡、海岛周边等不同区域海面漂浮微塑料的颗粒粒径及分布特征，可以发现近岸海域水面上的微塑料污染已相当普遍（孙承君等，2016）。所有调查区域都存在微塑料，但是微塑料丰度存在很大的空间变异性。在加拿大夏洛特皇后湾海面，微塑料丰度平均可高达7630N/m³（N代表个数，下文同；Desforges et al.，2014），但在一些河口地区，丰度又低至0.03N/m³。海面中微塑料的丰度与粒径有关。在沿海地区调查的微塑料粒径分级中发现：水体中微塑料粒径范围越小，其数量越高。通过实际调查及模型估计，一个粒径为200mm的塑料碎片可逐步碎裂成62 500个粒径约0.8mm的微塑料（Eriksen et al.，2014）。

中国地区也开展了一些调查，如对香港沿海浴场和水体中垃圾碎片（包括大块塑料、微塑料和其他）的调查（Lee，2013），长江口及东海近岸水体表面微塑料的调查（Zhao et al.，2014），以及椒江、瓯江、岷江3个江口水体中微塑料存在情况的调查。中国长江口地区的微塑料丰度相对较高，仅次于加拿大夏洛特皇后湾。中国地区沿岸海域岸线宽广，南北跨度大，沿岸分别有渤海、黄海、东海、南海等海域，目前已有不少学者对中国沿海表层海水微塑料丰度进行了研究，整理的不同研究的结果如表5.3所示。

表5.3　中国沿海表层海水微塑料丰度

地点	区域	网格大小/μm	丰度/（N/m³）	参考文献
渤海	渤海	333	0.65	Mai et al.，2018
		330	0.33±0.36（夏）	王晶，2019
		330	0.22±0.21（秋）	王晶，2019
		330	0.30±0.52（冬）	王晶，2019
		330	0.53±0.45（春）	王晶，2019
		330	0.35±0.13	Zhang et al.，2020

续表

地点	区域	网格大小/μm	丰度/（N/m³）	参考文献
渤海	渤海	20	2 200±1 400	代振飞，2018
		20	2 200	Li et al.，2018
	渤海海峡	20	2 600±1 400	代振飞，2018
	中央海区	160	11.8	周倩，2016
		20	900±200	代振飞，2018
	莱州湾	300	1.7±1.5	Teng et al.，2020
		20	2 900±1 800	Dai et al.，2018
		20	4 200	代振飞，2018
	锦州湾	330	0.93±0.59	曲玲等，2021
	辽东湾	20	1 700±1 200	代振飞，2018
黄海	黄海	500	0.134	刘涛，2017
		500	0.13±0.20	Sun et al.，2018
		333	0.09	Mai et al.，2018
	黄海北部	30	545±282	Zhu et al.，2018
	黄海南部	50	6 500±2 100	Jiang et al.，2020
		50	4 900±2 100	Jiang et al.，2020
		50	4 500±1 800	Jiang et al.，2020
	青岛近岸	50	16 869	尹诗琪等，2021
		50	12 785	尹诗琪等，2021
		50	7 209	尹诗琪等，2021
		50	1 439	尹诗琪等，2021
		50	8 400	尹诗琪等，2021
		50	4 300	罗雅丹等，2019
		50	3 700	罗雅丹等，2019
		50	1 900	罗雅丹等，2019
		50	2 400	罗雅丹等，2019
	胶州湾	20	20~120	Zheng et al.，2019
		20	27.0±11.5	郑依璠，2020
		20	40.7±18.4	郑依璠，2020
		150	0.2±0.1	郑依璠，2020
		150	0.2±0.1	郑依璠，2020
	连云港海州湾	160	2.60±1.40	李征等，2020
	江苏近岸	330	0.33	张晓昱等，2021
	如东	333	0.330±0.278	Wang et al.，2018
	桑沟湾	30	20 060±4 730	Xia et al.，2021
		50	63 600±37 400	Wang et al.，2019
		50	89 500±20 600	Wang et al.，2019
	四十里湾	300	100±80	程姣姣，2020
		20	2 000±2 400	程姣姣，2020

续表

地点	区域	网格大小/μm	丰度/（N/m³）	参考文献
东海	东海	500	0.31	刘涛等，2018
		333	0.167±0.138	Zhao et al.，2014
		60	112.8±51.1	Zhao et al.，2019
		70	112.8±51.1	徐沛，2019
		20	900	Luo et al.，2019
	长江口	300	0～259	Li et al.，2020
		70	231±182	Xu et al.，2018
		60	157.2±75.8	Zhao et al.，2019
		70	157.2±75.8	徐沛，2019
		32	4 137.3±2 461.5	Zhao et al.，2014
		20	10 900	Luo et al.，2019
	上海	10	27 840±11 810	Zhang et al.，2019
	浙江	30	144	周筱田等，2021
	舟山	505	163.42	王若琪等，2019
	杭州湾	330	0.14±0.12	Wang et al.，2020
	象山湾	330	8.9±4.7	Chen et al.，2018
	椒江河口	333	955.6±848.7	Zhao et al.，2015
	瓯江河口	333	680.0±284.6	Zhao et al.，2015
	闽江河口	333	1 245.8±531.5	Zhao et al.，2015

　　由于不同研究所采用的网格直径大小不一致及实验方法、步骤都不同等原因，不同研究的结果不一，总体来说，采用较小网格所得出的每立方米微塑料丰度与采用较大网格所得出的每立方米微塑料丰度相比，两者相差3～4个数量级。中国长江口附近海域微塑料丰度在整个沿岸海域中相对较高，从长江口向东海微塑料丰度显著降低。渤海海域微塑料丰度在中央海区处较低，渤海海峡及靠近陆地处较高。黄海海域在与渤海交汇的区域，微塑料丰度较高，其余地区微塑料丰度较低。近岸海域表面微塑料分布受多种因素的影响。首先是地理位置、潮汐、海浪风等自然因素的影响。一些诸如海湾、河口附近的近岸水域易聚集大量的微塑料，进入海湾的微塑料易在此滞留；河流输入是陆地来源微塑料进入海洋环境的主要方式（张晓栋等，2019），在河口附近的近岸海域微塑料丰度相对较高。对长江口及其附近近岸水体中的微塑料调查发现，距离长江口越远，水体中微塑料丰度越低，呈现了近岸海域明显的陆源污染特征（Zhao et al.，2014）；潮汐涨落、海浪大小及风力与风向影响着近岸海域微塑料的迁移，从而影响微塑料丰度的变化及其再分布。其次，来源、海岸带人口及管理政策等社会因素对近岸海域表面微塑料分布会产生影响。微塑料来源是近岸海域微塑料污染的主要贡献因素，尤其是一些靠近近海养殖区、港口、码头、浴场及垃圾倾废区等具有微塑料潜在来源的近岸海域微塑料丰度较高；沿岸人口密度较高的近岸海域受人类活动的影响较大，污染程度也相对较高；一个地区的垃圾管理政策与治理实施的力度对沿海海域垃圾的输入同样具有重要影响。

　　2）大洋及"垃圾带"中微塑料的分布特征　　微塑料在整个温带和热带水域中广泛存

在，由于其在海洋表面长距离传输，不仅在人口稠密区附近微塑料丰度较高，即使在更遥远的地区也存在一定丰度的微塑料。微塑料在海洋中的空间分布变化受海流的影响较大，呈现分布广泛、区域高度集中的现象（孙承君等，2016）。调查发现环流中心区微塑料质量丰度呈指数式快速增长（Lebreton et al.，2018），增长速度明显高于环流周边，表明海洋表层微塑料向大洋环流区不断聚集（张晓栋等，2019）。

北太平洋、北大西洋、印度洋、南大西洋和南太平洋的亚热带环流区都被确定为微塑料显著聚集区（张晓栋等，2019），如表5.4所示。

表5.4　开放水域表面塑料碎片负载量　　　　　　　　　　（单位：t）

塑料碎片负载量	北太平洋	北大西洋	印度洋	南大西洋	南太平洋	总量
低预估	2.3	1.0	0.8	1.7	0.8	6.6
中预估	4.8	2.7	2.2	2.6	2.1	14.4
高预估	12.4	6.7	5.1	5.4	5.6	35.2

从表5.4可以看出，北太平洋和北大西洋水域表面塑料碎片负载量估计值最高，为大洋中微塑料提供了潜在的巨大来源。通过调查及模型估计，在北太平洋和北大西洋的亚热带环流区，均存在大面积的毫米级塑料垃圾富集。其中，位于北太平洋亚热带环流区的"太平洋大垃圾带"微塑料数量平均丰度为$6.78 \times 10^5 N/km^2$，是目前全球开放大洋表层微塑料丰度最高的区域。此外，西北太平洋黑潮海区、东北大西洋环流区和北冰洋巴伦支海区也被认为是微塑料的重要聚集区（张晓栋等，2019）。从全球范围来看，各大洋中塑料或微塑料的分布不均一，主要受洋流影响形成两个大洋的"垃圾带"。这些区域的塑料垃圾在风力、洋流等作用下（Andrady，2011）还可能进一步迁移，在海洋及海岸环境中重新分布。有些海洋底部沉积物中的塑料碎片因涡流等影响，将可能会再次悬浮于水体中（Dubaish and Liebezeit，2013）。经分析全球大洋表层塑料碎屑的粒度组成发现，塑料碎屑数量随粒径呈正态分布，并在2mm出现峰值（Cózar et al.，2014）。

塑料在海洋环境中的传输和聚集主要依赖于洋流与风的作用。微塑料在亚热带海洋环流区大规模聚集成为其在海洋表面最广泛的空间分布格局，海洋表面环流能使微塑料在亚热带海洋环流区内长时间聚集和滞留。由于与北大西洋的水体交换受阻，封闭海域如地中海（Collignon et al.，2012）的表层海水能够长时间停留。基于海洋物理学知识，模拟预测了海洋漂浮垃圾将会积累在海洋表面一定区域，进一步支持了这种滞留机制的存在。尽管在亚热带环流区和地中海已经观测到最高丰度的漂浮垃圾，在这些区域内依然存在小范围的变异性，以及在数十千米范围内漂浮垃圾的丰度存在数量级上的变异（Law et al.，2014）。

漂浮的微塑料充当被动示踪物的角色，随着净流的方向传输，这种净流的方向是由大范围风与风驱动下的洋流导致的结果，而在亚热带环流区则缩小为数厘米规模的湍动，还包括所有规模的涡流和表面、内部波浪。此外，当涡流具有相对稳定的环流特征时，由于水体运动受当地快速变化的风和海洋条件所驱动，小规模水体运动高度依赖于时间。因此，尽管在给定的任意时间内可以预测漂浮的微塑料在亚热带环流区中心附近聚集，但无法预测在一个特定的时间与地点条件下环流中微塑料的丰度。相似地，在环流区边缘的边际流中或在赤道、近极地不太可能出现漂浮微塑料的大量聚集。然而，在任意特定时间内，微塑料仍然可能存在于这些地方，特别是靠近微塑料源的地区。

3．海底沉积物中微塑料的分布特征

深海海底表层沉积物是微塑料最终的沉积汇，是潜在的海洋微塑料聚集区，大约54%的塑料碎屑密度超过海水，能够沉积到海底（张晓栋等，2019）。在大西洋深海沉积物中首次发现了微塑料的存在（van Cauwenberghe et al.，2013a），从而引起学术界对深海海底微塑料的广泛关注，随后在其他地区也检测出微塑料。由于采样难度的限制，目前虽然从全球尺度定量评估海洋表面塑料取得了较大进展（Cózar et al.，2014），但是与评价海面塑料碎片相比，评价深海的塑料碎片状况则面临着更大的挑战（Pham et al.，2014），主要是因为相关报道少，关于深海微塑料丰度和储量的数据有限。深海环境中沉积的微塑料颗粒不断埋藏，很可能聚集了大量的海洋微塑料，有待更多实地调查结果的验证（张晓栋等，2019）。

对休闲海滩、岛屿周边海域、港湾、自然潮滩湿地等海岸及近海沉积物中微塑料调查研究发现：海岸沉积物中微塑料含量要高于深海沉积物中的，并且存在较大的空间分异，其可能影响因素有潮滩地理位置和季节差异。例如，中国香港地区滨海潮滩潮上带沉积物中微塑料含量要远高于潮间带沉积物中的，韩国洛东江河口沉积物中雨季后的微塑料含量要高于雨季前（孙承君等，2016）。

表5.5给出了海底沉积物中的微塑料丰度，调查对象包括大西洋、印度洋、地中海等海域，采集的沉积物所在深度超过5000m。无论是沿海水下沉积物还是大洋深海沉积物中都有微塑料的存在，其中纤维类最为常见。例如，对太平洋西北部千岛-堪察加海沟（4869～5768m）深海沉积物中的微塑料的调查发现：每个点采集的样品中均有微塑料存在，且丰度具有较大的差异，最小为60N/m^2，而最大值能达2020N/m^2，其中纤维类占75%（Fischer et al.，2015）。深海底质（深度为1100～5000m）中微塑料的存在与分布情况，包括近极地南大洋（大西洋一部分）（深度为2749～4881m）、北大西洋波丘派恩河的深海平原（深度为4842～4844m）、几内亚湾的刚果峡谷远裂区（深度为4785m）、地中海的尼罗河深海扇（深度为1176m），共11个样品，其平均微塑料丰度为0.5N/25cm^2，波丘派恩河的海底平原沉积物中微塑料平均丰度可达1.0N/25cm^2；粒径则主要在1mm以下（van Cauwenberghe et al.，2013b）。地中海地区沿岸（沿海城市化区域、海洋保护区及其附近）浅海域沉积物中的微塑料丰度为（0.10±0.06）～（0.90±0.10）N/g干沉积物，其中海洋保护区的沉积物中微塑料含量最高，初步表明微塑料从源迁移至终端区域的现象（Alomar et al.，2016）；类型上，微塑料纤维在沿海居民区附近的沉积物中所占比例较高，而微塑料碎片在海洋保护区沉积物中则更为常见；粒径上，常见的微塑料粒径大小为0.5～2mm。

表5.5 海底沉积物中的微塑料丰度

研究区	深度/m	微塑料粒径	微塑料丰度
近极地南大洋、北大西洋、几内亚湾、地中海	1100～5000	5～10μm	平均0.5N/25cm^2
北大西洋近极区	2000	长2～3mm；直径<1mm	（纤维）15N/50ml沉积物
北大西洋近极区	1000	长2～3mm；直径<1mm	（纤维）10N/50ml沉积物
东北大西洋	1400	长2～3mm；直径<1mm	（纤维）6N/50ml沉积物
东北大西洋	2000	长2～3mm；直径<1mm	（纤维）40N/50ml沉积物
地中海	300	长2～3mm；直径<1mm	（纤维）35N/50ml沉积物
地中海	1300	长2～3mm；直径<1mm	（纤维）10N/50ml沉积物

研究区	深度/m	微塑料粒径	微塑料丰度
地中海	900	长2~3mm；直径<1mm	（纤维）10N/50ml沉积物
东北大西洋	2200	长2~3mm；直径<1mm	（纤维）10N/50ml沉积物
地中海	3500	长2~3mm；直径<1mm	（纤维）15N/50ml沉积物
西南印度洋	900	长2~3mm；直径<1mm	（纤维）3.5N/50ml沉积物
西南印度洋	1000	长2~3mm；直径<1mm	（纤维）4N/50ml沉积物
西南印度洋	900	长2~3mm；直径<1mm	（纤维）1.4N/50ml沉积物
太平洋西北部千岛-堪察加海沟	4869~5768	<1mm	60~2020N/m²
葡萄牙南部沿海潮下带	7.9~27.4	—	0~0.2628N/g干沉积物
地中海沿海浅水域	8~10	>63μm	（0.10±0.06）~（0.90±0.10）N/g干沉积物
法国布雷斯特湾	—	<1mm	（0.40±0.67）~（1.53±2.84）N/kg干沉积物
印度文伯纳德湖	—	<5mm	96~496N/m²
澳大利亚东南部浅水域	—	0.038~4.0mm	3.4N/ml沉积物
中国东南长江口	—	<5mm	20~340N/kg干沉积物

5.3.2 海洋和海岸中微塑料的危害

悬浮于海水中的微塑料由于本身尺寸较小，在海洋水体和底栖生态系统中广泛存在，且降解速度缓慢，在海底存留的时间长（邵宗泽等，2019），因此会被一系列海洋生物摄取，如浮游动物、无脊椎动物和棘皮动物幼虫、鱼类、鲸、海鸟及甲壳类动物等（Betts，2008），影响海洋生物的正常生长甚至致其死亡（王超等，2018），而且能够通过捕食活动沿食物链传递（Murray and Cowie，2011）。微塑料以及附着于其上的污染物和有害生物一旦被海洋生物摄入，就有可能沿食物链进入各营养级物种，不但可能会对海洋和海岸带的生物造成毒性效应，而且可能给海洋和海岸带生态系统及人类带来不可估量的潜在风险。

1. 海洋环境中微塑料的生物摄食与积累

海洋水体和海洋沉积物的微塑料中，聚乙烯（PE）出现的频率最高，其次是聚丙烯（PP）和聚苯乙烯（PS），再次是尼龙、聚酯、丙烯酸和其他聚合物。一些相对密度大于1的塑料，如聚苯乙烯、聚氯乙烯（PVC）、聚对苯二甲酸乙二醇酯（PET）等，可沉到近点源处、底部并被底栖食碎屑动物摄取。而其他相对密度和浮力小于1的塑料（如PE和PP）可以被滤食性动物摄取。风化、生物膜的形成和其他因素可以改变微塑料的密度，潜在地影响它们的环境迁移能力。

塑料碎片或微塑料被各种各样的海洋生物摄入后，会在生物体内的不同器官分布和积累，当前的暴露途径主要有两种：一是通过浮游动物的滤食性器官进入体内，二是通过口腔摄食进入体内。

鉴于复杂的海洋生物食物网的存在，微塑料有沿着食物链传递的可能。目前实验室研究已经证明了微塑料能够通过捕食活动由低营养级生物向高营养级生物传递（Farrell and Nelson，2013）。

1）微塑料的生物摄食　塑料颗粒已经在所有营养级生物中被发现，从浮游动物（如桡足类和樽海鞘类），到无脊椎动物（如多毛类和双壳类），再到脊椎动物（如鱼类、鸟类和海洋哺乳动物），甚至于深海环境中的珊瑚等很多海洋物种都被报道摄食了微塑料。微塑料可能会导致鱼类、甲壳类及双壳类等消化道阻塞，影响生物的摄食，甚至造成生殖能力障碍等不良影响（周德庆等，2020）。关于摄食微塑料的生物研究最多的是底栖类生物，包括食沉积物的沙蠋和海参（Graham and Thompson，2009），滤食性樽海鞘、樱蛤类、海绵动物、多毛类、棘皮动物、苔藓虫类、双壳类、藤壶类，无脊椎动物不倒翁虫，食碎屑生物，以及底栖鱼类（Lusher et al.，2013）。

有大量浮游生物和游泳动物摄食微塑料的证据，如箭蠕虫、仔鱼、实验室饲养的桡足类、无脊椎动物幼虫（如担轮幼虫），棘皮动物、羽腕幼虫和耳状幼虫，北太平洋中心环流区食浮游生物的浮游鱼类（Boerger et al.，2010），北太平洋浮游鱼类，北海（Foekema et al.，2013）、英吉利海峡及大西洋东北部的浮游鱼类和巴西热带河口地区的鱼类（Vendel et al.，2017）。摄入微塑料会对浮游生物的繁殖、生长和消化等方面产生影响（许彩娜等，2019）。

另外，大型海洋和滨海野生物种也摄食塑料碎片或微塑料，如鲸、北海海港海豹、阿根廷海岸的拉普拉塔河河豚、北海北部及美国俄勒冈州和华盛顿州海滩的暴风鹱、澳大利亚大堡礁上的楔尾海鸥和巴西海岸的麦哲伦企鹅（Brandão et al.，2011）等。

2）微塑料的暴露及其在生物体内的分布　　微塑料在体外的暴露途径主要是通过滤食性生物的鳃进入生物体内，暴露的等级取决于微塑料颗粒物粒径分布大小、浓度和生物种类。对大部分或所有捕食的生物而言，微塑料体外暴露的比例比摄食暴露要小。粒径很小的微塑料（小于40μm）可能会穿过鳃。非滤食性摄食的海洋生物，如普通滨蟹（*Carcinus maenas*），除通过捕食活动摄入（食物链）微塑料外，在水中的换气行为是微塑料被摄食进入普通非滤食性海洋生物体内的另一种可能途径，实验结果可用来建立颗粒物流入鳃和肠道的一个简单概念模型（Watts et al.，2014）。Kolandhasamy等（2018）首次发现，微塑料在贻贝软组织上的黏附是除摄食以外的一条新的微塑料进入体内的途径，其对贻贝体内微塑料分布的贡献率可达50%。

由于海洋动物无法分辨微塑料与水中食物的差异，各种微塑料极易被误食，并分布于胃、肠道、消化管、肌肉等组织和器官甚至淋巴系统中（孟范平，2019）。大量文献报道了使用人造荧光塑料小球或工业原生塑料粉末对颗粒大小等影响参数进行筛选研究，对于微塑料在生物体内的分布主要由滤食性贻贝类和以沉积底泥中多毛类动物为食的底栖动物所体现。研究表明，微塑料进入生物体内后在生物体的鳃、胃肠道及肝胰腺等部位积累，进而进入血液系统，并通过胞吞作用进入细胞。研究者还发现，微塑料在海洋生物体内的分布和积累会因微塑料颗粒的尺寸、类型及生物种类的不同而具有选择性差异。

在实验研究中，将人类食用的常见物种——海洋贻贝类暴露在含有微塑料的海水中，这些塑料颗粒会在其淋巴内积累。一旦这些塑料被摄入，它们就会从贻贝的内脏进入血液循环系统并残留在组织中（Browne et al.，2008）。贻贝（过滤式摄食）和沙蚕（食碎屑动物）暴露在塑料颗粒总浓度为110N/ml的不同尺寸的微塑料环境中之后，沙蚕的组织和体腔液内平均有（19.9±4.1）个塑料颗粒，然而贻贝动物组织内颗粒物平均为（4.5±0.5）个，其提取的淋巴中塑料颗粒为（5.1±1.1）N/100μl。3μm和9.6μm大小的聚苯乙烯微塑料颗粒被贻贝摄入后积累在内脏中，在3天内进入血液循环系统并被血细胞吸收（Browne et al.，2008）。对尺寸为0~80μm的高密度聚乙烯（HDPE）粉末进行研究，证实了微塑料颗粒通过细胞吸收进入消化管细胞内并转移至溶酶体系统细胞器内的过程（von Moos et al.，2012）。溶酶体内塑料积累的同时，溶酶体膜分解，并释放降解酶至细胞质，从而导致细胞死亡。机体对

HDPE颗粒的强烈免疫反应是将HDPE从消化管中驱逐到周围的贮藏组织和纤维囊使得吞噬细胞将其吞噬。这些HDPE通过消化系统吸收进入淋巴，而增殖性粒细胞和嗜碱性粒细胞会对HDPE进行特异性吸收（Höher et al.，2012）。

塑料被吸收进入真核细胞的途径是渐进守恒的，粒子通过选择性扩散横穿过细胞膜上不同尺寸的小孔进入细胞。这些小孔中68%为小尺寸孔隙（孔隙半径1.3nm），30%为中型尺寸孔隙（孔隙半径40nm），只有2%为大尺寸孔隙（孔隙半径400nm）。特异性有被小泡转运孔隙半径小于200nm的粒子。相比之下，孔隙半径高达40μm的较大粒子通过胞吞和吞噬作用而被吸收。

总之，小粒径微塑料的活体暴露过程表明：由于活体生理机制与摄食过程有关，因此通过鳃部吸收的塑料纳米颗粒团会进入消化腺，在消化腺内通过胞内吸收而导致溶酶体功能紊乱（图5.4）。

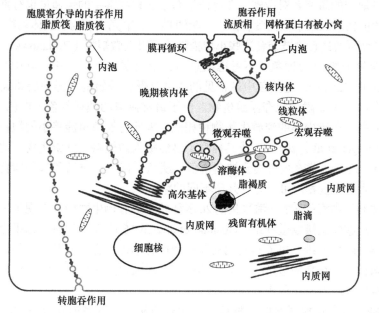

图5.4　微塑料通过胞吞作用进入细胞的途径

将贻贝暴露于10μm、30μm、90μm的微塑料（MP）中，结果显示贻贝能够选择性吸收10μm的MP并由肠道进入淋巴循环系统，而其他粒径的微塑料会随粪便排出体外。不同粒径的微塑料会分布于斑马鱼体内的不同器官，直径5μm的微塑料在鳃、肝脏和肠道中积累，而直径20μm的微塑料仅在鳃和肠道中积累。在斑马鱼胚胎发育至受精后24h时，荧光聚苯乙烯纳米颗粒（PSNP）就开始在卵黄囊内累积，并在整个发育过程中（受精后48~120h）逐渐迁移至胃肠道、胆囊、肝脏、胰腺、心脏和脑等部位。在净化阶段（受精后120~168h），所有器官的PSNP积累量均有所降低，但在胰腺和胃肠道中的降低速度较慢。值得注意的是，暴露于PSNP会使斑马鱼心率显著降低，但并未导致斑马鱼的死亡率、畸形率或线粒体生物能量学特征发生显著变化。PSNP的暴露改变了斑马鱼幼体的行为，如游泳活动减退等。

2. 微塑料在海洋食物链中的传递

由于较低营养级生物，特别是无脊椎动物能够摄取和积累微塑料颗粒，微塑料可能被引入食物网。微塑料在食物链之间通过捕食关系从低营养级生物向高营养级生物转移，并产生生物放大效应，从而威胁到整个海洋生态系统（孟范平，2019）。目前，关于塑料及其相关持久性有机污染物在海洋营养层面的生物积累的研究很少。

微塑料营养级间传递的研究主要集中于实验室研究。将暴露在0.5μm聚苯乙烯微球环境中的贻贝喂养普通滨蟹，在普通滨蟹胃部、肝胰腺、卵巢和腮部发现了微塑料，并且检测到最大数量的微塑料积累是在进食24h后，证明了微塑料由贻贝到更高级普通滨蟹的传递（Farrell and Nelson，2013）。一项实验室饲养研究中，在所有的10个来自波罗的海的浮游动物类群中都检测到了10μm聚苯乙烯微球，而且桡足类动物体内的塑料微球在糠虾捕食它们之后迁移到糠虾体内，再次证明了微塑料可通过营养关系进行迁移（Setälä et al.，2014）。在实验室建立的卤虫幼虫到斑马鱼的人工食物链，证实了微塑料及持久性污染物的生物摄入和在营养级间的转移（Batel et al.，2016）。

很多现场取样的研究者对微塑料在海洋生态系统食物链中的传递虽也有推测，但是尚缺乏明确有力的证据。如果小型捕食者摄入了微塑料，如甲壳类动物、软体动物（鱿鱼），那么更大的捕食者就可通过食物链捕食这些小型猎物从而摄入微塑料（Bornatowski et al.，2012）。

从英国海峡采集的10种鱼（不考虑栖息地，中上层或下层）中，其中36.5%含有微塑料（Lusher et al.，2013），这些鱼中最常见的物种是低营养级的海洋中层鱼族，有昼夜摄食行为，晚上在海洋表面附近掠夺浮游生物。由于最常摄取的塑料颜色（白色、透明和蓝色）与栖息在北太平洋环流中心的浮游生物物种相似，因此灯笼鱼可能将小的塑料碎片误认为是天然食物（Boerger et al.，2010），或其捕食了已经摄入微塑料的浮游生物。此外，灯笼鱼科（Myctophidae）这类低营养级鱼类会被金枪鱼、鱿鱼、齿鲸、海鸟和海豹捕食。因此，可以推测微塑料进入海洋食物网可能存在几条不同的路线。

从大西洋和地中海的6个沙滩采集的20多种较小的底栖生物中，发现了三种常见的沙滩环节底栖生物能够原位摄取微纤维（Gusmão et al.，2016）。实验室观察结果也证明这些小型底栖生物能够吞噬微纤维，可能是它们的非选择性悬浮摄食行为使其更容易摄取微纤维。虽然微纤维尚未被发现存在明显危害，但仍然很有可能通过这种低营养级小型底栖生物的被捕食而将微塑料传递进入海洋食物链/网。

从新英格兰沿海水域捕获的几种鱼类中含有与从同一区域内浮游生物网中收集的塑料微球（0.1~2mm）相同的塑料；冬季美洲拟鲽和铜色床杜父鱼幼虫（长约5mm）含有直径0.5mm的塑料微球。根据这些数据估计出鱼和海豹对塑料颗粒的最小富集倍数为22倍和160倍（Eriksson and Burton，2003）。颗粒参数（尺寸和形状）的狭窄范围表明了摄食的选择性。大眼电灯鱼是海豹的主要猎食对象，可能在表层水附近摄食了尺寸为1~19mm的桡足类。这个尺寸范围与在粪便中发现的塑料颗粒具有95%的重叠，表明微塑料在营养级水平上的转移似乎是合理的。

微塑料也有可能通过须鲸类对浮游动物的摄食间接被摄取。有研究者建议将邻苯二甲酸酯含量作为地中海鳍状鲸中长须鲸摄入微塑料的指标。地中海56%的天然样品和浮游生物样品中含有高达9.67个微塑料/m^3。使用诸如抗微生物剂、染料或示踪型的邻苯二甲酸酯和塑料添加剂作为微量塑料摄入与生物积累的示踪剂，是未来研究中比较有前景的途径。

除通过直接捕食的方式外，微塑料还以另一种方式在食物链间传播和积累。微塑料颗粒的生物可利用性可能会被生物性因素加强。当将微塑料掺入实验室中通过滚动天然海水形成的聚集体中时，悬浮觅食的双壳贝类摄入聚苯乙烯（PS）珠粒（100nm）的量显著增加。天然颗粒季节性絮凝成的下沉聚集体是上层和底栖生境之间能量转移的重要途径（Ward and Kach，2009）。因此，微塑料可能被结合到海洋聚集体中，并且这可能是微塑料进入食物链的另一种模式。这些结合了微塑料的聚集体被浮游动物或游泳动物摄入后，随后可随粪便排出。悬浮捕食者和食碎屑者可以摄取这种被排泄的微塑料（图5.5）。在沉积物中生活的海洋生物，如沙蜇，能够通过生物扰动（循环上层沉积物），使已经沉积在底栖生物上的微塑料颗粒重新进入沉积物中，进而被底栖生物食用（图5.5）。

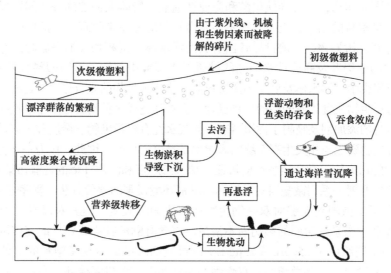

图 5.5　微塑料传输及其生物相互作用的潜在途径

在现场工作中也已经发现更高营养级的生物通过捕食猎物而传输微塑料的证据。在毛皮海豹和胡克海狮（Goldsworthy et al.，1997）的粪便中检测到了直径约1mm的微塑料颗粒，并且在其饵食大眼电灯鱼中也发现了微塑料，表明微塑料能够在营养级中传递。微塑料与大眼电灯鱼饵食的同时发现，表明微塑料在营养级上的传递。从澳大利亚麦格理岛收集到了亚南极海狗粪便样本，在145个样本中发现了164个小塑料颗粒（一般为2～5mm）（分离筛筛目为0.5mm，获得的量有可能被低估），鉴定出的主要聚合物为PE（93%），然后是PP（4%），这与在相同位置的海滩漂浮物中鉴定的聚合物类型匹配度很好。几乎所有碎片的形状都不规则，约1/3具有一个锋利的边缘，表明存在内部磨损的可能性。海豹直接摄取微塑料颗粒的可能性很小，更有可能通过富集微塑料的载体（如鱼）进而积累微塑料（Eriksson and Burton，2003）。

将一种跳虾暴露在环境浓度的微塑料中，再将它们投喂给在浅海岸栖息的虾虎鱼的研究表明，虾虎鱼很容易摄食被微塑料污染的跳虾（Tosetto et al.，2017），与对照相比，微塑料在营养级之间的传递并未影响虾虎鱼的行为，但仍有待对微塑料在营养级之间传递的慢性毒性进行评估。

未来研究的关键点包括：微塑料特征原位鉴定方法的标准化、量化不同营养水平的生物体对微塑料的摄食率和净化率、阐明微塑料对不同营养级吸收/净化环境污染物的影响，以及微塑料负载污染物的潜在生物放大效应。此外，需要研发更多综合性方法，包括计算模型，来充分评估微塑料的食物网传递（Au et al.，2017）。

3. 海洋和海岸环境微塑料污染的环境损害与风险

塑料垃圾是一个值得关注的环境问题。尽管中国水体中的塑料污染比较严重，但目前关于塑料（尤其是微塑料）污染对于环境的风险，其科学上的认知和理解还相当有限，无法满足为微塑料污染的环境和生态风险制订可靠科学指导的要求。要评估微塑料的环境风险，必须正确地量化暴露和效应。因此需要更好地了解微塑料的性质及其环境归宿、与各种生物受体的相互作用、微塑料及其携带污染物沿食物链积累的潜力，以及导致潜在影响的毒性作用机制等，这将是一个长期的研究过程。

1）海洋和海岸环境微塑料污染的环境损害　　微塑料尺寸较小，不像大塑料碎片一样能够危及沿海野生动物，干扰导航旅游和商业性渔业，影响人们的滨海休闲资源或商业性使用资源。当前微塑料的相关研究也几乎不涉及微塑料对海岸带物理环境的影响。作为海洋和海岸带的一种新型污染物，目前世界各国有关海洋水体、沉积物及滨海旅游区等环境质量标准，天然海洋渔业资源及商业性水产品的健康卫生标准中都缺乏对微塑料含量要求的评价。但是存在于海岸带中上层水体及底层的微塑料会影响浮游植物的光合作用，这些微塑料颗粒一旦被滤食性海洋生物或食碎屑的底栖生物摄食，会对其造成多种物理性及生理性损害。不仅如此，微塑料本身的添加剂及吸附于微塑料表面的疏水性有机污染物、金属和定居其上的有害微生物对海岸带生物资源与相关生态系统的影响也是难以低估的。因此，作为一种备受关注的有潜在生态风险的污染物，微塑料颗粒应被逐步纳入海岸带和海洋环境的现有污染物评价体系，并针对其特殊性开展一系列微塑料对海洋和海岸带环境损害的评价方法、程序等方面的研究。

已有研究证实微塑料能够对双壳纲生物产生生物学效应，但其对以双壳纲为主的栖息地生物多样性和生态系统功能的影响尚不清楚。将含有欧洲牡蛎或贻贝的完整沉积物岩心暴露于含有两种不同浓度（2.5μg/L或25μg/L）的可生物降解或常规微塑料的室外模拟生态系统（中宇宙）环境中，考察微塑料对双壳纲的滤食速率、无机氮循环、底栖微藻的初级生产力及无脊椎底栖动物群落结构的影响，50天后，暴露于25μg/L微塑料的贻贝滤食速率显著降低，但对生态系统功能和无脊椎底栖动物的群落结构没有效应。相反，暴露于2.5μg/L或25μg/L微塑料的欧洲牡蛎滤食速率显著增加，且孔隙水中的氨浓度和底栖蓝藻的生物量降低（Green et al.，2016）。此外，无脊椎底栖动物的群落结构有变化，多毛纲生物数量显著降低、寡毛纲生物数量显著增加。这些结果突出了微塑料对沉积生境功能和结构的潜在影响，并表明这种影响可能依赖于占优势的双壳纲动物。

2）海洋和海岸环境微塑料污染的生态与健康风险　　在过去60年中，塑料生产量在世界范围内急剧增加，严重威胁海洋环境。塑料污染是普遍存在的，但对浮动塑料的全球丰度和质量的定量估计仍然有限，特别是对于南半球和更偏远的地区。一些大型的塑料碎片会聚区域已经被识别，但是迫切需要标准化的方法来测量海水及沉积物中塑料的质量。对于尺寸上小于5mm的微塑料，其对海洋及海岸带生物与生态系统的影响要比大型塑料深远得多，然而当前的研究多片面地关注塑料碎片对海洋生物的半致死效应（Browne et al.，2015），以及微塑料及其携带的污染物对海洋生物个体的生物学影响和毒性效应，而从生态系统角度开展的微塑料风险和影响的研究还很少。因此，今后的研究应将整个底层生物组成的碎片效应与群体和种群联系起来，从生态系统的组成上来开展研究。

环境中存在的塑料碎片（尤其是小于5mm的微塑料）对海洋和海岸带生态系统与人类健康的潜在风险主要体现在两个方面：一个是微塑料及其携带化学物质通过食物链的生物积累和传递对生态系统与人类健康造成的影响，另一个是塑料表层定居的"搭便车"微生物的影响。

广泛存在的微塑料会因为被摄食而进入生物体内并引起一系列生物学效应。微塑料在塑料合成过程中含有的某些有毒单体和添加剂（抗氧化剂、阻燃剂、抗菌剂、增塑剂等），以及从海洋环境中吸附的污染物（重金属、石油烃、多氯联苯、多环芳烃等）能够随着微塑料转移进入海洋生物体内并在不同组织和器官中富集与转移，释放这些有毒成分而产生毒性，包括酶活性抑制、氧化应激反应、遗传毒性、神经毒性等（孟范平，2019）。虽然目前的研究对这些污染物的急性毒性、联合效应机制及其长期的生态学效应还未做出定论，但是并不能排除微塑料及其相关污染物随食物链在营养级间传递和积累，给海洋生物带来的毒性效应进而改变海洋及海岸带生态系统的组成，并影响其生态系统功能发挥的可能性，而且这方面的工作已经开始开展。例如，暴露于高剂量的聚乳酸（PLA）或HDPE塑料微粒中，有植被的牡蛎生境中大型动物群体的结构、多样性、丰度和生物量可能发生改变（Green，2016）。另外，微塑料也在很多具有商业价值并且被人类整体食用的海洋生物中被发现，如野外捕获的棕色虾和各种鱼类，以及养殖的双壳类。由于食物链的传递及生物富集作用，水产品中的微塑料很容易通过食物链被人体摄入，这些进入人体的微塑料可能给人体带来潜在风险（周德庆等，2020）。

另外，塑料碎片或微塑料可以长期存在于海洋与海岸带环境中，塑料的表面可以提供能够支持多种不同微生物的保护性生态位，塑料的浮力和持久性有助于那些与其表面相关的"搭便车"微生物的生存及长途运输。因此，海洋环境中的塑料碎片就可能作为外来生物物种的载体，对新环境中土著物种构成威胁（Gregory，2009），改变当地生境生态系统。尤其是研究已经证实，这种被称为"塑料圈"（plastisphere）的生境可以作为病原体、粪便指示生物（FIO）和有害藻华在海滩与沐浴环境中的存留及传播的重要载体。海滩和沿海环境每年吸引数千万的游览者和滨海运动者，已经形成了世界上最具生态和社会经济意义的重要栖息地。随着塑料碎片越来越广泛地存在于沉积物、沙滩和近海环境中，这里便成了FIO和病原体等有害微生物潜在的未知储层。沿海地区滞留或漂移的塑料碎片（大块和毫米级以下）的丰度预计随着海平面、风速、波浪高度及降雨条件的改变而增加（Browne et al.，2015），这可能会导致人类更多地暴露于这些塑料碎片中。虽然目前还不了解微生物，特别是病原体在污水中"搭便车"定居于微塑料颗粒上，并到达海滩和周围环境这一途径的机制，但是可以将暂时非常有限的信息用于评估微生物病原体和FIO，在塑料碎片上的存在是否对人类健康构成真实的风险，进而进一步进行对生态系统尤其是人类健康的多尺度效应的风险评估（Devriese et al.，2015）。在这些领域中进行有针对性的研究可能会产生重大的社会影响，如可以为海滩安全卫生管理提供科学证据，制定相关卫生标准，从而保证公众健康。

为进行环境中微塑料的生态风险评估，必须正确地量化暴露和效应。然而上述这些潜在的影响及生态健康风险大多仍是推论和预测，并没有充足可靠的科学研究证据予以支持。因此，根据当前微塑料相关的研究和理解，今后的工作迫切地需要了解以下几个主题内容：量化微塑料的环境暴露、微塑料的性质及其环境归宿、与生物受体的相互作用，以及导致潜在负面影响的毒性作用机制。

纵观当前各领域的研究发现，微塑料及其相关污染物与工程纳米颗粒（ENP）和化学混合物在诸多方面都可相比较。例如，与微塑料类似，ENP具有各种各样影响吸收和靶器官效应的颗粒特性；ENP是用不同涂层合成的。类似地，微塑料具有与其不同添加剂相关的一系列吸附性质；微塑料和其他污染物的综合毒理作用及颗粒摄入可能造成的身体损伤的评估方法类似于用于评估化学混合物风险的方法。例如，量化超过一种压力刺激的组合效应，评估所涉及的刺激物之间的相互作用是否导致偏离了加和性混合物的具体效应。因此，这些特性的相似性意味着可借鉴工程纳米颗粒领域的研究经验，并帮助指导微塑料风险领域的发展。

思 考 题

1. 简述新污染物的定义及分类。
2. 海洋中新污染物主要有哪几种来源？
3. 新污染物对海洋的危害是什么？
4. 关于海洋新污染物灾害，你能想到哪些控制方法？
5. 海洋微塑料来源主要有哪几个方面？
6. 中国沿海表层海水微塑料丰度如何？
7. 海洋微塑料对环境有哪些潜在的危害？
8. 简述微塑料在海洋生物体内的传递过程。
9. 海洋微塑料会带来哪些潜在健康风险？

参 考 文 献

陈斌. 2018. 海洋塑料微粒来源分布与生态影响研究综述. 环境保护科学, 44（2）: 90-97

陈令新, 王巧宁, 孙西艳. 2018. 海洋环境分析监测技术. 北京: 科学出版社: 446

程姣姣. 2020. 四十里湾微塑料分布特征及源汇关系研究. 烟台: 烟台大学硕士学位论文

段艳萍, 陈玲, 代朝猛. 2018. 新污染物的分析、迁移转化与控制技术: 以药物活性化合物为例. 北京: 科学出版社: 200

代振飞. 2018. 渤海微塑料分布及其影响因素研究. 北京: 中国科学院大学（中国科学院烟台海岸带研究所）硕士学位论文

江秀萍. 2019. 海洋微塑料的来源及其危害. 南方农机, 50（15）: 276-277

李征, 高春梅, 杨金龙, 等. 2020. 连云港海州湾海域表层水体和沉积物中微塑料的分布特征. 环境科学, 41（7）: 10

刘涛. 2017. 微塑料在黄东海的分布及其在浮游动物体内累积的研究. 北京: 中国科学院大学（中国科学院海洋研究所）硕士学位论文

刘涛, 孙晓霞, 朱明亮, 等. 2018. 东海表层海水中微塑料分布与组成. 海洋与湖沼, 49（1）: 62-69

罗雅丹, 林千惠, 贾芳丽, 等. 2019. 青岛4个海水浴场微塑料的分布特征. 环境科学, 40（6）: 141-148

梅兴国. 2019. 纳米毒理学原理与方法. 北京: 科学出版社: 209

孟范平. 2019. 海洋中微塑料的生态危害与控制对策. 世界环境, （4）: 58-61

曲玲, 张微微, 王旭, 等. 2021. 锦州湾表层海水微塑料分布特征. 海洋学报, 43（2）: 98-104

邵宗泽, 董纯明, 郭文斌, 等. 2019. 海洋微塑料污染与塑料降解微生物研究进展. 应用海洋学学报, 38（4）: 490-501

孙承君, 蒋凤华, 李景喜, 等. 2016. 海洋中微塑料的来源、分布及生态环境影响研究进展. 海洋科学进展, 34（4）: 449-461

王超, 张德钧, 黄慧, 等. 2018. 海洋生物中微塑料的检测与危害研究进展. 食品安全质量检测学报, 9（11）: 2678-2683

王晶. 2019. 渤海微塑料分布特征及输运过程的数值模拟研究. 上海: 上海海洋大学硕士学位论文

王若琪, 古海玲, 于建民, 等. 2019. 舟山近海表层水微塑料污染状况调查与评估. 中国水运（下半月）, 19（9）: 124-126

徐沛. 2019. 长江口邻近海域微塑料时空分布特征及生态风险评估初步研究. 上海: 华东师范大学硕士学位论文

许彩娜, 张悦, 袁骐, 等. 2019. 微塑料对海洋生物的影响研究进展. 海洋渔业, 41（5）: 631-640

尹诗琪, 贾芳丽, 刘筱因, 等. 2021. 青岛近岸表层海水和潮滩沉积物中微塑料的分布及其影响因素. 环境科学学报, 41（4）: 9

张晓栋, 刘志飞, 张艳伟, 等. 2019. 海洋微塑料源汇搬运过程的研究进展. 地球科学进展, 34（9）: 936-949

张亚男, 周雪飞. 2012. 药品和个人护理品的环境污染与控制. 北京: 科学出版社: 306

张晓昱, 张梦亦, 魏爱泓, 等. 2021. 江苏省近岸海域表层海水微塑料的组成与赋存特征. 环境监控与预警, 13（2）: 9-13

郑依潘. 2020. 胶州湾内微塑料的分布特征与沉积规律研究. 青岛: 自然资源部第一海洋研究所硕士学位论文

周倩. 2016. 典型滨海潮滩及近海环境中微塑料污染特征与生态风险. 北京: 中国科学院大学（中国科学院烟台海岸带研究所）硕士学位论文

周筱田, 赵雯璐, 李铁军, 等. 2021. 浙江省近岸海域表层水体中微塑料分布与组成特征. 浙江大学学报（农业与生命科学

版），47（3）：371-379

周德庆，吕世伟，刘楠，等. 2020. 海洋微塑料的污染危害与检测分析方法研究进展. 中国渔业质量与标准，10（3）：60-68

Alomar C, Estarellas F, Deudero S. 2016. Microplastics in the Mediterranean Sea: Deposition in coastal shallow sediments, spatial variation and preferential grain size. Mar Environ Res, 115: 1-10

Andrady A L. 2011. Microplastics in the marine environment. Mar Pollut Bull, 62(8): 1596-1605

Arpin-Pont L, Bueno M J M, Gomez E, et al. 2016. Occurrence of PPCPs in the marine environment: a review. Environ Sci Pollut R, 23(6): 4978-4991

Au S Y, Lee C M, Weinstein J E. 2017. Trophic transfer of microplastics in aquatic ecosystemsidentifying critical research needs. Integr Environ Asses, 13(3): 505-509

Batel A, Linti F, Scherer M. 2016. Transfer of benzo apyrene from microplastics to *Artemia nauplii* and further to zebrafish via a trophic food web experiment: CYP1A induction and visualtracking of persistent organic pollutants. Environ Toxicol Chem, 35(7): 1656-1666

Beiras R. 2018. Marine Pollution: Sources, Fate and Effects of Pollutants in Coastal Ecosystems. Amsterdam: Elsevier: 408

Betts K. 2008. Why small plastic particles may pose a big problem in the oceans. Environ Sci Tech Let, 42(24): 8995

Beulig A, Fowler J. 2008. Fish on prozac: effect of serotonin reuptake inhibitors on cognition in goldfish. Behav Neurosci, 122(2): 426-432

Boerger C M, Lattin G L, Moore S L. 2010. Plastic ingestion by planktivorous fishes in the North Pacific Central Gyre. Mar Pollut Bull, 60(12): 2275-2278

Bornatowski H, Heithaus M R, Batista C M P. 2012. Shark scavenging and predation on sea turtles in northeastern Brazil. Amphibia-Reptilia, 33(3-4): 495-502

Brandão M L, Braga K M, Luque J L. 2011. Marine debris ingestion by Magellanic penguin *Spheniscus magellanicus* (Aves: Sphenisciformes) from the Brazilian coastal zone. Mar Pollut Bull, 62(10): 2246-2249

Browne M A, Dissanayake A, Galloway T S. 2008. Ingested microscopic plastic translocates to the circulatory system of the mussel. Environ Sci Tech Le, 42(13): 5026-5031

Browne M A, Underwood A J, Chapman M G. 2015. Linking effects of anthropogenic debris to ecological impacts. Proceedings of the Royal Society B: Biological Sciences, 282(1807): 2014-2929

Chen M L, Jin M, Tao P R, et al. 2018. Assessment of microplastics derived from mariculture in Xiangshan Bay, China. Environmental Pollution, 242(Nov. Pt.B):1146-1156

Cheung P K, Fok L. 2016. Evidence of microbeads from personal care product contaminating the sea. Mar Pollut Bull, 109(1): 582-585

Cole M, Lindeque P, Halsband C. 2011. Microplastics as contaminants in the marine environment: A review. Marine Pollution Bulletin, 62(12): 2588-2597

Collignon A, Hecq J H, Glagani F. 2012. Neustonic microplastic and zooplankton in the North Western Mediterranean Sea. Mar Pollut Bull, 64(4): 861-864

Cózar A, Echevarría F, González-Gordillo J I. 2014. Plastic debris in the open ocean. Proceedings of the National Academy of Science, 111(28): 10239-10244

Dai Z, Zhang H, Zhou Q, et al. 2018. Occurrence of microplastics in the water column and sediment in an inland sea affected by intensive anthropogenic activities. Environmental Pollution, 242 (PT.B):1557-1565

Desforges J P W, Galbraith M, Dangerfield N. 2014. Widespread distribution of microplastics in subsurface seawater in the NE Pacific Ocean. Mar Pollut Bull, 79(1): 94-99

Devriese L I, van der Meulen M D, Maes T. 2015. Microplastic contamination in brown shrimp (*Crangon crangon*, Linnaeus 1758) from coastal waters of the Southern North Sea and channel area. Mar Pollut Bull, 98(1-2): 179-187

Dubaish F, Liebezeit G. 2013. Suspended microplastics and black carbon particles in the Jade system, Southern North Sea. Water Air Soil Poll, 224: 1352

Eriksen M, Lebreton L C M, Carson H S. 2014. Plastic pollution in the world's oceans: more than 5 trillion plastic pieces weighing over 250 000 tons afloat at sea. PLoS One, 9(12): e1l1913

Eriksson C, Burton H. 2003. Origins and biological accumulation of small plastic particles in fur seals from Macquarie Island. AMBIO: A Journal of the Human Environment, 32(6): 380-384

Farrell P, Nelson K. 2013. Trophic level transfer of microplastic: *Mytilus edulis*. Environ Sci Pollut R, 177: 1-3

Fischer V, Elsner N O, Brenke N. 2015. Plastic pollution of the Kuril-Kamchatka Trench area. Deep-Sea Res Pt II, 111: 399-405

Foekema E M, de Gruijter C, Mergia M T. 2013. Plastic in north sea fish. Environ Sci Tech Let, 47(15): 8818-8824

Frid C L J, Caswell B A. 2017. Marine Pollution. Oxford, UK: Oxford University Press: 271

Fu P P, Xia Q, Hwang H M, et al. 2014. Mechanisms of nanotoxicity: generation of reactive oxygen species. J Food Drug Anal, 22(1): 64-75

Goldsworthy S D, Pemberton D, Warneke R M. 1997. Field Identification of Australian and New Zealand Fur Seals, *Arctocephalus* spp., Based in External Characters. Sydney: Marine Mammal Research in the Southern Hemisphere, Surrey Beatty & Sons

Graham E R, Thompson J T. 2009. Deposit and suspension-feeding sea cucumbers (Echinodermata) gest plastic fragments. J Exp Mar Biol Ecol, 368(1): 22-29

Green D S. 2016. Effects of microplastics on European flat oysters, *Ostrea edulis* and their associated benthic communities. Environ Sci Pollut R, 216: 95-103

Green D S, Boots B, O'Connor N E. 2016. Microplastics affect the ecological functioning of an important biogenic habitat. Environ Sci Tech Let, 51(1): 68-77

Gregory M R. 2009. Environmental implications of plastic debris in marine settings entanglement, ingestion, smothering, hangers-on, hitch-hiking and alien invasions. Philosophical Transactions of the Royal Society B: Biological Sciences, 364(1526): 2013-2025

Gusmão F, di Domenico M, Amaral A C Z. 2016. *In situ* ingestion of microfibres by meiofauna from sandy beaches. Environ Sci Pollut R, 216: 584-590

Höher N, Köhler A, Strand J. 2012. Effects of various pollutant mixtures on immune responses of the blue mussel (*Mytilus edulis*) collected at a salinity gradient in Danish coastal waters. Mar Environ Res, 75: 35-44

Jiang Y, Zhao Y, Wang X, et al. 2020. Characterization of microplastics in the surface seawater of the South Yellow Sea as affected by season. Science of The Total Environment, 724: 138375

Keller A A, Lazareva A. 2014. Predicted releases of engineered nanomaterials: From global to regional to local. Environ Sci Tech Let, 1(1): 65-70

Kolandhasamy P, Su L, Li J. 2018. Adherence of microplastics to soft tissue of mussels: A novel way to uptake microplastics beyond ingestion. Sci Total Environ, 610: 635-640

Li Y F, Wolanski E, Dai Z F, et al. 2018. Trapping of plastics in semi-enclosed seas: Insights from the Bohai Sea, China. Marine Pollution Bulletin, 137: 509-517

Li Y, Lu Z, Zheng H, et al. 2020. Microplastics in surface water and sediments of Chongming Island in the Yangtze Estuary, China. Environmental Sciences Europe, 32(1): 10.1186/s12302-020-0297-7

Luo W, Su L, Craig N J, et al. 2019. Comparison of microplastic pollution in different water bodies from urban creeks to coastal waters. Environmental Pollution, 246 (MAR.):174-182

Lambropoulou D A, Nollet L M L. 2014. Transformation Products of Emerging Contaminants in the Environment: Analysis, Processes, Occurrence, Effects and Risks. Hoboken: Wiley: 964

Law K L, Morèt-Ferguson S, Maximenko N A. 2010. Plastic accumulation in the North Atlantic subtropical gyre. Science, 329(5996): 1185-1188

Law K L, Mort-Ferguson S E, Goodwin D S. 2014. Distribution of surface plastic debris in the eastern Pacific Ocean from an 11-year data set. Environ Sci Tech Let, 48(9): 4732-4738

Lebreton L C M, Slat B, Ferrari F. 2018. Evidence that the Great Pacific Garbage Patch is rapidly accumulating plastic. Sci Rep-UK, 8(1): 4666

Lee H. 2013. Plastics at Sea (Microplastics): A Potential Risk for Hong Kong. Hong Kong: The University of Hong Kong

Lusher A L, McHugh M, Thompson R C. 2013. Occurrence of microplastics in the gastro tract of pelagic and demersal fish from the English Channel. Mar Pollut Bull, 67(1-2): 94-99

Mai L, Bao L J, Shi L, et al. 2018. Polycyclic aromatic hydrocarbons affiliated with microplastics in surface waters of Bohai and Huanghai Seas, China. Environmental Pollution, 241: 834-840

Murray F, Cowie P R. 2011. Plastic contamination in the decapod crustacean *Nephrops norvegicus*. Mar Pollut Bull, 62(6): 1207-1217

Nel A, Xia T, Mädler L, et al. 2006. Toxic potential of materials at the nanolevel. Science, 311(5761): 622-627

O'Sullivan G, Sandau C. 2013. Environmental Forensics for Persistent Organic Pollutants. Amsterdam: Elsevier: 424

Ojemaye C Y, Petrik L. 2019. Pharmaceuticals in the marine environment: a review. Environ Rev, 27(2): 151-165

Pham C K, Ramirez-Llodra E, Alt C H S. 2014. Marine litter distribution and density in European seas, from the shelves to deep basins.

PLoS One, 9(4): e95839

Sun X, Liang J, Zhu M, et al. 2018. Microplastics in seawater and zooplankton from the Yellow Sea. Environ Pollut, 242: 585-595

Setälä O, Fleming-Lehtinen V, Lehtiniemi M. 2014. Ingestion and transfer of microplastics in the planktonic food web. Environ Sci Pollut R, 185: 77-83

Shvedova A A, Pietroiusti A, Fadeel B, et al. 2012. Mechanisms of carbon nanotube-induced toxicity: Focus on oxidative stress. Toxicol Appl Pharm, 261(2): 121-133

Teng J, Zhao J M, Zhang C, et al. 2020. A systems analysis of microplastic pollution in Laizhou Bay, China. Science of the Total Environment, 745 (prepublish): 140815

Tosetto L, Williamson J E, Brown C. 2017. Trophic transfer of microplastics does not affect fish personality. Anim Behav, 123: 159-167

van Cauwenberghe L, Claessens M, Vandegehuchte M B. 2013b. Assessment of marine debris on the Belgian Continental Shelf. Mar Pollut Bull, 73(1): 161-169

van Cauwenberghe L, Vanreusel A, Mees J. 2013a. Microplastic pollution in deep-sea sediments. Environ Sci Pollut R, 182: 495-499

Vendel A L, Bessa F, Alves V E N, et al. 2017. Widespread microplastic ingestion by fish assemblages in tropical estuaries subjected to anthropogenic pressures. Mar Pollut Bull, 117(1-2): 448-455

von Moos N, Burkhardt-Holm P, Köhler A. 2012. Uptake and effects of microplastics on cells and tissue of the blue mussel *Mytilus edulis* L. after an experimental exposure. Environ Sci Technol, 46(20): 11327-11335

Wang J, Lu L, Wang M X, et al. 2019. Typhoons increase the abundance of microplastics in the marine environment and cultured organisms: A case study in Sanggou Bay, China. Science of the Total Environment, JUNal: 6671-6678

Wang T, Hu M H, Song L L, et al. 2020. Coastal zone use influences the spatial distribution of microplastics in Hangzhou Bay, China. Environmental Pollution, 266: 115137

Wang T, Zou X Q, Li B J, et al. 2018. Microplastics in a wind farm area: A case study at the Rudong Offshore Wind Farm, Yellow Sea, China. Marine Pollution Bulletin, 128 (Mar.): 466-474

Ward J E, Kach D J. 2009. Marine aggregates facilitate ingestion of nanoparticles by suspension feeding bivalves. Mar Environ Res, 68(3): 137-142

Watts A J R, Lewis C, Goodhead R M, et al. 2014. Uptake and retention of microplastics by the shore crab *Carcinus maenas*. Environ Sci Tech, 48(15): 8823-8830

Weis J S. 2015. Marine Pollution: What Everyone Needs to Know. Oxford: Oxford University Press: 273

Xia B, Sui Q, Sun X, et al. 2021. Microplastic pollution in surface seawater of Sanggou Bay, China: Occurrence, source and inventory. Marine Pollution Bulletin, 162: 111899

Xu P, Peng G Y, Gao L, et al. 2018. Microplastic risk assessment in surface waters: a case study in the Changjiang estuary, China. Marine Pollution Bulletin, 133 (8): 647-654

Zhang J, Zhang C, Deng Y, et al. 2019. Microplastics in the surface water of small-scale estuaries in Shanghai. Marine Pollution Bulletin, 149: 110569

Zhang W, Zhang S, Zhao Q, et al. 2020. Spatio-temporal distribution of plastic and microplastic debris in the surface water of the Bohai Sea, China. Marine Pollution Bulletin, 158 (21): 111343

Zhao S, Wang T, Zhu L, et al. 2019. Analysis of suspended microplastics in the Changjiang Estuary: Implications for riverine plastic load to the ocean. Water Research, 161 (SEP.15): 560-569

Zhao S, Zhu L, Li D. 2015. Microplastic in three urban estuaries, China. Environmental Pollution, 206 (11): 597-604

Zhao S, Zhu L, Wang T, et al. 2014. Suspended microplastics in the surface water of the Yangtze Estuary System, China: First observations on occurrence, distribution. Mar Pollut Bull, 86: 562-568

Zheng Y, Li J, Cao W, et al. 2019. Distribution characteristics of microplastics in the seawater and sediment: A case study in Jiaozhou Bay, China. Science of The Total Environment, 674 (JUL.15):27-35

Zhu L, Bai H, Chen B, et al. 2018. Microplastic pollution in north Yellow Sea, China: observations on occurrence, distribution and identification. Science of the Total Environment, 636: 20-29

第6章

其他生态灾害及防治对策

除了前述章节讲到的赤潮、绿潮、溢油、新污染物灾害外，还有一些典型的海洋生态灾害也会对海洋生态环境和人类的生产生活活动产生影响，如生物入侵和水母灾害等。

随着世界贸易和经济全球化的发展，海洋运输日益频繁，外来海洋生物（exotic marine species）拥有了高效的传播途径。所谓外来海洋生物，是指在当地海洋生态系统内原先没有，通过自然或人为活动从其他海域的生态系统引入的物种。一旦外来海洋生物在当地海域内繁殖，并对当地海洋生态或经济造成破坏，该物种就成了外来海洋入侵物种（exotic marine invasive species）。入侵物种通过改变环境条件和资源的可利用性对本地物种产生影响，不仅使生物多样性减少，而且使系统的能量流动、物质循环等功能受到很大的影响，严重时可能会导致整个生态系统崩溃。

水母暴发对海水浴场和滨海电厂安全运行的影响尤为严重。近年来全球各海滨城市都存在水母伤人记录，毒性较大的一些水母，如僧帽水母（*Physalia physalis*）甚至能致人死亡或残疾。除了对海滨游泳者的人身健康产生威胁，水母暴发对工业的影响也是不可忽视的。国内外多个海滨电厂和化工厂冷却水取水口都曾发生过水母阻塞过滤网的问题，发电机组多次被迫停运，威胁运行安全。此外，水母暴发对当地渔业将产生不小的危害，成群的水母将与鱼群争食、捕食鱼苗及鱼卵、堵塞渔网网眼等。

本章将展开介绍目前国内外生物入侵灾害及水母灾害的特点、状况，以及对应的防治策略。

6.1　海洋生物入侵灾害及防治对策

随着海洋产业及国际海运事业的发展，世界各地发生外来海洋物种入侵的事件屡见不鲜。据估计，外来海洋生物平均每年对中国造成高达574亿元的直接经济损失（新华社，2008），其中外来海洋生物占据主因。由于外来海洋生物在当地缺少天敌，其种群数量往往难以控制，挤占土著物种的生存空间，破坏当地的生态环境，其入侵后果可能比海上溢油灾害的后果更为严重。海洋生态系统中物种入侵途径多样、传播速度快、海洋生物繁殖力大，一旦发生海洋生物入侵则很难控制和根除（赵淑江等，2005）。

6.1.1　海洋生物入侵及其生态危害

对于海洋生物入侵，简单地说，即发生在海洋生态环境中的生物入侵，入侵生物可能是海洋植物或动物，也可能是海洋病毒或细菌等微生物。外来海洋生物入侵可以理解为在当地海洋生态系统内原先没有或非原产地生物由于人为或自然因素从原分布海域被引入新的海域，在当地的自然或半自然海洋生态系统中具备了自我存活、繁殖和形成野外种群，且其种群具有进一步扩散的再生能力，并对当地的海洋生态系统造成一定危害的现象（张朝华，

2012）。表 6.1 给出了中国主要外来海洋生物及其来源地。

表 6.1　中国主要外来海洋生物及其来源地（郝林华等，2005）

类别	外来海洋生物	来源地
海洋鱼类	大菱鲆（*Scophthalmus maximus*）	英国
	漠斑牙鲆（*Paralichthys lethostigma*）	美国
	眼斑拟石首鱼（*Sciaenops ocellatus*）	美国
	加州鲈（*Micropterus salmoides*）	美国
	欧洲鳗鲡（*European eel*）	欧洲
	红鳍东方鲀（*Fugu rubripes*）	日本
	塞内加尔鳎（*Solea senegalensis*）	欧洲
	大西洋庸鲽（*Hippoglossus hippoglossus*）	大西洋海岸
	狭鳞庸鲽（*Hippoglossus stenolepis*）	北美洲
海水虾类	日本对虾（*Penaeus japonicus*）	日本
	凡纳滨对虾（*Penaeus vannamei*）	中美洲
	澳洲龙虾（*Cherax quadricainatus*）	澳大利亚
	罗氏沼虾（*Macrobrachium rosenbergii*）	日本
	斑节对虾（*Penaeus monodon*）	日本
	南美蓝对虾（*Penaeus stylirostris*）	美国夏威夷
海水贝类	海湾扇贝（*Argopecten irradians*）	北美洲
	虾夷盘扇贝（*Patinopecten yessoensis*）	日本
	长牡蛎（*Crassostrea gigas*）	日本
	象拔蚌（*Panopea abrupta*）	美国、加拿大
	硬壳蛤（*Mercenaria mercenaria*）	美国
	日本虾夷盘鲍（*Haliotis discus*）	日本
	沙筛贝（*Mytilopsis sallei*）	中美洲
海水棘皮动物类	红鲍（*Haliotis rufescens*）	美国
	绿鲍（*Haliotis fulgens*）	美国
	虾夷马粪海胆（*Strongylocentyotus internedius*）	日本
海水大型藻类	真海带（*Laminaria japonica*）	日本
	长叶海带（*Laminaria japonica*）	日本
	巨藻（*Macrocystis pyrifera*）	墨西哥
	异枝麒麟菜（*Eucheuma striatum*）	菲律宾
盐碱植物	大米草（*Spartina anglica*）	英国
	互花米草（*Spartina alterniflora*）	美国
	北美海蓬子（*Salicornia bigelovii*）	美国

注：表中结果为不完全统计

　　外来海洋生物入侵连同海洋污染、渔业资源过度捕捞和生境破坏，已成为世界海洋生态环境面临的四大问题（杨圣云等，2001）。中国外来海洋生物的生态危害主要表现在以下 4 个方面（赫林华等，2005）。

1. 与土著生物竞争，破坏海洋生态平衡，威胁生物多样性

外来海洋生物对入侵海域特定生态系统的结构、功能及生物多样性会产生严重的干扰与破坏。外来海洋生物的入侵降低了区域生物的独特性，打破了维持全球生物多样性的地理隔离。原生态系统食物链结构被破坏、生态位均势被改变，入侵物种的生物学优势造成本土物种数量的减少乃至灭绝，进一步导致生态系统结构缺损、组分改变，即导致生物多样性的丧失。外来海洋生物入侵造成的生态系统结构失衡、功能退化和生物多样性丧失愈加严重，但中国对外来海洋生物的研究起步较晚，关于外来生物入侵对当地海洋生态系统的影响还知之甚少，缺乏一个全面系统的了解，现有的数据资料也比较片面和零散，没有对外来海洋生物入侵风险进行有效、准确、客观和清晰的评估与评价（杨秀娟和张树苗，2005）。

米草属的大米草（*Spartina anglica*）和互花米草（*Spartina alterniflora*）是中国海洋生物入侵的最经典案例之一。20世纪60年代，中国从英国南海岸引种大米草，期望保滩护堤、促淤造陆、开辟海滨牧场；80年代，互花米草也被作为固沙护岸的物种，从美国东海岸引进中国沿海推广种植。米草植物被引种后，被广泛推广到广东、福建、浙江、江苏和山东等省的沿海滩涂和潮间带上种植。但难以预料的是，米草植物根系发达，繁殖力极强，草籽可随海潮四处漂流蔓延，生命力强，在冬季也可生长（图6.1），导致米草生长范围失控，与本土物种竞争激烈（吴敏兰和方志亮，2005）。米草侵占滩涂贝类养殖的场所，导致贝类在密集的草滩中无法自由活动、健康生长，甚至会窒息死亡。随着时间的延长，它们的覆盖面积越来越大，挤占红树林、盐地碱蓬、滩涂鱼、虾、贝类等海洋生物的生存空间，导致生物多样性严重下降，生物群落结构明显简化。虽然目前学界对于米草的评价并不是认为其毫无益处，而是认可其在某些区域的保滩促淤功效，一定程度上实现了"入侵生物本地化"，但米草类植物仍旧是影响中国海岸生态环境的重要入侵生物，严重威胁中国海岸生态安全（王蔚等，2003）。

彩图

图6.1　江苏东台沿海冬季的互花米草（摄于2016年1月）

沙筛贝（*Mytilopsis sallei*）也是中国沿海生物入侵的一个典型案例。1990～1993年，在福建东山和厦门马銮湾海域相继发现了原产于中美洲的沙筛贝，其后沙筛贝的数量剧增，福建、广东、广西和海南，以及香港、台湾等地区都有分布，尤其在福建的厦门、东山、惠安等地大量繁殖。这些海域的浮筏、桩柱等所有的养殖设施表面几乎全被它们占据。沙筛贝还会附着在其他贝类生物上与其他贝类争夺饵料而使原来数量很大的牡蛎等本地物种被排挤掉，近岸养殖的菲律宾蛤仔、翡翠贻贝等产量也都因此大幅度下降。沙筛贝造成虾、贝等本土底栖生物大面积减少或死亡，其大量排泄物也将增加水体的有机物污染，引起水体缺氧，限制了其他生物的生存空间，对当地生态系统和水产养殖造成了巨大打击。

2. 与土著生物杂交，破坏遗传多样性，造成遗传污染

遗传多样性是进化和适应的基础，种内遗传多样性越丰富，物种对环境的适应能力就越强。目前，遗传的均一性威胁到种群或物种的生存已是明显事实。由于人类对海洋资源的开发利用强度日益加剧，中国海洋生物的遗传多样性已经受到各种威胁。其中，外来海洋生物是除生境破坏外生物多样性受到威胁的第一大因素，它通过与当地物种杂交或竞争，影响或改变原生态系统的遗传多样性（Hao et al.，2005）。

中国近年引入许多外来海洋生物，如凡纳滨对虾、大菱鲆［图6.2（a）］、海湾扇贝、虾夷盘扇贝等进行养殖，开展了不同程度和范围的杂交育种，使海洋生物遗传污染问题非常严重。游泳生物鱼、虾等的移动能力较强，在人工放养、放流及人为或自然原因造成的逃逸中，外来的养殖个体很容易进入野生自然群体，对其遗传结构和多样性产生影响。例如，美国红鱼，其中文学名为眼斑拟石首鱼（*Sciaenops ocellatus*），原产于北大西洋沿岸及墨西哥湾，具有生长速度快、适应能力强、食性广泛等特性，1991年被引进中国后得到了迅速推广，但由于缺乏有效管理，逃逸事故不断发生，目前在中国沿岸自然海域中均能发现其踪迹（梁玉波和王斌，2001）。非游泳生物中贝类的遗传污染情况也很严重，尤其是皱纹盘鲍、扇贝和牡蛎。利用引进的日本虾夷盘鲍［图6.2（b）］与中国的皱纹盘鲍杂交产生的杂交鲍，使中国衰退的鲍鱼养殖业重新振兴并快速发展。但经初步评价发现，杂交鲍的底播增殖使青岛和大连附近主要增殖区的鲍群体中97.3%为杂交后代，遗传影响的个体接近100%，原种皱纹盘鲍的种群基本消失（杨文新等，2005）。在自然生态条件下，外来的虾夷盘扇贝（*Patinopecten yessoensis*）很有可能与土著栉孔扇贝（*Chlamys farreri*）杂交，因为目前在实验室条件下已经获得了它们的杂交后代。虾夷盘扇贝在中国北方自然海区的繁殖期是2～5月，而土著栉孔扇贝的繁殖期是4～6月，在自然环境中它们的杂交后代成熟后与土著种杂交就更为容易，其结果将对中国土著贝类造成严重遗传污染（杨爱国等，2004）。异地养殖的遗传污染问题也非常严重。例如，菲律宾蛤仔（*Ruditapes philippinarum*）和缢蛏（*Sinonovacula constricta*）在黄渤海的养殖规模很大，而苗种基本购自南方福建等海域，对当地种群的遗传结构造成了极大影响，甚至丧失了本土种群基因。

彩图

图6.2　大菱鲆［（a）］和日本虾夷盘鲍［（b）］

3. 带入病原微生物

外来生物在迁移的过程中极可能携带病原微生物，而由于当地的动植物对它们几乎没有抗性，因此很容易引起病害流行，甚至可能对人类造成严重的伤害。

从1993年起，在中国南北对虾养殖区暴发了大规模的对虾流行性病毒病害，其中主要原因就是从当时虾病流行的台湾等地引进了一些带有病毒的对虾苗种。2000年，中国北方又发生了滩涂养殖菲律宾蛤仔的大规模死亡事件，其主要是由一种世界性的海洋污染生物——"帕金虫"引起的。帕金虫原是主要分布于美洲海域的贝类寄生性病原微生物，很有可能是通过引进美洲海域扇贝时一起带来的（黄宗国和陈丽淑，2002）。此外，大菱鲆亲鱼、苗种的引进，将虹彩病毒带入；牙鲆亲鱼、鱼卵的引进，将淋巴囊肿病毒带入；南美白对虾的引进，将桃拉病毒带入。这些病毒的入侵、扩散，导致养殖品种间相互传染并大规模暴发疾病，已对中国海水养殖业带来了巨大损失。由于中国对海洋微生物入侵的研究才刚刚起步，对海洋微生物的入侵危害掌握得还很有限。由于病原微生物形体微小，极易通过各种途径入侵、扩散，而目前的检疫、检测措施又难以及时发现和阻隔，对人类健康、经济发展乃至社会稳定和国家安全构成的威胁均更严重。

4. 暴发赤潮，导致海洋生态灾害

近些年来，中国沿岸海域赤潮灾害不断加剧。除沿岸海域环境污染以外，外来赤潮生物的暴发性增殖也是重要的原因之一。由于外来赤潮生物对生态的适应性强，只要环境适宜，就可暴发赤潮。据国际海事组织报道，全球的远洋船舶每年共需约 $10 \times 10^8 t$ 压舱水，因而每天有3000多种海洋动植物随船舶压舱水被扩散到世界各地海域。而这些海洋动植物中不乏赤潮生物种。外来赤潮生物大大增加了当地海域引发赤潮的生物种源，一旦遇到适宜其大量增殖的环境条件，就会发生赤潮，导致海洋生态系统的结构与功能严重退化，对海域原有生物群落和生态系统的稳定性构成极大威胁。

1997年秋至1998年春，东中国海海域及南海粤东海域暴发了大面积赤潮。据鉴定，赤潮原因种是球形棕囊藻（*Phaeocystis globosa*），这是中国首次发现的棕囊藻赤潮。作为中国赤潮的新纪录种，球形棕囊藻引起了学术界的广泛关注。1999年夏，广东饶平、南澳海域再次暴发同种赤潮（陈丽芬等，2003）。2004年夏，球形棕囊藻赤潮又在中国渤海首次大规模暴发，渤海地区的球形棕囊藻应是外来入侵生物，其是如何由其他海区传播扩散到渤海地区的，尚未明确。目前，中国赤潮灾害有愈发加剧的趋势，引发赤潮的生物种类增多、赤潮发生的频率增高、范围扩大、发生的季节延长等，对中国海洋生态系统的稳定性威胁较大。

此外，从日本引进的裙带菜苗绳带入的舌状酸藻死亡后会分泌硫酸，如果任由舌状酸藻大范围繁殖，大量的舌状酸藻死亡后分泌的硫酸会导致水质严重恶化，进而会对海洋生态系统造成严重影响。

6.1.2 海洋生物入侵途径

外来海洋生物的传播与入侵，已成为当今海洋生物与生态研究中的一个重大问题。导致生物入侵的途径大致可以分为有意引入和无意引入，这两种都是由人为因素造成的。有意引入是人类为了发展经济等从外地海域引入一些海洋生物，无意引入则是伴随人类活动意外地从外地带入的一些海洋生物（宋伦和毕相东，2015）。此外，生物入侵的途径还包括自然引入，但其发生的概率较小。从中国目前已有严重危害的外来海洋生物来看，大部分入侵是人为因素引起的（林学政等，2005）。

值得注意的是，许多海洋生物并不只是通过一种途径单次被引入，而是可能通过多种途径或多次被引入，因此大大提高了外来海洋生物在新的栖息地获得生态位长期定居的可能性。外来海洋生物已对入侵海域特定生态系统的结构、功能及生物多样性产生严重的干扰与破坏。例如，欧洲入侵到美国大湖区的斑马贝（*Dreissena polymorpha*）造成了数亿美元的经济损失和生态环境恶化；美国一种淡海栉水母 *Mnemiopsis leidyi* 入侵黑海和亚速海，造成该海区浮游生物量急剧下降，导致该区域鳗鱼资源衰退与渔业崩溃；印度太平洋的一种贻贝 *Perna perna* 传播到美国得克萨斯州沿岸，争夺生态位、排斥当地种类，成为单一养殖品种，甚至蔓延到墨西哥沿岸；日本赤潮种类和食鲍海星（*Asterias amurensis*）入侵到澳大利亚沿海，对当地的鲍等经济海产动物造成了严重危害；原产于美洲的软体动物沙筛贝（*Mytilopsis sallei*），20 世纪 80 年代首次出现在中国香港水域，现已入侵至福建厦门海域，争夺了当地牡蛎等土著经济种的栖息地。

1．有意引入

典型的有意引入外来海洋生物的途径有水产养殖引进、观赏性物种及食用海鲜引进、科学研究活动引进、生态环境修复和管理引进等。

1）水产养殖引进　　为了海水养殖业的发展，人们有意识地引入新的养殖种类，如鱼、虾、贝、藻等。多数引入种都能够产生较大的经济效益；部分物种在养殖过程中逃逸或被人类遗弃进入自然海域，这些引入种一般对环境具有较强的耐受能力，通过生态位竞争、杂交等方式对生态环境及本地种造成巨大的影响。

2）观赏性物种及食用海鲜引进　　水族馆及海鲜市场因消费需要引入观赏性生物及生鲜食品，而这些生物被有意或无意地释放到自然环境中，建群、生长并成为入侵生物，对海洋环境造成极大的破坏。例如，从亚得里亚海引到加利福尼亚水族馆的绿藻，通过释放孢子到当地海洋生态系统中，逐渐成为优势种并导致土著海洋植物大规模消亡。

3）科学研究活动引进　　有些科研试验需要引入外来物种，但这些生物有时会因管理不善等原因进入新栖息环境中，成为海洋系统中的入侵生物。例如，原本生活在加利福尼亚圣地亚哥盐沼中的海榄雌（*Avicennia marina*），因植物生理学研究需要被栽种到新西兰，继而大量繁殖成为新西兰红树林中的入侵物种。

4）生态环境修复和管理引进　　为保滩护堤、促淤造陆、开辟海滨牧场等，许多国家在河口、港湾的滩涂区域引入了禾本植物、被子植物及贝类。但是，部分植物的快速生长会严重排挤其他物种，干扰甚至威胁当地生态系统。近几年，美国加利福尼亚为修复河口贝床从其他海湾引入牡蛎，这些牡蛎被认定为引入其他外来种的潜在载体。

2．无意引入

典型的无意引入外来海洋生物的途径包括随船舶运输带入、随引种或饵料带入、由人工运河进入等。

1）随船舶运输带入　　海洋生物通过海流携带和自身游泳能力，形成了现有生物区系的基本格局。世界各大洋受到大陆阻隔、水温、洋流、冲淡水等制约因素，形成了各自特有的土著生物群落，并且这些制约因素影响了本地种的进一步扩散。自 20 世纪初以来，船舶压舱水已成为外来海洋生物入侵的一个重要媒介，船底携带的附着生物得以进一步扩散，成为新栖息地的外来物种。船舶压舱水和船底沉积物中有大量的浮游植物、浮游动物、无脊椎动物幼虫、鱼卵和仔稚鱼。船舶在不同海域往来的同时，不同海区的压舱水被四处转运，这等于船舶运输着出发地生态系统中的水生生物群体跨越大洋屏障到达另一个生态环境中。据报道，94% 的潜在有害海洋生物通过船舶压舱水被携带离开目的港；英国海岸带的 60 个外来入侵污损生物中，至少有一半来自入境船舶排放的压舱水和船体表面携带的污损生物。据估计，每年全球船舶携带的压舱水大约有120亿吨，平均每立方米压舱水中有浮游植物1.1亿个。例如，中华绒螯蟹由压舱水被从中国青岛带到西北欧，成为西北欧沿岸海域破坏堤岸和网具的外来入侵物种；地中海贻贝、藤壶（图6.3）和指甲履螺等污损生物则是附着在国外轮船底被带入中国的。

彩图

图6.3　由船底携带进入中国的藤壶密集地分布在港湾、港口及沿岸水域

2）随引种或饵料带入　　引种为中国水产养殖业的发展做出了重要贡献，但在引种过程中也会无意携带病原生物等有害生物。例如，沙筛贝可能在引入鲜活饵料或苗种时被夹杂带入，桃拉病毒随南美白对虾的引进而被带入，虹彩病毒随大菱鲆亲鱼、苗种的引进而被携带（林更铭和杨清良，2018）。

3）由人工运河进入　　运河能够连接不同的生物地理区系，部分运河因盐度或温度形成相应的阻隔带，以抑制部分生物通过运河进行扩散。但是，仍然有一些生物利用自身游泳能力突破原有的地理阻隔，顺利跨越运河并在新环境中繁衍生息。因此，运河在扩大不同洋域生物的分布上，有着重要的意义。全长170km的苏伊士运河，连通了地中海和红海的生物区系；巴拿马运河连通了大西洋和太平洋的生物区系，部分广盐性生物种类能够自由穿梭于运河两端，成为另一海域的外来生物（刘艳等，2013）。

6.1.3　海洋生物入侵治理方案

目前对外来海洋入侵物种的治理，尚未有成熟的治理技术，但经过总结成功的案例发现，主要有如下几种方式（高瑜等，2012）。

1. 人工防治

对于那些刚刚传入、定居，但还没有大面积扩散的海洋入侵生物，人工防治可以在短时间内迅速被清除，但对于那些已经大面积扩散的入侵物种，机械手段则需要大量的人力、物力，投入大、见效慢，并不是最为经济的方式。

2. 综合防治

将生物、化学、机械和人工等单项技术融合起来，发挥各自优势，弥补各自不足，达到综合控制海洋入侵生物的目的。例如，治理典型入侵生物大米草，只利用单一的方法很难将其彻底铲除。在大米草的入侵初期，可采用人工、机械及化学的方法进行防治；为维持长期效果，则可运用有效的生态学治理技术，利用天敌进行生物防治，即选用竞争力强的本地物种与大米草竞争，加速大米草的自然演替，寻求新的生态平衡。

3．资源化利用

有些外来海洋生物虽然给当地生态环境带来了恶劣的生态负效应，但本身却有一定的经济价值，若开发得力，则能变废为宝。例如，在沿海农村地区将侵蚀海岸滩涂的互花米草用于沼气生产，具有经济和生态双重效益；又如，入侵生物红鳍东方鲀中富含大量胶原蛋白，可以将其提纯、精炼后加入护肤品中，发挥其美容养颜、延缓衰老等功效。

6.2　水母灾害及防治对策

近年来，全球近海生态系统在全球气温升高、沿岸人类活动强度加大、渔业资源捕捞过度等多重压力下发生了很大变化。海洋生态灾害发生的频率与种类不断增加，继赤潮、绿潮等生态灾害之后，水母灾害也日益严重，其危害已在国际上引起高度关注。水母暴发将严重威胁海滨游客的人身安全，其大量的聚集将堵塞沿海电站及工厂的出水口。此外，水母暴发也会抑制当地渔业的发展。中国形成水母灾害的种类主要包括霞水母（*Cyanea* sp.）、沙海蜇（*Nemopilema nomurai*）、海月水母（*Aurelia aurita*）、多管水母（*Aequorea* sp.）等。海蜇（*Rhopilema esculentum*）虽然为食用价值较高的水母，但是在海水浴场和工业取水口等区域，也应将其划入灾害水母范畴（宋伦和毕相东，2015）。

6.2.1　水母灾害及其危害

如今，水母泛滥已成为全球范围的一种新型生态灾害。水母在海洋生态系统中处于"盲端"地位，很少有生物能够以水母为食，但水母却能够摄食大量的浮游动物，与鱼类进行食物上的竞争；不仅如此，水母还能够通过身体的刺细胞系统，杀死大部分它们所碰触到的小型生物，导致海水中其他生物的大量死亡。1982年，美国东海岸的指瓣水母（*Mnemiopsis leidyi*）被带入黑海，几年后进入与其相邻的亚速海，几乎完全取代了亚速海食浮游动物的鱼类，成为浮游动物的终极消费者，并且成为整个黑海生态系统中的重要角色，导致黑海渔业的全面衰退。1989年，德国Bight湾发生五角水母（*Muggiaea atlantica*）的暴发，最高密度达到500N/m³（N代表个数，下文同），而湾内浮游动物种群密度随之几乎降至为零。自20世纪90年代中后期起，中国东海北部及黄海海域连年发生大型水母类的暴发现象，并有逐年加重的趋势，其近几年的情况愈加严重，并已形成海域生态灾难。中国沿海的水母暴发种类主要包括霞水母、沙海蜇、海月水母、多管水母等，图6.4给出了中国几种典型的灾害水母。

水母的暴发会造成游泳者被蜇伤，威胁游客人身安全，影响海滨旅游业。美国国家科学基金会报告指出，每年全球大概有1.5亿起水母伤人事件发生。2009年8月，西班牙南部城市加的斯在一周内就有大约1200人被水母蜇伤；2008年7月，法国著名的度假区蔚蓝海岸逾500名游客被蜇，虽然其铺设有防水母网，但仍有水母蜇人事件发生。中国近年来水母伤人事件也屡有发生。据青岛医学院调查数据，1987年以来北戴河浴场有5人被水母蜇死、3000人被蜇伤；荣成市第二人民医院1997~1998年收治急性水母蜇伤136例住院患者；2006年7月底至8月，青岛第一海水浴场几乎每天都发生游泳者被蜇伤的事件，根据当地救生队的统

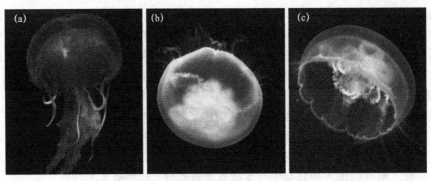

彩图

图6.4　几种常见的灾害水母类型
（a）沙海蜇；（b）海月水母；（c）霞水母

计，平均每天就有近100人被海蜇所伤；2006年8月，大连医科大学附属第一医院皮肤科平均每晚接诊40多名水母蜇伤患者，最多一晚达95人之多，而且发生了重症病例（Song et al.，2015）。从大连、营口、北戴河，到烟台和青岛，诸多北方海滨城市近年都有水母蜇伤致人死亡的记录。水母灾害已让当地游人的人身健康受到严重威胁，而且致使当地的旅游业发展大受影响。

　　大量水母的聚集将严重影响海洋渔业。水母的环境适应能力很强，在世界范围内分布越来越广，水母通过捕食鱼卵和仔鱼，同以仔鱼和浮游动物为食的鱼类争食，使渔业资源锐减，影响渔业产量，使渔业经济遭受损失；为了从渔网中清除水母，增加了额外的劳动力，从而导致了捕捞成本提高、渔民的负担加重。1990年以后，日本濑户内海出现超富营养化，水母大量暴发，使水母海域的渔业产量在1982～1993年12年下降了43%。自2000年开始，大型水母在日本海的暴发导致渔业资源和整个捕捞业崩溃，部分区域渔民收入减少了80%，并由此引发了一系列的经济和社会问题。因食用水母海蜇同灾害水母的食物链层次相同，水母的暴发也会影响食用水母海蜇的产量。自20世纪90年代中后期开始，中国渤海、东海北部和黄海南部海域相继出现了大型水母暴发的现象。2003年是水母集中暴发的一年，多次出现水母缠绕阻塞网具、渔获量减少的现象，浙江嵊泗渔船捕到水母的渔网暴网率达50%～60%，大部分海区整个6月无法进行捕捞生产。2004年，渤海辽东湾白色霞水母异常增殖，造成海蜇产量大幅度减少，比上年减少了约80%。

　　水母暴发对工业的影响也是不可忽视的。很多沿海的核电站或大型化工厂要依靠海水作为冷却用水，但由于水母数量剧增，冷却水系统的进出水口被堵住，造成冷却系统不能正常工作。2005年，瑞典一座核电站因水母堵塞冷却水系统而被迫关闭了三个核电机组中的一个；2006年7月，日本中部电力公司滨冈核电站过滤装置被水母完全堵死，该公司不得不降低发电量；2009年6月，海月水母堵塞了日本核电站的过滤装置，致使核电站被迫关闭；菲律宾和沙特等国也出现过核电站或滨海电厂因水母阻塞冷却水系统而被迫关闭的现象。国内由水母堵塞循环水过滤系统引起的事故也时有发生，2009年7月，华电青岛发电有限公司海水循环泵的过滤网遭到了水母堵塞，青岛市1/3的工业和居民用电受到了严重威胁；2014年7月下旬，辽宁红沿河核电站发生取水口被海月水母堵塞事故，被迫停机10天，造成经济损失达2亿多元；2020年7月21日，辽宁红沿河核电站4号机组因水母涌入，循环水过滤系统鼓网压差高造成手动停堆运行事件，经打捞水母、冲洗过滤网等处理措施后，4号机组于7月22日重新并网。

6.2.2 水母灾害致灾因子

总体而言，水母的暴发和栖息分布，受到温度、盐度、海流、光照、饵料种类及浓度、溶解氧、敌害生物等多种因素的共同影响，不同种类的水母则对盐温的适应度存在差异（鲁男等，1989；Kawahara et al.，2006）。

海蜇的繁殖与生长会受到温度的影响，低温会推迟横裂生殖发生的时间并减少释放碟状体（水母幼体）的数量，从而影响到自然海区中海蜇的发生量（陈介康和丁耕芜，1984）。从饵料的角度上讲，海水温度较高也会使区域内浮游动物丰度较高，为海蜇提供了丰富的饵料资源，浮游动物的数量变动直接影响海蜇的资源量（王彬等，2010）。从总体趋势看，海蜇产量较高的年份，海水温度往往较高，海蜇产量较低的年份，往往是海水温度偏低的年份。而盐度对大型水母的生存也具有重要影响。例如，海蜇属于河口低盐种，相对低盐的环境有利于海蜇的生长。

在盐温适应方面，沙蜇表现出与海蜇适应倾向一致的特性。李建生等（2009）报道沙蜇在高速生长期呈现出高温低盐的生态特性，从辽东湾沙蜇幼水母的调查结果来看，沙蜇幼水母在盐度30‰以下相对低盐区的渔获密度要明显高于30‰以上的高盐区，从渔获密度的空间分布来看，河口近海相对高温低盐水域往往出现沙蜇幼水母渔获的中心。从近海调查到沙蜇大量聚集的时期是6月，此时沙蜇大多数处于幼水母阶段，7月上旬沙蜇则逐渐进入成体阶段。以6月沙蜇幼水母聚集时间为着重研究时间段，可以反映出沙蜇幼水母生存的温度、盐度范围。沙蜇幼水母生存的适温范围和适盐范围均较广，海水表温20.4～24.4℃的区域有沙蜇的高渔获密度区。而海水表层盐度24.7‰～31.6‰的区域则成为沙蜇的高渔获密度区，盐度30‰以下的区域沙蜇幼水母的渔获密度明显高于其他区域（表6.2）。

表6.2　2008～2011年6月沙蜇不同渔获密度的海水表层温度和盐度（董婧等，2012）

年份	渔获密度>0（沙蜇生存区）		渔获密度≥100（较密集区）		渔获密度≥300（密集区）		渔获密度≥500（中心区）	
	温度/℃	盐度/‰	温度/℃	盐度/‰	温度/℃	盐度/‰	温度/℃	盐度/‰
2008	20.0～22.8	30.0～31.8	20.4～22.7	30.0～31.6	20.4	31.6	20.4	31.6
2009	20.9～27.3	28.5～31.9	22.0～22.1	29.7～30.6	—	—	—	—
2010	17.7～25.6	28.2～31.6	21.5～24.4	29.1～31.5	23.4～24.4	29.4～29.9	24.4	29.4
2011	19.9～26.7	24.3～29.0	19.6～21.5	24.7～27.9	20.4～21.5	24.7～27.1	20.4	27.1
综合	17.7～27.3	24.3～31.9	19.6～24.4	24.7～31.6	20.4～24.4	24.7～31.6	20.4～24.4	27.1～31.6

与前两种水母类型相对适应低盐度不同，高盐度区域霞水母渔获密度较高。2004年辽东湾白色霞水母大暴发，而该年份属于海水表层盐度范围较高的年份，当年辽东湾6月末海蜇预报调查中，海区中表层的温度为21.3～23.6℃，平均为22.5℃；海水表层盐度为31.3‰～33‰，平均为32.4‰。在白色霞水母暴发的7月下旬，海水表层盐度为33‰～35‰，平均盐度是往年同期海水表层平均盐度的1.6倍（董婧等，2005）。2004年海水盐度的特征是从6月下旬至7月下旬，海水盐度持续偏高。2005～2011年出现白色霞水母的温度为21.2～26.8℃，盐度为29.4‰～32.9‰。渔获密度相对较高的站位的温度为23.5～25℃，盐度为30.3‰～31.7‰。由海区霞水母的分布特征推测，霞水母具有暖水高盐种的生态习性。

另一种致灾水母——海月水母则在各实验中表现出高温、低光、盐度适中性等生态习性。孙明等（2012）在实验室内观察了温度对海月水母螅状体存活和生长的影响。试验结果显示，在2.5～25℃温度内，各试验组螅状体（幼体）的相对增长率随温度的升高而增加，说明温度越高，海月水母螅状体的生长速度越快。孙明等（2012）也在实验室条件下观察了盐度突变对海月水母螅状体存活和生长的影响。各研究表明海月水母螅状体对盐度有广泛的耐受性，螅状体可存活的盐度范围可跨越正常海水盐度的2倍（Halisch，1933），说明海月水母是一种广盐性生物，对盐度环境的要求不高，具有很强的盐度适应性。光照条件对于水母类生态研究也是很重要的环境因子（Hamner and Jenssen，1974；Molinero et al.，2005），强光条件下海月水母横裂生殖的差异显著，而弱光条件下差异不显著（Ishii and Shioi，2003）。在各试验组中，海月水母螅状体成活率和相对增长率随光照度的增加而减少，黑暗条件下海月水母螅状体成活率和日生长率最高。试验过程中也发现强光条件下的海月水母螅状体有由强光区向相对弱光区移动的现象。

　　除了对盐温条件的自适应性导致水母群在某些环境下暴发，我们还应着眼于水动力条件对水母暴发的影响。大多水母的自泳能力很弱、移动缓慢，所以风力、风向、海流和潮汐等对水母水平分布有一定的影响。雅典大学在联合国环境计划署的资助下，组织专家对水母进行了专题性的研究，科学家发现远洋水母大量聚集还具有一定的周期性，似乎也印证了风与洋流对水母分布的影响（程家骅等，2004）。

6.2.3　水母灾害应对策略

　　关于灾害水母的应急处置，通常可分为物理杀灭和药物杀灭。物理方式主要是利用船舶打捞、加工食用或陆域掩埋。药物方式则为将对水母类杀灭特异性较强，对其他生物和环境影响较小的化学药物投掷于目标区域。不管选用哪种方式，在处理灾害水母的同时，还应该考虑对生态环境是否有影响、祛除效果是否明显等问题。

　　物理处置方法中包括船舶打捞（图6.5），其已成为离岸区域处理水母暴发的一种通用方式。船舶打捞水母的拖网通常设置有搅碎装置，在性成熟之前将其机械绞碎（性成熟之后不可盲目绞碎，否则会导致翌年再次暴发）。研究表明，搅碎的水母体碎块在3天内可全部自溶，但无机氮增量较高，在第4天达到最大，随后逐渐下降（图6.6）。目前来看，船舶打捞的处理方式对环境几乎没有后续影响，且对急速暴发的水母灾害可起到快速、高效、便捷的处理效果。但打捞成本太高，更不适用于水母离岸太远的情况。而且如果在海水浴场附近盲目打捞，会造成水母截断触须残伤游客的现象。

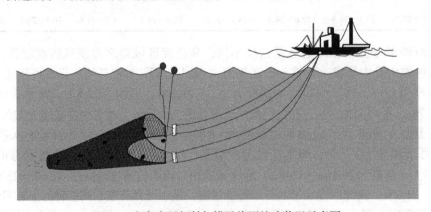

图6.5　灾害水母船舶打捞及拖网绞碎装置示意图

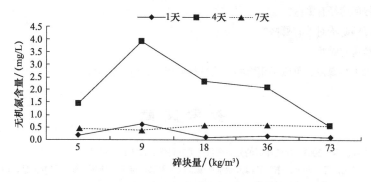

图6.6　水母（海蜇）绞碎处理对海水无机氮含量的影响

在近岸海域的海水浴场或者工业取水口附近，水体相对较浅，为了防止水母折断触须对游泳者的伤害或水母体对工业取水口的堵塞，则应使用灾害水母收集系统谨慎处理（图6.7），被捕获水母的后续处理则包括食用或陆域掩埋。另外，针对工业取水口海域水母灾害处置，还应考虑附着在礁石、构筑物等固着物上的水母螅状体，要尽量根除附着在固着物的水母螅状体，防止其在翌年暴发。

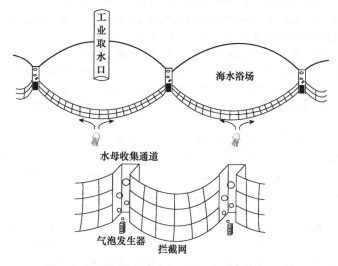

图6.7　近岸海域灾害水母收集系统及侧面示意图

对于近岸海域或封闭水体（如工业取水口、养殖圈等），处置灾害水母可使用药物杀灭的方式，但选药以不破坏生态环境为原则。宋伦和毕相东（2015）曾将定量的皂苷提取物加入实验槽中，研究其对包括海蜇在内的多种海洋生物存活的影响以及对生态环境的影响。相关实验结果表明，皂苷提取物对水母类的杀灭特异性较强，对其他生物和环境的影响较小。相关实验结果显示，皂苷作为生物制剂对海蜇等水母成体的杀灭效果明显，纳米乳化后的皂苷则可有效杀灭水母螅状体（幼体），而低浓度皂苷（3mg/L）对生态环境的影响不大，可作为良好的水母灭杀制剂使用。

思　考　题

1. 什么是海洋生物入侵？海洋生物入侵有哪些危害？

2．海洋生物入侵的途径有哪些?

3．海洋生物入侵的防治对策有哪些?

4．水母暴发的危害有哪些?

5．某地区的水母大量暴发，可以采用哪些方法进行处置，请分类讨论。

参 考 文 献

陈丽芬，章群，许忠能，等．2003．棕囊藻属的分类现状．生态科学，22（1）：93-94

程家骅，李圣法，丁峰元，等．2004．东、黄海大型水母暴发现象及其可能成因浅析．现代渔业信息，19（5）：10-12

陈介康，丁耕芜．1984．海蜇横裂生殖的季节规律．水产学报，8（1）：55-68

董婧，孙明，赵云，等．2012．中国北部海域灾害水母沙蜇（Nemopilema nomurai）及其它钵水母繁殖生物学特征与形态比较．海洋与湖沼，43（3）：550-555

董婧，刘春洋，李文泉．2005．白色霞水母的形态与结构．水产科学，24（2）：22-23

杜萱，李志文．2013．中国海洋生物入侵应对现状及对策．环境保护，41（16）：50-51

高瑜，陈全震，曾江宁．2012．浙江省海洋外来生物入侵影响与控制策略研究．海洋开发与管理，29（5）：101-107

郝林华，石红旗，王能飞，等．2005．外来海洋生物的入侵现状及其生态危害．海洋科学进展，23（B12）：121-126

黄宗国，陈丽淑．2002．台湾省两个港湾污损生物初步研究．海洋学报，24（6）：92-98

李建生，凌建忠，程家骅，等．2009．2008年夏秋季东海区北部沙蜇资源状况分析．海洋渔业，31（4）：444-449

梁玉波，王斌．2001．中国外来海洋生物及其影响．生物多样性，9（4）：458-465

林更铭，杨清良．2018．中国外来海洋生物及其快速检测．北京：科学出版社：352

林学政，王能飞，陈靠山，等．2005．中国外来海洋生物种类及其生态影响．海洋科学进展，（B12）：110-116

刘艳，吴惠仙，薛俊增．2013．海洋外来物种入侵生态学研究．生物安全学报，22（1）：8-16

鲁男，刘春洋，郭平．1989．盐度对海蜇各发育阶段幼体的影响——兼论辽东湾海蜇资源锐减的原因．生态学报，9（4）：304-309

宋伦，毕相东．2015．渤海海洋生态灾害及应急处置．沈阳：辽宁科学技术出版社：278

孙明，董婧，付志璐，等．2012．光照度对海月水母螅状体存活和生长的影响．水产科学，31（4）：211-215

王彬，董婧，刘春洋，等．2010．夏初辽东湾海蜇放流区大型水母和主要浮游动物．渔业科学进展，31（5）：83-90

王蔚，张凯，汝少国．2003．米草生物入侵现状及防治技术研究进展．海洋科学，27（7）：38-42

吴敏兰，方志亮．2005．大米草与外来生物入侵．福建水产，（1）：56-59

新华社．2008-01-21．外来有害生物每年给中国造成直接损失超574亿元．中央政府门户网站．www.gov.cn [2020-08-21]

杨爱国，王清印，刘志鸿，等．2004．栉孔扇贝与虾夷扇贝杂交及子一代的遗传性状．海洋水产研究，（5）：22-28

杨圣云，吴荔生，陈明茹，等．2001．海洋动植物引种与海洋生态保护．台湾海峡，20（2）：259-265

杨文新，李太武，苏秀榕，等．2005．皱纹盘鲍杂交群体与自然种群遗传差异的研究．辽宁师范大学学报：自然科学版，（2）：15-21

杨秀娟，张树苗．2005．生物入侵对生物多样性的影响．林业调查规划，30（1）：36-38

张朝华．2012．澳大利亚防范应对海洋生物入侵突发事件的主要做法与经验借鉴．中国应急管理，（8）：50-54

赵淑江，朱爱意，张晓举．2005．中国的海洋外来物种及其管理．海洋开发与管理，（3）：58-66

Halisch W. 1933. Brobachtungen an Scyphopolypen. Zool Anz, 104: 206-304

Hamner W M, Jenssen R M. 1974. Growth, degrowth, and irreversible cell differentiation in Aurelia aurita. Am 2001, 14: 833-849

Ishii H, Shioi H. 2003. The effects of environmental light condition on strobilation in Aurelia aurita polyps. Sessile Organisms, 20(2): 51-54

Kawahara M, Uye S, Kohzoh O, et al. 2006. Unusual population explosion of the giant jellyfish Nemopilema nomurai (Scyphozoa: Rhizostomeae) in East Asian waters. Mar Ecol Prog Ser, 307: 161-173

Molinero J C, Ibanez F, Nival P, et al. 2005. North Atlantic climate and northwestern Mediterranean plankton variability. Limnol Oceanogr, 50(4): 1213-1220

第7章

海洋生态损害评估

随着经济全球化的快速发展，海洋环境遭到前所未有的破坏。海洋生态损害事件频发，不仅给海洋环境及海洋资源造成了严重危害，也给海洋渔业、旅游业等海洋产业带来了巨大的经济损失。为保护海洋生态，规范海洋生态损害评估工作，2013年国家海洋局制定了《海洋生态损害评估技术指南（试行）》。本章参考该技术指南，介绍海洋生态灾害的基本概念、生态损害的调查与评估方法。

7.1 海洋生态损害的基本概念及评估程序

7.1.1 生态损害的基本概念

1. 海洋生态环境损害

海洋生态环境损害是指直接或者间接地把物质或者能量引入海洋环境，产生的损害海洋生物资源、危害人体健康、妨害渔业和海上其他合法活动、损害海水使用素质和减损环境质量等有害影响。

2. 海洋生态损害事件

由于人类活动直接、间接改变海域自然条件或者向海域排入污染物质、能量，而造成的对海洋生态系统及其生物因子、非生物因子有害影响的事件。海洋生态损害事件主要包括溢油、危险品化学品泄漏、围填海、排污、海洋倾废以及海洋矿产资源开发等类型。

3. 海洋环境容量损失

要想理解海洋环境容量损失的概念，首先要了解海洋环境容量的内涵。海洋环境容量是指在充分利用海洋的自净能力和不对其造成污染损害的前提下，某一特定海域所能容纳的污染物的最大负荷量。它是根据海区的自然地理、地质过程、水文气象、水生生物及海水本身的理化性质等条件，进行科学分析计算后得出的。

海洋环境容量损失则是海洋生态损害事件所导致海域污染负荷的增加或海域原有纳污能力的下降。

7.1.2 生态损害的评估程序

海洋生态损害评估工作分为准备阶段、调查阶段、分析评估阶段和报告编制阶段。海洋生态损害评估工作程序见图7.1。

1. 准备阶段

搜集损害事件发生海域的背景资料，开展现场踏勘，分析生态损害事件的基本情况和生态损害特征，并开展以下工作：确定是否需要进行评估；确定生态损害评估的内容，初步筛选出主要生态损害评估因子、生态敏感目标，确定评估调查的范围、评估因子和评估方法，

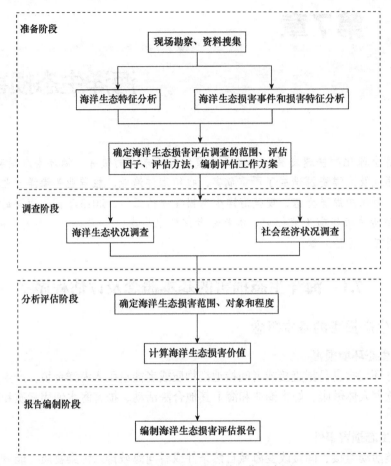

图7.1　海洋生态损害评估工作程序图

编制评估工作方案，明确下阶段生态损害评估工作的主要内容。

　　评估准备阶段需要搜集的资料主要包括：①海洋生态资料，如水文气象、海洋地形地貌、海水水质、沉积物环境质量、海洋生物与生态等背景资料；②海洋资源及其开发现状；③损害事件发生的地理位置、时间、损害方式；④污染物性质、数量和影响范围；⑤生态敏感目标分布情况，如海域利用方式、范围和面积、占用海岸线和滩涂情况；⑥损害事件发生后采取的措施和控制情况，以及有关部门和单位对生态损害事件已进行的调查取证资料；⑦其他与损害事件及评估工作相关的资料。对搜集的资料和图件，应注明资料来源和时间，使用的资料应经过筛选和甄别，监测与调查资料应来自具备相应资质的单位。

　　2．调查阶段

　　根据海洋生态损害评估工作方案，组织开展海洋生态状况调查和社会经济状况调查。

　　3．分析评估阶段

　　整理、分析受影响海域背景资料，分别筛选用于生态损害评估的水质、沉积物、生物等生态背景值，对比海洋生态损害事件发生前后各生态要素变化状况，确定损害事件的海洋生态损害范围、对象和程度，计算海洋生态损害价值。

　　4．报告编制阶段

　　编制海洋生态损害评估报告，同时应建立完整的相关事件档案以备追溯。

7.2　海洋生态损害对象及调查方法

7.2.1　损害对象

从海洋自然和社会属性来概括，海洋生态损害对象可划分为海水、海洋沉积物、潮间带、海洋生物及生态敏感区等，并与之对应了不同的损害类型。

1．水环境损害

海水是维系海洋生态系统的基本要素，几乎所有原生质必需的成分，都以适于浮游植物吸收的形式和浓度存在于海水中，适宜的水质理化环境是海洋生物生长、繁衍的基本条件，是鱼、虾、贝类产卵、索饵和育幼的场所。生态污染会破坏这些海洋生物生存环境，对它们特别是卵和幼体产生毒害作用。另外，对于一些制盐和盐化工基地，海水是它们生产的最基本原料，海水质量直接影响到其产品的品质。因此，海水污染物浓度一旦超过标准，可以判定水环境受到损害。

2．沉积物环境损害

沉积物是海域底栖生物重要的栖息场所。中国近海有丰富的生物资源，如对虾、泥螺、红螺、蛤蜊、扇贝和梭子蟹等，不仅能给人们提供大量的水产品，不少种类还是重要的饵料性生物。底栖生物是海洋生态系统的重要组成部分，这些丰富的生物资源对于维持海洋生态平衡、保持海洋生物多样性都有重要的意义。由于底栖生物基本上不做远距离迁移，一旦栖息环境受到污染，对其影响是长期持续的。因此，对于海洋沉积物中污染物含量的升高，一旦超过海洋沉积物污染标准，可以判定沉积物为主要污损对象之一。

3．潮间带环境损害

潮间带环境为海陆交汇之地，受海洋水动力与陆地气象、水文等动力的共同作用，潮间带的生态环境变化非常复杂，孕育了大量生命，是各种珍稀鸟类、底栖、水生浮游动物，以及碱蓬、红树林等耐盐植物的栖息地。一旦海洋或陆地污染抵达潮间带，如石油污染的自然消除需要数年甚至数十年时间，对其造成了污染，可以认定潮间带为损害对象。

4．海洋生物损害

海洋孕育了大量生命，受制于人类对海洋的认识，尚不足以探寻人类活动污染对深海海洋生物的损害，此处的海洋生物更多为海岸带生物，如贝类、鱼虾、植被等，其损害通常通过对比污染前后的物质分布种类和分布数量的变化。可困难的是，由于海洋污染的突发性，往往会缺乏污染前的生物丰度资料，导致生物损害的程度无法定量。

5．生态敏感区环境损害

《中华人民共和国海洋环境保护法》第二十三条规定："凡具有特殊地理条件、生态系统、生物与非生物资源及海洋开发利用特殊需要的区域，可以建立海洋特别保护区，采取有效的保护措施和科学的开发方式进行特殊管理。"生态敏感区是海洋环境保护的主要对象，其状况如何是衡量海域环境质量的重要标志，应根据不同的海域特点筛选出主要的生态敏感区加以评价损害程度。

7.2.2　调查方法

1．调查的基本要求

海洋生态损害调查应满足损害评估和海洋生态修复方案编制的要求，反映受影响海域生态损害程度，调查取得的数据、资料应做好详细记录。

2．海洋生态状况调查

海洋生态状况调查主要包括海洋水文、海洋气象、海水水质、沉积物、生物与生态等方面。选取的调查内容应满足损害评估和修复方案编制的要求，根据损害事件性质和海域的生态特征，重点进行生态损害的特征参数调查，同时搜集该海域前期的生态数据资料，并进行分析整理。

3．调查依据的国家标准

GB 3097—1997《海水水质标准》

GB/T 12763.1—2007《海洋调查规范　第1部分：总则》

GB/T 12763.2—2007《海洋调查规范　第2部分：海洋水文观测》

GB/T 12763.3—2007《海洋调查规范　第3部分：海洋气象观测》

GB/T 12763.4—2007《海洋调查规范　第4部分：海水化学要素调查》

GB/T 12763.6—2007《海洋调查规范　第6部分：海洋生物调查》

GB/T 12763.7—2007《海洋调查规范　第7部分：海洋调查资料交换》

GB/T 12763.9—2007《海洋调查规范　第9部分：海洋生态调查指南》

GB/T 12763.10—2007《海洋调查规范　第10部分：海底地形地貌调查》

GB 17378.1—2007《海洋监测规范　第1部分：总则》

GB 17378.2—2007《海洋监测规范　第2部分：数据处理与分析质量控制》

GB 17378.3—2007《海洋监测规范　第3部分：样品采集、贮存与运输》

GB 17378.4—2007《海洋监测规范　第4部分：海水分析》

GB 17378.5—2007《海洋监测规范　第5部分：沉积物分析》

GB 17378.6—2007《海洋监测规范　第6部分：生物体分析》

GB 18421—2001《海洋生物质量》

GB 18668—2002《海洋沉积物质量》

GB 18918—2016《城镇污水处理厂污染物排放标准》

GB/T 21678—2018《渔业污染事故经济损失计算方法》

GB/T 28058—2011《海洋生态资本评估技术导则》

HY/T 080—2005《滨海湿地生态监测技术规程》

HY/T 081—2005《红树林生态监测技术规程》

HY/T 082—2005《珊瑚礁生态监测技术规程》

HY/T 083—2005《海草床生态监测技术规程》

4．生态环境调查内容

（1）海洋水文：选择水温、盐度、海流、波浪、潮流、潮汐、水色、透明度等全部内容或部分内容，按GB/T 12763.2—2007的海水水文观测要求测量。

（2）海洋气象：选择气压、气温、降水、湿度、风速、风向等全部或部分内容，按GB/T 12763.3—2007的海水气象观测要求测量。

（3）海水水质：应选取生态损害事件有关的特征污染物和次生污染物，同时选取pH、悬浮物、Mn法测量的化学需氧量（COD_{Mn}）、溶解氧、营养盐［指无机氮、活性磷酸盐、总氮（TN）、总磷（TP）］、大肠菌群、粪大肠菌群、病原体等全部或部分内容，其中化学要素按GB/T 12763.4—2007和GB 17378.4—2007的要求测定，生物要素按GB 17378.6—2007的要求测定。若上述标准中没有规定的要素，可采取国内外成熟方法测定，并在调查报告中注明。

（4）海洋沉积物：应选取损害事件有关的特征污染物和次生污染物，同时选取总有机碳、氧化还原电位等全部或部分内容，按 GB 17378.5—2007 的要求测量。如果相关标准中没有规定的要素，可采取国内外成熟方法测定，并在调查报告中注明。

（5）海洋生物：叶绿素 a、初级生产力、微生物、浮游植物、浮游动物、大型底栖生物、潮间带生物、游泳生物及珍稀濒危生物和国家重点保护动植物等全部或部分内容，按 GB/T 12763.6—2007、GB 17378.6—2007 和 GB/T 12763.9—2007 的规定执行。

（6）海洋生物质量：应选取损害事件有关的特征污染物和次生污染物，以及其代谢产物，按 GB 17378.6—2007 的要求测定。如果相关标准中没有规定的要素，可采取国内外成熟方法测定，并在调查报告中注明。

（7）地形地貌：对于明显改变岸线和海底地形的，还应将水文动力和地形地貌作为调查内容，具体调查按 GB/T 12763.10—2007 中的规定执行。

（8）保护区：受影响海域涉及海洋生态敏感区的，还应增加以下相关内容进行调查。海洋保护区，主要包括保护区的级别、类型、面积、位置、主要保护对象等；典型海洋生态系统，主要包括滨海湿地、红树林、珊瑚礁、海草床等的位置、面积大小等，应分别按照 HY/T 080—2005、HY/T 081—2005、HY/T 082—2005、HY/T 083—2005 的有关要求执行；珍稀和濒危动植物及其栖息地，主要包括保护生物种类、数量及栖息地面积等，可采取调访等手段，并参照《海洋自然保护区监测技术规程》中的有关要求执行；海洋渔业资源产卵场、索饵场、育幼场、重要渔业水域，包括主要海洋渔业资源的种类、生物学特性等；海水增养殖区，主要包括位置、养殖种类、养殖面积、养殖数量等。

5．社会经济调查内容

调查海洋生态损害评估工作所需的社会经济资料，主要内容包括：受影响海域开发利用与经济活动的资料，具体可参照 GB/T 28058—2011 的有关调查方法；商品化的海洋生物资源的市场价格；受影响海域生态建设、生态修复工程建设投资费用；受影响海域环境基础设施建设工程的规划方案与投资费用。

7.3　海洋生态损害评估方法

7.3.1　损害范围与程度确定

1．背景值选取原则

背景值应选择损害事件所在海域或具有代表性的邻近海域近三年内的监测资料，对于海洋生物生态背景值，还应选择与损害事件发生同一季节的本底数据；已有监测资料满足不了评估要求的，可采用受影响范围邻近海域实际监测的资料作为背景值。

2．海水水质损害

分析损害事件前后的水质状况及对水质产生的影响，计算特征污染物不同的污染程度，确定超出 GB 3097—1997 中各类海水水质标准值及背景值的海域范围和面积，绘制浓度分布图。

3．海洋沉积物损害

分析损害事件发生前后的沉积物的质量状况，计算特征污染物不同的污染程度，确定超出 GB 18668—2002 中各类海洋沉积物质量标准值及背景值的海域范围和面积。

4．海洋生物损害

比较事件前后海洋生物种类、数量、密度与质量的变化，直接确定急性与慢性生物损害的程度与范围，确定超出 GB 18421—2001 的海洋生物质量标准值及背景值的海域范围和面积。根据事件引起的污染物在水体和沉积环境中的分布监测结果，结合污染物对特定生境海洋生物的毒性，间接推算事件对海洋生物种类损害的程度与范围。根据直接调查与间接推算结果，综合分析事件的海洋生物损害程度与范围。

5．水动力和冲淤损害

对于明显改变岸线和海底地形的损害事件，还应分析造成的水动力和冲淤环境变化，以及对海洋环境容量、沉积物性质及生态群落的损害情况。受损程度确定可采取现场调查和遥感调查等方法。

6．生态系统损害程度的综合评估结论

综合比较事件发生前后海洋生态系统及主要生态因子的变化，阐明主要生境类型及物种的受损程度，明确损害事件对海洋保护区、典型海洋生态系统、珍稀和濒危动植物及其栖息地、海洋渔业水域等生态敏感区的损害评估结论。

7.3.2 海洋生态损害价值计算

1．海洋生态损害价值计算的原则

海洋生态损害价值采用基于生态修复措施的费用进行计算，即将海洋生态系统恢复到基线水平所需的费用作为首要和首选的海洋生态损害价值计算的方法。同时，还应包括海洋生态损害发生至恢复到基线水平的时间内（即恢复期）的损失费用。对于无法修复的情形，则通过替代工程的费用来计算海洋生态损害的价值损失。

海洋生态损害价值计算包括：①清除污染和减轻损害等预防措施费用；②海洋生物资源和海洋环境容量等恢复期的损失费用；③海洋生态修复费用；④监测、试验、评估等其他合理费用。

2．清除污染和减轻损害的费用

清除污染和减轻损害的预防措施所产生的费用，主要包括应急处理费用和污染清理费用：①应急处理费用主要包括应急监测费用、检测费用、应急处理设备和物品使用费用、应急人员费用等，污染清理费用包括污染清理设备的使用费用、污染清理物资的费用、污染清理人员费用、污染物的运输与处理费用等；②清除污染和减轻损害的费用根据国家和地方有关标准或实际发生的费用进行计算。

3．海洋环境容量和海洋生态资源恢复期损失计算

1）海洋环境容量的损失价值计算　　海洋环境容量的损失量计算，应采取数值模拟或其他成熟方法，计算因污染物排放或海域水体交换、生化降解等自净能力变化等导致的海洋环境容量的损失，并采用调查或最近监测的实测数据予以验证。

对于非直接向海域排放污染物质的生态损害事件，计算海域水动力、地形地貌等自然条件改变而导致的海域 COD、TN、TP 及原有特征污染物负荷能力下降的量。

对于直接或间接向海域排放污染物质生态损害事件，计算污染物入海增加的海域环境污染负荷量；当受污染海域面积小于 3km^2 时，可根据现场监测的污染带分布情况，按照下式进行计算：

$$Q_i = V(C_s - C_i) \times 10^{-6} + VK(C_s - C_i) \times T \times 10^{-6} \tag{7.1}$$

式中，Q_i 为第 i 类污染物环境容量损失量，t；V 为受影响海域的水体体积，m^3；K 为受影响海域的水交换率，天$^{-1}$；C_s 为损害事件发生后受影响海域第 i 类污染物的浓度，mg/L；C_i 为受影响海域第 i 类污染物的背景浓度，mg/L；T 为自损害发生起至调查监测时的期限，天。

2）环境容量损失的价值计算　环境容量损失的价值计算可以采用当地政府公布的水污染物排放指标有偿使用的计费标准或排污交易市场交易价格计算。对于非直接向海域排放污染物质的生态损害事件导致的海洋环境容量损失，按照当地城镇污水处理厂的综合污水处理成本计算。对于污染导致的生态损害事件，按照污水处理厂处理同类污染物的成本计算。所选择用于成本类比的污水处理厂的处理工艺，应能满足 GB 18918—2016 的出水水质控制要求。事件海域处于海洋保护区或其他禁排、限排区的，至少应满足一级标准的 A 标准的基本要求。

3）海洋生物资源的恢复期损失价值量计算　海洋生物资源的恢复期损失价值量，参照 GB/T 21678—2018 中"天然渔业资源"损失的计算方法进行。

4. 海洋生态修复方案编制及修复费用计算

1）海洋生态修复目标　海洋生态修复应将受损区域的海洋生态修复到受损前原有或与原来相近的结构和功能状态，无法原地修复的，采取替代性的措施进行修复；根据损害程度和该区域的海洋生态特征，制订修复的总体目标及阶段目标。

2）海洋生态修复方案　针对海洋生态修复目标，制订海洋生态修复方案，要求技术上可行，能够促进受损海洋生态的有效恢复，修复的效果要能够验证，海洋生态修复方案应包括：生态修复的对象、目标、内容、方法、工程量、投资估算、效益分析等。

3）修复费用计算　海洋生态修复的费用测算，按照国家工程投资估算的规定列出，包括工程费、设备及所需补充生物物种等材料购置费用、替代工程建设所需的土地（海域）购置费用和工程建设其他费用等部分，采用概算定额法或类比工程预算法编制，计算公式为

$$F = F_G + F_S + F_T + F_Q \tag{7.2}$$

式中，F 为海洋生态修复总费用，万元；F_G 为工程费用（水体、沉积物等生境重建所需的直接工程费），万元；F_S 为设备及所需补充生物物种等材料购置费用，万元；F_T 为替代工程建设所需的土地（海域）的购置费用，万元；F_Q 为其他修复费用（包括调查、制订工程方案、跟踪监测等费用），万元。

5. 其他费用

为开展海洋生态损害评估而支出的监测、试验、评估等相关合理费用，根据国家和地方有关监测、评估服务收费标准或实际发生的费用进行计算。

思　考　题

1. 简述生态损害的类型。
2. 简述生态损害评估程序。
3. 简述生态损害价值计算方法。

参 考 文 献

国家海洋局. 2013. 海洋生态损害评估技术指南（试行）. http://f.mnr.gov.cn/201806/t20180629_1964103.html [2020-8-21]

第8章

沙质海岸生态修复

沙质海岸是人类最早开发的海岸类型之一，也是最早进行修复的海岸类型。有文献记载的最早的沙质海岸修复是美国纽约1922年康尼岛的海滩修复（Dornhelm，2003），此后海滩修复逐渐在世界范围内得到推广。多数海滩修复的主要目的是为游人提供亲水的场所，发展滨海旅游业。海滩修复的另一个重要目的是阻止岸线继续蚀退，以保护岸线后方的房屋、道路等人工建筑物。随着社会经济的发展，各国的沙质海岸修复工程除围绕传统的修复目的之外，同时也开始逐渐注重海滩修复工程的生态性，尽量降低对原本生态系统的扰动，通过人工鱼礁等生态措施进一步改善人工海滩的动植物栖息环境，并开展人工海滩的后续生态特征调研。

沙质海岸的修复是海岸工程领域的经典问题，在百年来的海滩修复中，海岸工程师和学者与出现的各种工程和科学问题斗智斗勇，形成了一套沙质海岸修复的科学理论和方法体系，并在不断完善中。本章围绕沙质海岸生态修复这一主题，讲解了沙质海岸泥沙输运和岸滩演变的基本原理、沙质海岸侵蚀与修复的概念、发展历程、分类及常用工程方法，最后结合几个典型工程案例分析了人工养滩的方案设计与工程收益。

8.1 沙质海岸输沙及演变基本理论

泥沙运动是影响沙质海岸生态修复工程效果及工程寿命的重要因素，沙质海岸的泥沙运动是一个非常复杂的过程，会受到波浪、潮汐、岸线地形、泥沙粒径和级配等一系列因素的影响。在工程中，为了便于计算，将沙质海岸的泥沙运动分为沿岸输沙和向岸—离岸输沙两个方向的过程。本节首先分别介绍了沿岸输沙和向岸—离岸输沙理论，然后介绍了这两种输沙理论对应的两个特例——静态平衡岬湾理论和海滩平衡剖面理论。

本节介绍的重点为沿岸输沙和向岸—离岸输沙的成因、规律和在沙质海岸演变中扮演的角色，以及对应的两个特例的计算和使用方法；对于具体输沙机制及输沙过程的推导则未予介绍。一言以蔽之，侧重点在介绍直接可用的、服务于沙质海岸生态修复的结论。

8.1.1 沿岸输沙

沿岸输沙（alongshore transport）即沿着岸线方向的输沙，世界上70%以上的沙质海岸侵蚀是沿岸输沙造成的。直观地理解，即大多数的海岸侵蚀，并不是因为所谓的"泥沙被冲到海里去了"，而是"泥沙沿着海岸流失掉了"。这里的海岸侵蚀指的是长时间尺度的岸线后退，虽然短期的风暴天气会造成显著的离岸输沙继而造成岸线后退，但这种情况下离岸输移的泥沙，多数会在常规波浪动力的向岸输运作用下重新回到海岸，从长时间尺度来看对于岸线位置影响不大。

当波浪斜向入射海滩时，会以两种机制（沿岸流输沙和冲流带输沙）产生沿岸输沙，其方向均指波浪传播方向在岸线上的投影指向的方向，如图8.1所示。波生沿岸流由沿岸方向的辐射应力梯度产生，其产生的原因在于同一波峰线上的波浪在不同时刻破碎（邹志利，2011）。波生沿岸流在破波带内流速达到最大，带动被波浪搅动的泥沙发生沿岸输移，称为沿岸流输沙。冲流带（swash zone）是指海面静水位附近，在一个波周期内被上冲流和回落流往复冲刷，经历反复淹没和出露的海滩区域。冲流带的上冲流和回落流会产生很大的瞬时输沙率，虽然产生的向岸和离岸输沙相互抵消，但当波浪斜向入射时，冲流过程（上冲流和回落流）会产生不可忽略的沿岸输沙（Puleo et al.，2000）。

图8.1　沿岸输沙示意图

8.1.2　向岸—离岸输沙

向岸—离岸输沙（cross-shore transport）是指垂直于岸线方向的输沙。虽然多数海岸侵蚀是由沿岸输沙造成的，但向岸—离岸输沙在海岸动力过程中同样发挥了至关重要的作用。一方面，中、短时间尺度的岸滩地貌演变是海岸动力地貌的重要组成部分，如结节性的海滩剖面变化、风暴潮引起的海滩短期侵蚀等。另一方面，也有少部分海滩的侵蚀是由向岸—离岸输沙主导的。例如，法国地中海沿岸的尼斯海滩，由于近海坡度较大，泥沙离岸流失严重，当地为了维持滨海旅游行业，对海滩实施了定期的人工养滩来补偿泥沙流失。

沙质海岸的向岸—离岸输沙的机制和规律与沿岸输沙相比更为复杂，其主要驱动力仍为波浪。波浪向近岸传播过程中发生一系列浅水变形，导致波浪非线性特征显著，使波浪产生速度偏度（velocity skewness）和加速度偏度（acceleration skewness）等特征，并会因为近岸波浪增水产生平衡性的回流（return flow）。学者对于向岸—离岸输沙的机制目前的认识还有待完善，海滩剖面内的泥沙输运计算常出现较大误差；但总的来说，通常认为向岸—离岸输沙是在波浪的速度偏度、加速度偏度、回流、海堤坡度、滩面渗流等众多因素的综合影响下形成的。

对于向岸—离岸输沙的方向，通常认为在常规波浪作用下会形成缓慢的向岸输沙，而风暴天气造成的大浪则会在短时间内形成强烈的离岸输沙。海滩剖面的形状则会在常规波浪和风暴天气的作用下形成动态平衡，即在所谓的常浪剖面和风暴剖面之间来回转化。

8.1.3　静态平衡岬湾理论

静态平衡岬湾是沙质海岸的沿岸输沙造成的一种特殊地貌。岬湾（headland-bay）海岸是指位于岬头对常浪向掩蔽区内的海岸。岬湾主要由波浪的折射、绕射和在波影区的反射引起的沿岸输沙形成。岬湾海岸广泛存在于沙质海岸，大部分岬湾海岸发育成一个不对称的弧形，包括弯曲的波影区、轻微弯曲的过渡区和下游的平直岸线，如图8.2所示。

彩图

图8.2　典型岬湾海岸（Worbarrow湾，英国）

　　根据海岸的平衡性，岬湾海岸可以分为静态平衡海岸、动态平衡海岸和不稳定海岸三种（Silvester and Hsu，1993）。当岬湾的主要破浪破碎带基本平行于海岸时，沿岸输沙停止，形成静态平衡海岸。此时岸线稳定，无长期的岸线的侵蚀和淤积趋势（风暴潮仍可能造成短期侵蚀）。动态平衡海岸则是由泥沙的收支平衡造就的，当附近海域或河流向岬湾输送的泥沙量减少时，原本动态平衡的海岸会开始蚀退，蚀退的极限状态就是静态平衡状态所限定的岸线。不稳定海岸通常是海岸上的新增结构物引起的，此时的岸线正由一个平衡态向另一个平衡态演变。静态平衡状态下的岬湾海岸是自然地貌演变中最稳定的海岸形态，因此，构建静态平衡岬湾可以作为抵御海岸侵蚀和海岸促淤的一个有效手段。

　　海滩研究人员通过对大量原型海湾进行观测归纳，提出了一系列的形态模型来模拟静态平衡海湾的平面形态。这些形态模型都只考虑了岬湾的几何形状而不牵涉任何水动力要素，认为最终的岸线形状只与岬头位置和下游平直段岸线位置有关。这类模型称为静态平衡岬湾形态模型，优点是简单实用，能够呈现岸线的最终形态，可以作为工程平面设计的参考依据；缺点是考虑的因素较为单一，无法呈现岸线演变过程。

　　静态平衡岬湾形态模型包括幂函数模型、抛物线模型、对数螺线模型、双曲螺线模型、湾深模型等（Wang et al.，2008），这些模型大同小异，均根据岬头末端和下游平直段岸线的相对位置计算岬湾形状。这里介绍一种应用得较为广泛的抛物线模型（Hsu and Evans，1989），函数形式如下：

$$\frac{R}{R_0}=C_0+C_1\left(\frac{\beta_0}{\beta}\right)+C_2\left(\frac{\beta_0}{\beta}\right)^2 \tag{8.1}$$

式中，R 为岬湾内任一点至岬头末端的距离；β 为岬湾内任一点至岬头末端连线与下游平直段岸线的夹角；R_0 为下游控制点至岬头末端的距离；β_0 为下游控制点至岬头末端连线与下游平直段岸线的夹角；R、β、R_0、β_0 的定义见图8.3，注意下游控制点的位置取在下游平直段岸线即可，其位置在下游平直段岸线移动并不影响岬湾形状的计算结果；C_0、C_1 和 C_2 为与 β_0 有关的经验参数，可查图8.4得到。

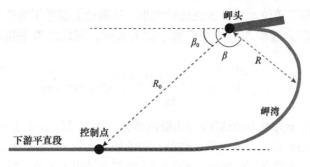

图8.3 抛物线模型的控制参数定义

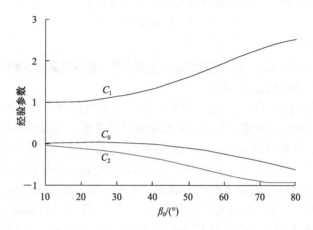

图8.4 经验参数C_0、C_1和C_2取值（Hsu and Evans，1989）

8.1.4 海滩平衡剖面和布容法则

海滩平衡剖面是指向岸—离岸输沙作用下海滩剖面形成的最终形态，由于自然界的泥沙粒径、波浪条件均在随时变化，海滩平衡剖面形态并不真的存在于自然界中，但可认为它是某海滩在常规波浪动力作用下的最终形态。要注意的是，这里的海滩平衡剖面和8.1.2小节提到的"动态平衡"并不是一回事。这里的海滩平衡剖面未考虑风暴条件，指的是常规动力条件下所形成的剖面平衡形态。

海滩平衡剖面最早由Bruun（1954）基于美国加利福尼亚州Monterey湾的大量海滩剖面实测数据分析提出。最早的剖面形式是一个很简单的经验关系：

$$h(x)=Ax^m \tag{8.2}$$

式中，h为水深；x为剖面中任一点至剖面起点（即水深为0处的位置）的距离；m为经验参数，值取2/3；A为经验参数，与沙质海岸的中值粒径（D_{50}）有关，可以通过下述经验关系计算（Moore，1982）：

$$A=\begin{cases} 0.41(D_{50})^{0.94} & D_{50}<0.4\text{mm} \\ 0.23(D_{50})^{0.32} & 0.4\text{mm} \leqslant D_{50}<10\text{mm} \\ 0.23(D_{50})^{0.28} & 10\text{mm} \leqslant D_{50}<40\text{mm} \\ 0.46(D_{50})^{0.11} & D_{50} \geqslant 40\text{mm} \end{cases} \tag{8.3}$$

Dean（1977）基于单位水体耗散波能的大小，从理论上推导了海滩平衡剖面的表达式，对海滩平衡剖面的理论进步和应用推广做了很大贡献，因此海滩平衡剖面也被称为Dean剖面。

$$h(x) = \left[\frac{24\varepsilon(D_{50})}{5\rho g^{3/2}\gamma^2}\right]^{2/3} x^m = Ax^m \tag{8.4}$$

式中，ρ为水的密度；g为重力加速度；γ为破波指标，通常可以取0.78；ε为单位水体消耗波能耗散量，是中值粒径（D_{50}）的函数，中值粒径的增大会使ε数值增大，进而使海滩坡度变得更为陡峭。ε数值的计算也比较复杂，式（8.4）难以直接用于工程计算。为此，Dean（1987）提出了一个简单的经验公式，根据泥沙沉速来计算A的大小：

$$A = 0.067\omega^{0.44} \tag{8.5}$$

式中，ω为泥沙沉速。

海滩平衡剖面是沙质海岸修复中剖面设计的重要参考。在设计具体方案时，可采用式（8.2）、式（8.3）和式（8.5）进行剖面的设计。

由式（8.2）、式（8.3）和式（8.5）可知，海滩平衡剖面的形状只和当地的泥沙粒径及剖面起点（即水深为0处的位置）相关。那么由此可以考虑，当海平面上升，剖面起点位置移动时，剖面形状会有何种变化呢？Bruun（1962）思考了这个问题并给出了答案：随着海平面的上升，剖面起点位置上移；而根据海滩平衡剖面理论，如果该海滩的泥沙粒径保持不变，该处海滩剖面会保持其海滩平衡剖面的形状不变，那么如图8.5所示，为了保持海滩剖面符合海滩平衡剖面的形状，海岸泥沙会被输运至近海，岸线后退加剧。也就是说，在海平面上升的背景下，除水位上升直接造成海岸淹没和岸线后退外，还会有额外的岸线侵蚀后退，这个原理称作布容法则（Bruun rule）。

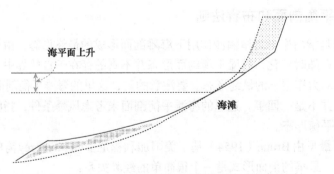

图8.5　海平面上升对海滩剖面形状的影响（布容法则）

8.2　人工养滩的概念及发展历程

沙质海岸修复通常被称作人工养滩（beach nourishment），又称海滩养护、海滩喂养。本节介绍了沙质海岸侵蚀和人工养滩的概念，并简述了人工养滩的收益及发展历程。

8.2.1　沙质海岸侵蚀与生态修复

沙质海岸侵蚀（beach erosion）是指在海岸水动力的作用下，海洋泥沙支出大于输入，沉积物净损失的过程。伴随着世纪性的全球海面上升和人类活动的加强，世界范围内大约70%的沙质海岸遭受了侵蚀（Bird，1985）。沙质海岸给滨海旅游、沿岸建筑和海岸生态带来了一系列不利影响，如降低旅游海滩质量、威胁沿岸建筑安全和滨海湿地安全等。图8.6给出了沙质海岸侵蚀灾害的一些典型案例。如图8.6所示，沙质海岸侵蚀会给海岸地区带来一系列灾害性后果，如潮水直接冲击岸边建筑物、造成海岸建筑物的基础被破坏、形成侵蚀陡坎破坏海岸植物群落等。

图8.6　沙质海岸侵蚀灾害

（a）潮水直接冲击岸边房屋（中国北戴河海岸）；（b）海岸景观建筑基础出露（中国北戴河海岸）；

（c）房屋基础被掏空（美国佛罗里达海岸）；（d）侵蚀陡坎和植物根系出露（美国佛罗里达海岸）

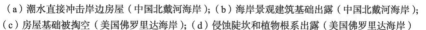

彩图

　　20世纪中叶之前，人们通常通过构筑海堤、丁坝等海岸构筑物来抵御沙质海岸侵蚀。然而这些硬体工程的修建会引起泥沙向岸—离岸运动失衡，泥沙离岸输运增强，长期来看反而加重了沙质海岸的侵蚀程度。人工养滩是指通过人工的方式，在沙丘、滩肩或近海进行补沙，以拓展海滩宽度、防止岸滩侵蚀的工程措施。人工养护后的海滩可以称为人工海滩（无论原本有无天然海滩存在）。广义的人工养滩工程除人工补沙外，还包括搭配的海岸建筑物，如人工岬头、离岸（潜）堤等，用以防止或减缓人工补沙的流失。人工养滩所需补沙的材料通常为沙（称为客沙），来源可以包括河沙、疏浚泥沙、深海取沙或来自其他海滩的优质沙源。近年来也有的以砾石养滩，在风暴季节通过砾石护滩，风暴季节过后在水动力作用下产生的上覆沙层可作为旅游海滩。Dean（2002）总结了各国多年的沙质海岸工程修复实践，指出人工养滩是环境友好的有效保护海滩的方法，并能带来一系列生态效益。目前，人工养滩在世界各国均已经成为沙质海岸生态修复的主流手段。

8.2.2　人工养滩的收益及发展历程

　　世界范围内，有记录的人工养滩工程始于1922年美国纽约康尼岛的人工养滩工程

（Dornhelm，2003），该工程于1922年8月至1923年5月完工，工程包括$1.3 \times 10^6 m^3$的补沙和16座突堤的修建，将岸线向海推进了约100m。此后一个世纪的时间里，由于人工养滩在护滩效果、生态性和性价比上的优势，人工养滩逐渐成为人们应对沙质海岸侵蚀的常规手段，很多海滩开展定期人工养滩以维持一定的海滩宽度。人工养滩所带来的巨大经济和社会效益是其得以成为常规护滩手段的重要保证。以1922年康尼岛的人工养滩工程为例，当时整个养滩工程的总花销为400万美元，但仅在工程完工后1年内纽约市政府的税收增量即已超过这一数值（Dornhelm，2003）。

除旅游收益的直接来源外，对风暴期间海岸建筑破坏导致的经济损失的降低也是人工养滩的一项重要经济收益。Dean（2002）提供了一个人工养滩的防灾收益和直接经济收益的案例，如图8.7所示。图8.7中防灾收益价值比表示人工养滩带来的经济损失的降低量（主要指风暴潮期间）和沿海建筑物的价值之比，这里推算的假定前提是每次风暴潮发生后沿岸的建筑会被完全修复到破坏之前的价值。由于人工养滩的填沙会在自然的海岸动力下向毗邻岸段移动，加上滨海旅游业事实上是带动整个周边地区的发展，可以看到人工养滩的防灾和旅游收益不仅集中在养滩岸段，其毗邻岸段的经济收益甚至已经超过了养滩岸段的经济收益；另一个特点是收益周期较长，能够达到几十年之久。图8.7仅提供了一个人工养滩经济收益的案例分析，用以反映人工养滩经济收益的特点；在具体案例中，人工养滩的经济收益分析需要结合工程规模、工程方案、当地海岸动力特征、当地经济状况和产业构成等因素来进行综合分析。

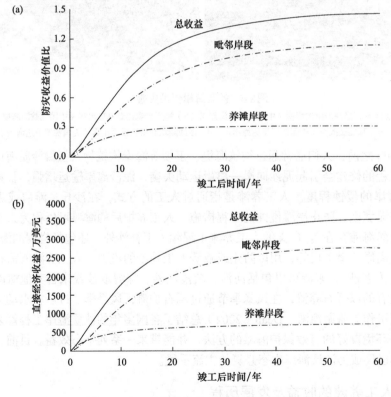

图8.7 人工养滩经济收益案例（Dean，2002）

（a）防灾收益价值比；（b）直接经济收益

　　人工养滩所营造的更为宽阔的海滩能够为海洋生物提供更理想的栖息场所，发挥生态效应。人工养滩对海洋生态的影响可以分为短期影响和长期影响。短期内，人工养滩工程的施工会无可避免地影响到海域的生物，造成生物量的减少；但长期来看，其发挥的生态效应无疑是正面的。例如，美国佛罗里达州开展了数项针对海龟巢穴的跟踪研究，发现人工养滩工程结束后次年海龟巢穴数量会有所下降，但在工程结束后10年内海龟巢穴数量呈总体上升趋势，上升量最大接近工程前的2倍之多（Dean，2002）。

　　中国的人工养滩相比国外起步很晚，但发展迅速。中国人工养滩工程的发展大致可以分为起步阶段、专业化阶段、蓬勃发展阶段和常规化阶段4个阶段。中国有文献记载的人工养滩工程起步于20世纪70年代，青岛、茂名等地开展了几起人工养滩工程，这些工程通常规模较小，未进行专业的设计和论证。20世纪90年代以后，中国人工养滩工程逐渐专业化，较大规模工程上马，出现了一些设计和施工较为规范的人工养滩工程，以1990年香港的浅水湾、1994年大连的星海湾和2004年台湾的安平港修复工程为代表。2005年以后，随着社会经济的发展，中国的人工养滩工程迎来了发展较为迅速的时期，以北戴河西海滩、厦门香山至长尾礁沙滩、三亚鹿回头湾、上海金山城市沙滩等为代表的多项人工养滩工程付诸实施。2016年中国国家海洋局和财政部发起"蓝色海湾"整治行动，在全国范围内掀起了人工养滩工程和滨海生态修复的热潮，大量受到侵蚀破坏的沙质海岸得到修复。图8.8给出了中国人工养滩发展历程。发展至今，人工养滩在中国也已经基本成为沙质海岸保护与修复的常规手段。

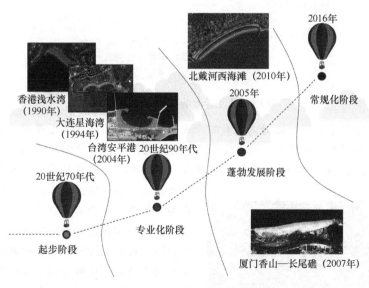

图8.8　中国人工养滩发展历程

8.3　人工养滩分类及工程方法

　　人工养滩工程可以根据补沙位置分成不同的类型，每种类型的人工养滩有不同的特征和适用范围。人工养滩的补沙通常通过吹填和海岸整平的方式进行，除直接补沙外，也有其他的一些配套工程措施可以使用，如离岸堤和人工岬头的修建、旁路输砂、砾石养滩等。本节讲解了人工养滩的主要分类，并概述了人工养滩可用的工程方法。

8.3.1　人工养滩分类

人工养滩根据补沙位置的不同可以分为沙丘补沙（dune nourishment）、滩肩补沙（berm nourishment）和近岸补沙（shoreface nourishment），如图8.9所示。沙丘补沙是在位于海滩后方的沙丘进行补沙，一般主要出于抵御风暴潮和保护后方海岸建筑的目的；滩肩补沙是直接拓宽海滩的宽度，一般用于旅游海滩的修复和保护，兼顾保护后方海岸建筑；近岸补沙将泥沙堆填于近海，形成人工水下沙坝，起到削减波浪、保护海滩和作为沙源缓慢养护海滩的作用。相对来讲，滩肩补沙的效果最为直接，因其直接增加了海滩宽度；近岸补沙的效果最为间接，且其泥沙有时需数年时间才能影响到海岸，但因其造价相对较低（省去了海滩整平环节，且有时客沙来自附近港口的疏浚）、环境扰动小，在沙质海岸修复工程中日益受到重视。

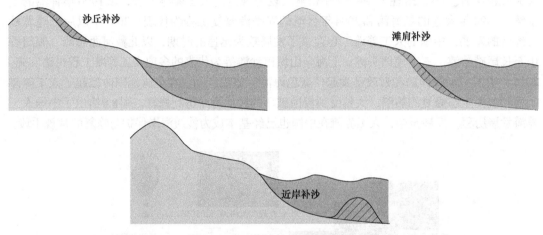

图8.9　人工养滩的不同补沙位置

人工养滩按照海岸类型可以分为长直海岸人工养滩、岬湾海岸人工养滩、淤泥质海岸人工养滩、珊瑚礁海岸人工养滩等。长直海岸人工养滩可搭配一些突堤和离岸（潜）堤来留住填沙，往往需要定期的后续补沙来维持海滩宽度；美国东海岸很多养滩工程属于此类型。岬湾海岸人工养滩借助原本的岬湾地形，有时也在原有岬头基础上构建新的人工岬头，依据静态平衡岬湾理论设计岸线形状，最大限度地降低养滩工程的后续补沙需求；欧洲和日本的很多养滩工程采用这种方式。淤泥质海岸人工养滩实事上是在原本无海滩的海岸进行海滩再造，需要做到高含沙量海水的阻隔和沙滩的再造，并在运营过程中防止海滩的泥化，而海滩泥化也是淤泥质海岸人工养滩亟待解决的工程问题之一；较大型的淤泥质海岸人工养滩常采用修建全封闭式围堰对高含沙水体进行阻隔，如上海金山城市沙滩（图8.10）和天津东疆海滨浴场等，但这种做法同样阻隔了来自外海

图8.10　上海金山城市沙滩（冯智泉等，2020）

彩图

的波浪，降低了旅游海滩的自然性，且由于对水交换的阻隔，需要对水质问题采取额外的净化措施；一些小型的淤泥质海岸人工养滩也会采用长突堤来构建深岬湾，或在天然深岬湾中直接进行滩肩补沙来构建沙滩，这种情况下湾内动力条件较弱，可以很大程度上减弱海滩泥化问题。珊瑚礁海岸人工养滩需要在补沙前先移除工程区域的珊瑚礁，会对工程区域的生态环境造成破坏，世界范围内仅有个别的工程案例，目前已不多见。

8.3.2　人工养滩的工程方法

设计人工养滩工程时应考虑沿岸输沙、向岸—离岸输沙、客沙来源、环境效应等因素，在实施后也通常进行后续的岸滩剖面和环境监测，作为对工程进行后效评估和后续补沙的依据。人工养滩工程有一定的工程寿命，即养护后海滩能够保持既定海滩功能的期限，硬体工程（如人工岬头、离岸堤等）能够提高人工养滩的工程寿命，但一般不能完全防止填沙的流失，通常采用定期后续补沙的方法来保证海滩功能。

1．离岸堤

离岸堤（detached breakwater）是指位于近海且不与海岸线相连的堤防，用于保护其后方的海滩免受海岸动力的侵蚀。离岸堤的布置方向通常大致平行于海岸线，有时略向主要来浪方向倾斜。离岸堤的平面延伸形状一般为直线，少数案例会设计成"V"形。离岸堤的建筑材料通常为堆石堤，近年来也有一些案例采用预制的混凝土框架，使得离岸堤在保护海滩的同时起到鱼礁的作用，发挥生态效应。离岸堤的长度通常为几十到几百米的量级，如果需要保护的海滩长度较长，通常采用间断分布的离岸堤群进行保护，而避免采用过长的离岸堤以防止对水体交换产生影响。

离岸堤能够阻挡入射到其后方的波浪，在其两端引起波浪的绕射，这两种作用使得其后方产生从两侧到中间的沿岸输沙，起到促淤和保护其后方海滩的作用。离岸堤后方一般会形成宽度较大的向海凸出的海滩，称为岸线凸起（salient）；某些情况下海滩宽度持续增长直至与离岸堤接触，形成陆连岛（tombolo），如图8.11所示。离岸堤相对于主要波浪来向的后方（即其保护区域）称为掩蔽区。

离岸堤能起到理想的保滩促淤的作用，很大程度上延长人工养滩工程的使用寿命，减少后续补沙的次数，其缺点是在一定程度上破坏了海滩的景观。在欧洲、日本等地，离岸堤被广泛应用于人工养滩工程中，在美国离岸堤的应用相对较少。在中国台湾、秦皇岛等地的人工养滩工程中，离岸堤被应用得也较多。

2．离岸潜堤

离岸潜堤（submerged breakwater）是离岸堤的一种，指堤顶高程低于当地平均海平面的离岸堤。潜堤通常布置在距岸线几十到几百米处，其延伸方向大

彩图

图8.11　离岸堤及其后方岸线响应（英国东安格利亚海岸，Wang and Reeve，2010）

致平行于岸线。潜堤相对于常规的出水离岸堤有明显的优缺点。其优点在于其对海滩景观无影响，对当地水体交换的影响也较小；缺点在于牺牲了一部分海滩保护效果。随着潜堤堤顶高程的下降，其对海滩的保护效果随之降低。

离岸潜堤最主要的设计参数为波浪透射系数，即波浪入射前、后波高的比值，其数值影响到其对掩蔽区的保护效果。显然，波浪透射系数越小，离岸潜堤对岸滩的保护效果越好，但更易在低潮位时露出水面，对水交换的阻碍也更大，因此离岸潜堤的透射系数需综合考虑护滩、景观、水交换等多种因素进行设计。离岸潜堤的堤顶高程、堤顶宽度、两侧坡度、潜堤透水性等参数均会影响波浪透射系数的数值，有很多经验公式可以计算离岸潜堤的波浪透射系数，下面以 d'Angremond 等（1996）提出的公式为例：

$$K_t = -0.4\frac{R_b}{H_s} + k_b(1-e^{-0.5\xi})\left(\frac{B}{H_s}\right)^{-0.31} \tag{8.6}$$

式中，K_t 为离岸潜堤的波浪透射系数；R_b 为离岸潜堤的出水高度（若堤顶不出水则为负值）；H_s 为入射有效波高；k_b 为参数，透水结构取 0.64，不透水结构取 0.8；e 为自然常数；B 为离岸潜堤堤顶宽度；ξ 为伊里瓦伦（Iribarren）数，可以用下式计算：

$$\xi = \frac{\tan\alpha}{\sqrt{\dfrac{H_s}{L_0}}} \tag{8.7}$$

式中，α 为离岸潜堤的向海坡坡度；L_0 为深水波长。式（8.6）的适用范围为梯形断面离岸潜堤，且 $0.075 < K_t < 0.8$。

有时候，离岸潜堤也会采取人工鱼礁的形式，在耗散波浪的同时起到为鱼类等海洋生物提供栖息地的效果，发挥生态效应。图 8.12 给出了一个预制混凝土框架人工鱼礁的例子，该人工鱼礁被用于中国北戴河的人工养滩工程中，采用预制混凝土框架来构建离岸潜堤，不仅施工方便，而且能够在保护海滩的同时为鱼类等海洋生物提供优良的栖息地，发挥良好的生态效应。

彩图

图 8.12　预制混凝土框架人工鱼礁的布设

3．人工水下沙坝

人工水下沙坝（submerged berm）和 8.3.1 小节中讲到的近岸补沙为同义词，是指通过人工方式在近岸堆填平行于岸线的沙坝，以起到削减波浪和给海滩缓慢供沙的效果。相比常规的人工养滩，即所谓的滩肩补沙，人工水下沙坝对于海滩的影响是间接的，且具时间滞后性，但因其环境扰动小、造价相对较低（省去了海滩整平环节，且有时客沙来自附近港口的疏浚），在沙质海岸修复工程中日益受到重视。

人工水下沙坝对海滩的作用包括削减波浪、缓慢补沙，或二者兼而有之。人工水下沙坝在发挥削减波浪的作用时，其效果等同于离岸潜堤，通过引起波浪提前破碎来保护其后方岸滩；人工水下沙坝的泥沙也可在波浪的作用下缓慢向岸边移动，作为沙源持续养护海滩。但值得注意的是，人工水下沙坝本身具有耗散性，在某些波浪能较高的海滩，人工水下沙坝的泥沙在未输运至岸边时即已耗散完毕（Smith et al.，2017），无法发挥养护效应，而只能发挥短暂的消浪效应。因此，人工水下沙坝的设计应充分考虑当地的动力和泥沙输运特征。

4．突堤

突堤（grion）是指由海岸向海中以接近垂直的角度延伸的海岸构筑物。突堤通过阻断沿岸输沙，将泥沙留在原地，起到维持当地海滩宽度、保护海滩后建筑设施的作用。受沿岸输沙的作用，突堤的上游形成淤积，下游岸线后退形成冲刷。为了对整段岸线进行保护，突堤常以突堤群的方式修建，即沿岸线修建一系列突堤，如图 8.13 所示，此时在沿岸输沙的作用下，形成突堤作用下的典型锯齿状岸线。突堤的建筑材料比较多样，可以为混凝土、堆石、木质等，有时简单的木质突堤即能起到良好的海滩防护效果。

彩图

图 8.13　海岸突堤群及岸线响应

5．人工岬头

人工岬头（artificial headland）有时称为人工岬角，是指在需保护海滩两端修建的突堤，通过人为修建突堤来发挥天然岬头的作用，保护岬头间的海滩免受侵蚀。人工岬头常与人工养滩搭配使用，用来保护人工填沙免受海岸动力的侵蚀。

人工岬头有两种平面布置方式：一种是在天然的岬湾海岸，在天然岬头的基础上修建人工岬头，以延长岬头长度，提高保护效果，这种情况下人工岬头的轴线常采用直线布置方式，并向保护的海滩一侧倾斜。另一种布置方式是在相对平直的海岸，这种情况下需要一段垂直于岸线的堤防段和一段向保护侧倾斜的堤防段，因此常修建"L"形人工岬头；若垂直于岸线的堤防段两侧海滩均需保护，则会修建"T"形或"Y"形人工岬头。人工岬头的结构形式通常采用斜坡式。

人工岬头的修建利用了静态平衡岬湾理论（图8.14）。静态平衡岬湾理论认为如果两侧岬头顶端位置不变，那么岬间海岸在海岸动力的作用下最终会达到一个平衡状态，海岸侵蚀停止。静态平衡岬湾海岸是一种非常稳定的海岸，即使一次风暴过程对海岸造成侵蚀，受到侵蚀的岸线也会在风暴过后逐渐恢复成原有状态。根据静态平衡岬湾理论，岬湾内部的岸线形状是由岬头末端位置控制的，因此可以通过修建人工岬头来控制受保护段海滩的平衡位置。

人工岬头的缺点在于会降低岬湾内部水体的流通性，在某些情况下会导致藻类生长和水质恶化。为了在保护海滩的同时不至于过多地影响岬湾内水体的流通性，近年来出现了潜式人工岬头和离岸式人工岬头（Pan et al.，2018）。潜式人工岬头是指堤顶高程在当地平均海平面以下的人工岬头；离岸式人工岬头是指在人工岬头和岸线之间预留有潮流通道，使潮流能够自由通过的人工岬头。

6．旁路输沙

在很多河流的入海口，为了防止泥沙淤积堵塞河口妨碍航运，会人为建设导流堤维持航道。但这样建设的导流堤起到了突堤的作用，泥沙在沿岸输沙的作用下，在上游淤积形成非常宽阔的海滩，但下游却会因为失去泥沙来源造成较严重的海岸侵蚀。在这种情况下，可以采用旁路输沙（sand bypass）的方式，将上游的泥沙引到下游，减缓下游的岸线侵蚀。图8.15给出了一个旁路输沙的工程案例。如图8.15所示，旁路输沙通常采用大型水泵，在沿岸输沙的上游侧将水沙混合物通过管道输送到下游，相当于人为地为被阻隔的沿岸输沙提供一个额外的通路，以维持自然的输沙平衡，减轻下游的岸线侵蚀。

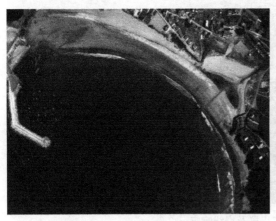

图8.14　使用人工岬头构建静态平衡岬湾（西班牙　　图8.15　旁路输沙（美国印第安河河口，改绘自
Espasante海岸，Iglesias et al.，2010）　　　　　Keshtpoor et al.，2013）

7．砾石养滩

砾石养滩（gravel nourishment）是一种变通的人工养滩做法。自然海岸中的某些岸段可能无可避免地遭受持续侵蚀，比如因为自然或人为的原因，该岸段成为侵蚀热点（hot spot），在海岸动力的作用下，泥沙源源不断地通过沿岸输沙或离岸输沙运离海岸；或受冬季的持续大风浪影响，海滩每到冬季就侵蚀殆尽（这种情况在日本海岸较为常见）。虽然人工海滩存

在一定的寿命，持续的后续养滩已经成为一种惯例，但过快的海岸侵蚀会带来过重的后续养滩负担。在这种情况下，使用砾石代替沙作为养滩材料是一种较为经济的做法，如图8.16所示。相比沙，砾石更加难以起动和产生大量输运，可以抵御强烈的海岸动力，保护后方岸线不受侵蚀。某些日本的工程案例中，冬季大风暴过后，春季和夏季的较小波浪会将沉积于近岸的泥沙向岸输运到海岸，覆盖于砾石滩之上，重新形成沙质海滩的面貌。多数工程案例中，即使泥沙无法重新回

图8.16　砾石养滩（摄于中国北戴河）

到海岸，砾石滩独特的景观特征也可发挥滨海旅游业载体的功能。

8.4　沙质海岸修复案例

8.4.1　北戴河西海滩

北戴河西海滩位于中国秦皇岛市北戴河区，是北戴河开发历史最长的海滩。海滩长约3.57km，向海侧400m水深2m左右，潮差较小，是优良的天然浴场。海滩沉积物主要为细砂至中粗砂，分选中等或分选较差。西海滩沿岸，自老虎石至戴河口一线共有6个疗养院浴场和2个公共浴场。

自20世纪60年代以来，北戴河西海滩遭受了严重的海岸侵蚀，其主要原因是附近河流上游拦河建坝造成的河流入海泥沙量锐减。1960年以来，西海滩附近的入海河流上陆续修建了数个规模不一的水库，如洋河上修建了洋河水库，滦河上修建了潘家口水库和大黑汀水库，戴河上修建了北庄河水库和鸽子窝水库，饮马河（秦皇岛）上修建了十余座小水库，除过洪期从溢洪道能排出少量泥沙外，绝大部分泥沙都拦截于水库之中，据洋河水库站统计，1996年以来，仅在十年一遇丰水期时有较大出库弃水量，大部分年份弃水量甚微，几乎一半年份的弃水量为零。除此之外，河口海岸地区的无序采砂、海滩东侧原有岬头的拆除等也加剧了北戴河的海岸侵蚀。

20世纪60年代，北戴河西海滩宽度均匀，平均宽度约为110m。随着附近河流上游拦河建坝和水土保持工程的实施，来沙量减少，北戴河西海滩处于持续侵蚀状态。20世纪60年代至80年代的岸滩蚀退速率约为2m/年，80年代以后达到3m/年。至2005年，西海滩平均宽度约为17m，很多岸段已侵蚀到礁石出露或建筑物基础。图8.17（a）给出了20世纪60年代岸线位置与2005年岸线位置比较，可以看到整个海滩岸线出现了整体侵退。在靠近老虎石一侧，海滩后退宽度接近150m。

北戴河西海滩除受到海滩侵蚀的威胁以外，还易发生赤潮和绿潮灾害，故在实施人工养滩的同时也需注意不宜太过降低水体流动性。在设计工程方案时，采用的均为低水头配套工程措施。如图8.17（b）所示，西海滩养护工程包括了滩肩补沙、近岸补沙、离岸潜堤、潜式＋离岸式人工岬头等工程措施。所谓的潜式＋离岸式人工岬头是指潜式人工岬头和离岸式人工岬头的结合，其顶高程在当地平均海平面以下，同时在其靠岸端也预留了供潮水通过的

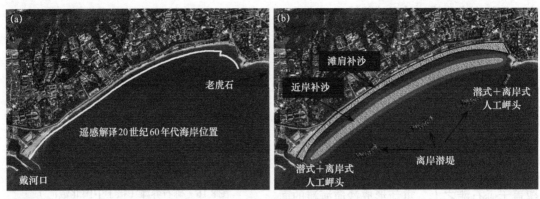

彩图

图 8.17 北戴河西海滩养滩工程

（a）20 世纪 60 年代岸线位置与 2005 年岸线位置比较（底图为 2005 年航拍照片）；（b）北戴河西海滩的养滩方案

潮汐通道。西海滩养滩工程前后北戴河西海滩面貌的改变如图 8.18 所示。养滩工程后，在原本海滩已被侵蚀殆尽的岸段新增了约 50m 的人工海滩，并且提供了更平缓的水下岸滩，这些都为海鸥等水生鸟类提供了理想的栖息地；在非旅游季节，宽阔的海滩也为捕鱼的渔民提供了理想的落脚休息场所。

彩图

图 8.18 北戴河西海滩养滩工程前后海滩面貌

（a）养滩前海滩已基本侵蚀殆尽；（b）养滩后形成的宽阔海滩；（c）海鸥在海边觅食（养滩后）；

（d）在海滩上歇脚的渔民（养滩后）

8.4.2　厦门香山至长尾礁海滩

香山至长尾礁海滩位于厦门东海岸，受大小金门岛及众多小岛屿环列，北面与厦门同安区海岸相望，北面朝向围头湾。在20世纪70年代时，该岸段高潮时存在宽度10~50m的海滩，但周边区域和水系的人类工程活动造成海滩退化，到了20世纪80年代末，该岸段的天然海滩已消失殆尽，海岸环境也较为脏乱，如图8.19（a）所示。

为了美化海滩环境，为市民提供良好的亲水休憩场所，厦门市在2006年对该岸段进行人工养滩，工程措施包括滩肩补沙和海滩两端构建突堤［图8.19（b）］；滩肩补沙的填沙量根据Dean的海滩平衡剖面进行设计，海滩两端的突堤用来阻断沿岸输沙，以尽量减少填沙的流失。养滩工程于2007年10月完工，填沙$82×10^4m^3$，填沙段长度1446m，滩肩高程在黄零基面以上4.0m，填沙宽度80m。香山至长尾礁海滩的养护工程实施之后的数年内，海滩保持稳定［图8.19（c）］，成了市民消夏的理想场所。

图8.19　香山至长尾礁海滩人工养滩前后卫星图片对比（Cai et al., 2010）

彩图

8.4.3　台湾安平港海滩

安平港海滩的原址为一处荒废的岸线，礁石出露，基本无海滩存在。为了对安平港附近岸段进行生态修复，建立生态保护缓冲区，并修建可供游人戏水的海滩，高雄港务局于2003年8月至2005年2月对安平港海滩实施人工养滩工程。安平港人工养滩主要用到的工程方法包括人工岬头、滩肩补沙和生态鱼礁。如图8.20所示，安平港海滩两端建了两个马刺形堆石人工岬头来构建静态岬湾，两个人工岬头长度分别为350m和300m，岬头末端的马刺形堤头设有生态鱼礁以吸引海洋生物栖息，并能起到保护岬头基础的作用。采用安平港的疏浚泥沙作为客沙来进行滩肩补沙，补沙量为150 000m³。工程完工三年后，在岬头的促淤作用下，海滩面积不降反增。

　　安平港的人工养滩工程非常典型。第一个典型特征是采用了静态岬湾理论和抛物线模型作为养滩工程方案平面设计的依据，构建了标准的静态岬湾以防止填沙流失，这在欧洲和日本的养滩工程中非常常见。第二个典型特征是采用附近港口的疏浚泥沙作为客沙来源，这种一举两得的方式既养护了海滩，又处理掉了港口的疏浚泥沙；在世界各地的人工养滩工程中，港口的疏浚泥沙也是重要的客沙来源之一。

彩图

图8.20　台湾安平港人工海滩（陈建中等，2006）

8.4.4　珠海市情侣路海滩

　　情侣路是珠海市的沿海景观路，全长约17km，途经九洲港、海滨泳场、珠海渔女、香炉湾等著名风景旅游点，是市民和游客休闲散步的好去处。但情侣路沿岸除海滨泳场处有一段海滩外，其他地方鲜有沙滩，使得情侣路海滨休闲旅游空间大打折扣，与珠海市的地位很不相称；另外，该工程所在的香炉湾岸段曾发生多次原有硬质护岸在台风天气被大浪打坏的情况，缺少保护的原有硬质护岸也亟须外围海滩的防护。因此，2015～2016年，珠海市香洲区斥资5000余万元，开展了情侣路沙滩修复整治示范段工程，工程修复沙滩岸段为香炉湾段，长1480m，修复后滩肩平均宽度约75m，滩肩平均高程3.0m，滩面宽度100～180m。

　　该工程借助原有的岬湾海岸形状开展养滩，在修复岸段的两端修建拦沙堤作为人工岬头，起到拦截泥沙和构建岬湾的作用，如图8.21（a）所示。珠海市情侣路沙滩修复工程结束后，经历了几次台风过境引起的风暴潮和大浪过程，但海滩总体保持了稳定，未发生明显的侵蚀破坏。图8.21给出了养滩后不同时段的岸线对比、台风过境后造成的周边沿海设施被破坏，以及台风过境后人工海滩未受显著侵蚀的海滩面貌。

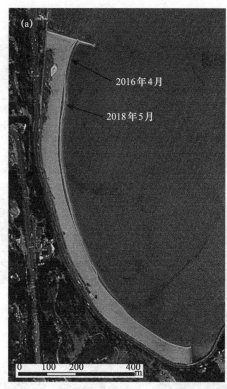

图 8.21　珠海市情侣路人工养滩

（a）不同时段岸线对比；（b）台风过境后造成周边沿海设施被破坏；
（c）台风过境后对人工海滩影响不大（摄于 2017 年 8 月 25 日，台风"天鸽"过境后）

彩图

8.4.5　荷兰沙引擎工程

放眼世界范围的人工养滩，位于荷兰北海沿岸的沙引擎（sand engine）工程是不得不提的一项海岸工程壮举（Stive et al., 2013）。沙引擎是荷兰为了抵御海平面上升引起的长期岸线侵蚀后退开展的一项"主动出击"的人工养滩工程，通过在海岸线上堆填 $2.15 \times 10^7 \text{m}^3$ 的泥沙，形成如图 8.22 所示的大型半岛。沙引擎可以在沿岸输沙的作用下数十年间持续不断地对周边的海岸线进行持续补沙。沙引擎在沿岸方向的长度大约为 2km，垂直岸线方向的长度约为 1km，并在内部包含一个约 8hm^2 大小的小湖泊（设计该湖泊的作用为防止沙丘中的淡水透镜体向海移动，以免沙引擎过度抽取邻近地区的淡水资源）。沙引擎于 2011 年完工，其建造过程（图 8.22）也充分借助了海岸输沙的自然营力。建造完成后，沙引擎除发挥持续的海滩养护效果之外，还发挥了一系列其他效应。例如，为当地的海岸生态系统提供了一个小型庇佑场所，为各国从事海岸动力研究的学者提供了一个天然的现场试验基地，为游客提供了一个新的滨海旅游娱乐活动载体，设计时预留的湖泊成了风筝冲浪（kite surfing）等水上运动的优良场所。沙引擎成为集海岸防护、科学研究、滨海旅游等功效于一体的综合海岸工程。至今，沙引擎已经在一定程度上成为荷兰的国家名片之一，登上了荷兰政府 2021 年发行的邮票。

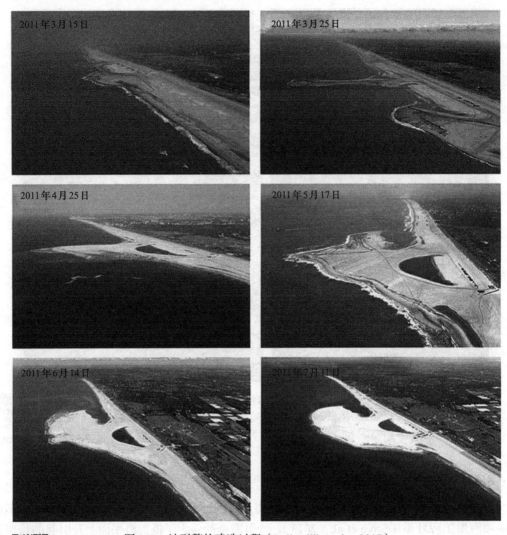

图 8.22　沙引擎的建造过程（Luijendijk et al., 2017）

彩图

思 考 题

1. 如何判断沿岸输沙的方向？

2. 向岸—离岸输沙在沙质海岸演变中扮演什么角色？

3. 简述静态平衡岬湾理论。

4. 简述布容法则。

5. 按照补沙位置划分，人工养滩可以分为哪几类？

6. 简述人工养滩各种工程方法的概念及原理。

7. 如果请你负责设计一个受侵蚀海滩的人工养滩方案，你应该事先收集哪些资料，从哪些角度来考虑养滩方案的设计？

参 考 文 献

陈建中, 吴南靖, 朱志诚. 2006. 安平港人工养滩前后之地形变化探讨. 中华技术, 70: 50-57

冯智泉, 庄振业, 冯秀丽, 等. 2020. 粉砂淤泥质海岸人造沙滩效果——以上海金山城市沙滩为例. 海洋地质前沿, 36（2）: 19-25

邹志利. 2011. 海岸动力学. 4版. 北京: 人民交通出版社: 252

Bird E C F. 1985. Coastline Changes: A Global Review. Chichester: Wiley-Interscience: 231

Bruun P. 1954. Coast Erosion and the Development of Beach Profiles. Washington DC: U.S. Beach Erosion Board: 79

Bruun P. 1962. Sea level rise as a cause of shore erosion. J Waterw Port Coast Eng ASCE, 88: 117

Cai F, Dean R G, Liu J. 2010. Beach nourishment in China: Status and future prospects. Coast Eng Proc, 32: 31

d'Angremond K, van der Meer J W, de Jong R J. 1996. Wave transmission at low-crested structures. In: Edge B L. Coastal Engineering 1996. Orlando: ASCE: 2418-2427

Dean R G. 1977. Equilibrium beach profiles: US Atlantic and Gulf coasts. Newark: University of Delaware: 45

Dean R G. 1987. Coastal sediment processes, toward engineering solutions //ASCE. Coastal Sediments' 87, Specialty Conference on Advances in Understanding of Coastal Sediment Processes. New Orleans, LA, 1: 1-24

Dean R G. 2002. Beach nourishment: Theory and practice. Singapore: World Scientific, 2002: 399

Dornhelm R B. 2003. The Coney Island public beach and boardwalk improvement of 1923. In: Ewing L, Herrington T, Magoon O. Urban Beaches: Balancing Public Rights and Private Development. Hoboken: ASCE: 52-63

Hsu J R C, Evans C. 1989. Parabolic bay shapes and applications. Proc Inst Civil Engrs, 87(4): 557-570

Iglesias G, Diz-Lois G, Taveira Pinto F. 2010. Artificial intelligence and headland-bay beaches. Coast Eng, 57(2): 176-183

Keshtpoor M, Puleo J A, Gebert J, et al. 2013. Beach response to a fixed sand bypassing system. Coast Eng, 73: 28-42

Luijendijk A P, Ranasinghe R, de Schipper M A, et al. 2017. The initial morphological response of the Sand Engine: A process-based modelling study. Coast Eng, 119: 1-14

Moore B. 1982. Beach Profile Evolution in Response to Changes in Water Level and Wave Height. Newark: University of Delaware: 328

Pan Y, Kuang C P, Chen Y P, et al. 2018. A comparison of the performance of submerged and detached artificial headlands in a beach nourishment project. Ocean Eng, 159: 295-304

Puleo J A, Beach R A, Holman R A, et al. 2000. Swash zone sediment suspension and transport and the importance of bore-generated turbulence. J Geophys Res-Oceans, 105(C7): 17021-17044

Silvester R, Hsu J R C. 1993. Coastal Stabilization: Innovative Concepts. Englewood Cliffs: PTR Prentice Hall: 578

Smith E R, Mohr M C, Chader S A. 2017. Laboratory experiments on beach change due to nearshore mound placement. Coast Eng, 121: 119-128

Stive M J, de Schipper M A, Luijendijk A P, et al. 2013. A new alternative to saving our beaches from sea-level rise: The sand engine. J Coast Res, 29(5): 1001-1008

Wang B X, Reeve D E. 2010. Probabilistic modelling of long-term beach evolution near segmented shore-parallel breakwaters. Coast Eng, 57(8): 732-744

Wang Z Q, Tan S K, Cheng N S, et al. 2008. A simple relationship for crenulate-shaped bay in static equilibrium. Coast Eng, 55(1): 73-78

第9章

盐沼海岸生态修复

海岸盐沼（coastal salt marsh）是陆地和海洋过渡区的一类生态系统，具有海岸灾害防护、海洋环境净化、固沙促淤、蓝碳固存、为野生动植物提供栖息地等多种重要的生态服务功能。盐沼潮滩湿地系统在温带和亚热带地区常见，其多发育于潟湖、海湾等半封闭的低能海岸或细颗粒泥沙供给丰富的河口三角洲、平原海岸等。盐沼湿地是生物生产力最丰富、蓝碳固存最高效的生态系统之一，在中国沿海的分布十分广泛，常见于辽东半岛东部、渤海湾、江苏、上海、浙江、福建等地。盐沼潮滩的生态修复具有重要的科研与应用价值，是国内外学术界研究的热点。

本章首先介绍海岸盐沼的定义、分布及其重要的生态服务功能，进而简介盐沼潮滩的演变规律与模拟预测手段，分析海岸盐沼的退化机制与生态修复方法，最后以黄河三角洲的盐沼海岸修复为例，介绍中国盐沼海岸的典型修复工程案例。

9.1 盐沼海岸的分布及功能

9.1.1 盐沼的类型与分布

1. 盐沼的类型

盐沼类型的划分有许多种方法。按照气候带的不同，可以分为热带盐沼、温带盐沼和寒带盐沼。按照人工化程度的不同，可以分为自然盐沼、半自然盐沼和人工盐沼。按照植被生长型的不同，可以分为草丛盐沼和灌丛盐沼（贺强等，2010）。依据盐沼产生、存在的先决性条件，可将滨海盐沼分为潟湖型、岸滩平原型、堰洲岛型、河口型、半自然型和人工型等6种。根据盐沼发育的环境条件，又可分为两类：一类以海洋潮汐作用为主导，主要分布在有沙坝、沙洲、离岛作为屏障的区域，如美国的Chesapeake海湾、Hudson海湾等；另一类是以径流作用为主导，以径流输沙为主形成的盐沼，包括各种大型三角洲，如美国的密西西比河口，中国的长江口、黄河口等（贺强，2013；崔保山和杨志峰，2001）。

2. 全球范围的盐沼分布

盐沼在全球的分布广泛，通常位于中、高纬度及低纬度盐度较高的河口或靠近河口的沿海潮间带。从全球各气候带来看，盐沼主要分布在温带地区，在寒带也有一定的分布，但除个别地区（如澳大利亚的北部、墨西哥的太平洋海岸）外，在热带地区，盐沼一般被红树林所替代。从大洲和大洋来看，盐沼广泛分布于北美洲的大西洋海岸和太平洋海岸、南美洲的南部、欧洲的西海岸、大洋洲、东亚和东北亚的太平洋海岸以及非洲的南端。不同的研究对于全球盐沼面积的统计差异很大，大致介于$2.2×10^6$～$4.0×10^7hm^2$，2017年的研究结果表明，全球盐沼总面积约为$5.5×10^6hm^2$（Mcowen et al.，2017）。在中国，盐沼总面积曾达$1.42×10^6hm^2$，广泛分布于杭州湾以北的沿海地区，自南向北依次包括长江三角洲、黄海海岸和渤海海岸（王卿等，2012），但由于人类围垦等因素，目前较为完整的盐沼仅存在于长江口、黄河口、双台子河口、盐城等地区的自然保护区内。

　　不同空间尺度上的滨海盐沼植物群落分布特征不同（图9.1），目前关于盐沼植物在中尺度上的带状分布研究得最为广泛，且带状分布也是盐沼植被最显著的分布特征。不同地区的植物群落空间分布模式大致相同，其主要特点均为从高程较低处耐盐耐淹的先锋植物逐渐过渡到高程较高处的中生植物，但由于气候、水文等条件的不同，世界各地不同盐沼植物群落带状分布格局也呈现出不同的特点。研究人员在Fundy海湾自然盐沼中发现了三种特征明显的植物群系：*Spartinetum*、*Salicornietum*和*Staticetum*，其中*Spartinetum*主要分布于平均高潮位附近；*Salicornietum*主要分布于最低高潮位至最高盐沼之间的区域，它与*Spartinetum*在向海方向重叠而与*Staticetum*在向陆方向分布重叠；*Spartinetum*则分布于自然盐沼的最上端。新英格兰地区的盐沼植被研究得十分深入，其最具代表性的带状分布植物是互花米草（*Spartina alterniflora*）、狐米草（*Spartina patens*）、灯心草（*Juncus gerardi*）及一种*Iva*灌木。其中*Iva*占据盐沼与高地的过渡地区，而互花米草则占据盐沼向海方向的最下端，狐米草和灯心草各自占据中间两个带区（Silliman et al.，2005），在北美南部的大西洋海岸盐沼也存在类似的带状分布现象。

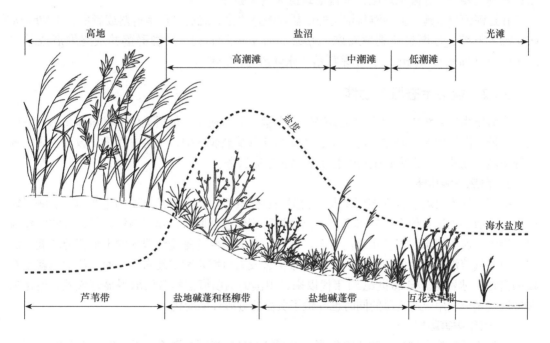

图9.1　黄河三角洲滨海湿地演替示意图（贺强等，2010）

3．中国的盐沼分布

　　中国很多盐沼也表现出显著的植物带状分布现象。在中国长江河口引入互花米草之前，长江口盐沼以芦苇（*Phragmites australis*）和海三棱藨草（*Scirpus mariqueter*），或藨草（*Scirpus triqueter*）的带状分布最为典型，至今仍存在于崇明岛南岸等地区。然而引进互花米草后，由于互花米草对本地物种的侵略性，长江口盐沼的带状分布被改变。在崇明东滩和九段沙，海三棱藨草带占据低潮滩盐沼，而中高潮滩盐沼则为芦苇和互花米草混生（郑洁等，

2017）。而在崇明岛北岸，互花米草成了盐沼的绝对优势种，几乎已完全取代了海三棱藨草和芦苇（仅在少数地区残存）。

在江苏省滨海盐沼中，与长江口盐沼类似，早先植物分带自海向陆依次为盐地碱蓬（*Suaeda salsa*）、大穗结缕草（*Zoysia macrostachys*）和在局部滩段出现的獐茅（*Aeluropus sinensis*）、白茅（*Imperata cylindrica*）和大白茅（*Imperata cylindrica* var. *major*）（姚成等，2009）。但随后植物带状分布也因互花米草和大米草（*Spartina anglica*）的引入和迅速扩张而发生改变，它们已取代盐地碱蓬而成为盐沼的先锋植物，形成宽阔的地带。

在黄河三角洲地区，盐地碱蓬、柽柳和高地植物芦苇等的带状分布较为典型，但不同地区的具体分带模式存在一定差异。在黄河三角洲自然保护区的一千二林场地区，盐地碱蓬在高程梯度上呈现出双峰带状分布，即盐地碱蓬占据低潮滩盐沼和陆缘两个带区，高潮滩盐沼以稀疏、生长受抑的柽柳为主，而在高地中以斑块状的芦苇、罗布麻、白茅等群落为主。在黄河三角洲自然保护区的清水沟地区，在高程梯度上盐地碱蓬的两个带区非常狭窄，而中高潮滩盐沼的柽柳带区十分宽广。在黄河现行河口地区，互花米草位于盐地碱蓬带之下十分显著的一带，而盐地碱蓬广泛分布于互花米草带之外的整个盐沼，直至被基本脱离海水影响地区的以芦苇为主的高地植物所取代，因此盐地碱蓬基本不存在双峰分带现象；柽柳主要分布在陆缘地区，和盐地碱蓬为共优势种。

在辽河河口湿地，低潮滩盐沼同样以盐地碱蓬为主，之后是芦苇群落或者白刺（*Nitraria sibirica*）群落，逐渐过渡到罗布麻（*Apocynum lancifolium*）、柽柳群落并最终发展成羊草（*Aneurolepidium chinensis*）、拂子茅群落（张怀清等，2009）。

9.1.2 盐沼生态服务功能

在海岸生态系统中，盐沼为人类提供了大量宝贵的利益，包括提供原材料和食物、海岸灾害防护、固沙促淤、海洋环境净化、蓝碳固存以及渔业维护、旅游、娱乐、教育和研究等多种功能。此外，其也为野生动物提供了多种生态服务。

1. 自然资源功能

盐沼湿地本身就包含许多可供人类利用的自然资源，且由于其极高的生产力，滨海湿地产物的价值必须比其他生境高得多。盐沼植被可用作造纸原料、建材与饲料等，也常常作为居民用水、农田用水和工业用水的水源。此外，最为重要的是盐沼湿地的土地资源功能。例如，中国随着沿海地区的社会经济发展，必会造成人口增长和耕地占用，而盐沼湿地就是有效的潜在土地资源。自20世纪50年代以来，中国的围填海工程就已取得显著成效，但是围海造地在充分利用土地资源的同时也导致了负面的近海环境变化。

2. 海岸灾害防护

大量实验模拟和现场观测研究表明，盐沼植被具有显著的消浪、缓流作用［图9.2（a）］。波浪在向岸传播的过程中，光滩上的水深变浅和底床摩阻作用加强消耗了波浪的一部分动能，随后盐沼中植株茎叶的磨阻消耗进一步加剧了波能的衰减（孙贤斌和刘红玉，2014），且研究表明单位距离上波高的衰减在盐沼带中是光滩上的3~4倍（孙贤斌和刘红玉，2014）。盐沼植被阻挡潮流的机制在于降低水体平均流速、产生紊动和能量耗散，以及改变垂向流速剖面（王东辉等，2007）。互花米草盐沼内的流速明显小于光滩地区，且随着互花米草宽度、高度及植株直径等要素的增加，流速逐渐减小；但当植被高度、宽度和直径达到一定程度后，流速变化基本不受以上要素的影响。此外，与没有植被的泥滩沉积物相比，盐沼还可以缩短风暴潮的持续时间和高度，但对持续超过一天的极端风暴潮，盐沼对风暴潮增水的衰减作用较小（管玉娟等，2009）。因此，盐沼植被也因其强大的消浪、缓流作用目前正日益被海岸工程界应用到海岸防护中。

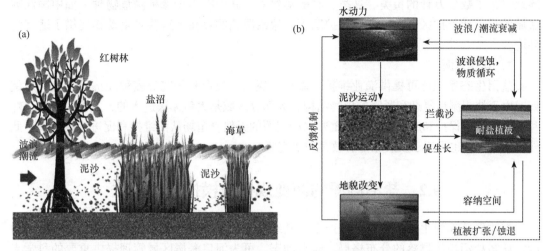

图9.2　耐盐植被与泥沙相互作用示意图［（a）］和海岸植被生物效应的动力地貌反馈过程示意图［（b）］（龚政等，2021）

3．固沙促淤

盐沼的固沙促淤表现在两方面：一是盐沼的消浪、缓流作用减弱了水体在盐沼区的挟沙能力，从而间接促进了泥沙沉降和滩面物质堆积；二是盐沼植株本身对于水体中的悬沙和有机物具有显著的黏附作用，从而直接从水体中捕获泥沙［图9.2（b）］。水流进入盐沼后悬沙浓度降低，其原因是波、流能量降低和植株对细颗粒泥沙的黏附作用，而盐沼植被的截沙效率可高达70%（Mudd et al.，2010）。海岸植被黏附泥沙能力的强弱取决于植被类型、密度、茎叶形态结构、水体悬沙浓度、水动力情况、泥沙特性等诸多因素。另外，植被对于泥沙在底床的沉积还有一定作用，首先表现为使植被区泥沙细化，细颗粒泥沙被植被拦截后由于低能的环境易于保持，且植被的根系也一定程度上起到固定泥沙的作用，对于潮沟边壁稳定等具有重要作用。

4．海洋环境净化

沿海地区的人类活动频繁，其水环境也易受到农用杀虫剂和工业排放物等有害物质污染。而盐沼湿地可通过物理净化和生物净化两种方式净化海洋环境。物理净化指的是盐沼湿地在固沙促淤过程中净化附着在沉积物颗粒上的有毒物质，但该种物理净化功能有限。生物净化指的是通过盐沼植物吸收有毒物质并分解或储存，该种生物净化是盐沼湿地环境净化的主要方式。

5．蓝碳固存

湿地具有极高的初级生产力和强大的固碳能力，是地球上最大的碳库之一。而盐沼湿地作为一种重要的湿地类型，在植物生长、促淤造陆等过程中积累了大量无机碳和有机碳，且由于土壤通气性差、地温低且变幅小等各种环境因素的限制，盐沼湿地通常以泥炭或有机质形式表现为有机碳的积累。因此大量的外来有机质在此积聚，加之本地较高的初级生产力、持续的沉积物堆积和较低的腐化分解速率，使得盐沼湿地有着很高的碳沉积速率和固碳能力

（van de Koppel et al.，2005）。

6．生物多样性

盐沼为许多其他野生物种提供了重要的栖息地，聚集了丰富的生物种类。中国的滨海湿地保存了数以万计的鱼类、鸟类、底栖动物等，其中有不少珍稀濒危物种，如中国江苏盐城的丹顶鹤保护区、大丰麋鹿保护区等，盐沼湿地的存在为这些野生动物提供了适宜的环境。

7．其他方面

盐沼生态系统还可提供渔业维护、旅游、娱乐、教育和研究等多种经济社会效益。例如，由于盐沼湿地复杂和紧密的植物结构，大部分区域是大鱼无法进入的，从而为幼鱼、虾和贝类提供了保护和庇护，可作为重要水产资源的天然育苗场从而维持和促进渔业发展。此外，保护区等也可用于发展旅游、教育和研究等。

9.2　盐沼潮滩的演变规律与模拟预测方法

植物群落作为生态系统中的生产者，其结构、分布的改变直接影响整个生态系统的功能，认知盐沼植物群落的分布格局、时空动态，可为河口海岸区域管理提供重要的科学支撑。数学模拟作为一种探索机制、预测未来的重要方法，近年来发展迅速，成为认知盐沼生态系统复杂动态过程的重要工具（崔保山和杨志峰，2001）。本节将阐述影响盐沼种群演变的各类因子，并着重介绍其演化规律、影响因子及主要数学模拟技术。

9.2.1　盐沼潮滩的演变规律及影响因子

河口海岸潮滩这种海陆交界的特殊环境是影响盐沼植物群落空间分布与演替的主要因素。从世界多国的研究来看，盐沼植物群落的分布通常呈现一定的分带性特征，这多与淹水时间、盐度、营养供给、高程、水动力条件等环境梯度相关，这些通常被归类为非生物因子，相关研究十分丰富。近年来，很多研究者发现群落中动物、微生物、植物等生物因子的相互作用对于盐沼植被群落的演替及稳定性具有重要的影响，成为研究的热点之一，研究者通常认为生物因子与非生物因子的相互作用塑造了盐沼群落分布特征，决定了其演替机制与过程（王卿等，2012）。

传统景观生态学、海岸地貌学等研究领域在早期重点关注了非生物因子的影响，在大尺度层面，气候和温度对盐沼的分布具有重要的影响，决定了盐沼生境的大致纬度。在具体河口海岸区域小尺度层面，其他非生物因子通常被归纳为条件和资源两类：条件一般被定义为可以被改变但不能被消耗的因子，如底床盐度、含水率、pH、淹水时间等；资源一般被定义为被生物种群利用或消耗后可以增加种群增长速率的因子，如光照、营养等。条件与资源这两类因子也是相对而言的，且因子之间可相互影响。以潮滩盐度这一条件性因子的影响为例，高盐度是盐沼生存的一个主要胁迫，对其种子萌发、光合作用及其生长等生理过程有重要影响。例如，有研究者发现，互花米草的株高、地上和地下生物量随着盐度的增加呈先增加后下降的趋势，当盐度在10‰时最高，在43‰时达到其耐盐阈值。而潮滩土壤盐度变化主要受潮汐、高程、蒸发、降雨、径流等因素影响，在潮滩中下部淹没历时较长的区域主要受潮汐影响，而在潮滩中上部露滩时间较久的区域受蒸发、降雨等影响较大。再以营养这一资源性因子为例，由于植物对营养元素的利用效率和利用方式等有差异，营养供给条件的变化可造成盐沼植被群落的改变。例如，新英格兰地区氮素的增加使得互花米草在与狐米草的竞争中占据了优势（Levine et al., 1998）。值得一提的是，营养也并非越多越好，有报道指出海岸区域的富营养化已超出盐沼能承受的范围，可造成大范围的盐沼植被消亡（Deegan et al., 2012）。

　　近年来，生物因子的影响也得到了学术界的重视，他们试图从生态系统内部物种间的相互促进、制约关系来揭示植物群落分布的生态学机制。植物间的相互作用对盐沼群落的分布起到了极为重要的影响，包括竞争排斥和促进作用两类：当环境胁迫压力较大时，促进作用较为显著。例如，互花米草发达的根系及通气组织在低潮滩环境可提高其周围土壤的溶氧度，进而利于邻近植株的生长，这是互花米草能快速占领潮滩中底部的重要原因。当环境适宜时，竞争排斥则可占主导作用，不同物种的生物特性和对环境耐受力的差异决定了其竞争力。例如，就江苏沿海芦苇和互花米草两个竞争性物种而言，芦苇在低盐度、弱淹水条件下具有竞争优势，而互花米草在高盐度、强淹水条件下具有竞争优势（王卿等，2012）。

　　除了植物，海岸带动物和微生物对盐沼分布和演替的研究也有一些报道，但总体来说还不算特别丰富。植食性动物对盐沼的取食作用一定程度上抑制了其生长，进而能影响其群落分布。例如，美国东南部互花米草群落由于蜗牛的植食作用，在干旱条件下大面积死亡（Silliman et al., 2005）；螃蟹的植食作用造成黄河三角洲碱蓬消亡。当然，动物对盐沼群落生长也可能产生促进作用。例如，螃蟹、沙蚕等底栖动物的掘洞行为可促进土壤的排水，形成优先排水通道（图9.3），也增大了潮滩表面积，促进土壤内外水气循环，加速有机质的分解（Silliman and Zieman, 2001）。

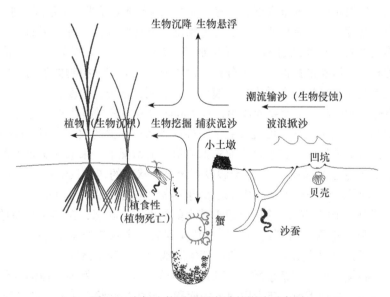

图9.3　底栖生物对盐沼潮滩的影响示意图

　　近年来，微生物与盐沼群落的相互作用也取得了一些进展。例如，在江苏滨海湿地的研究指出互花米草大面积的生长改善了土壤理化性质，为微生物提供了不同的碳源，促进了微生物的活动，进而也改变了微生物群落的生理功能结构。另外，在福建闽江河口红树林区域通过凝脂脂肪酸标记法研究发现，外来物种互花米草在一定程度上影响了红树林群落土壤营养代谢循环，能改变部分有利于其生长的土壤环境微生物类群含量，促进其迅速扩张（郑洁等，2017）。此外，人类活动对于盐沼分布及演替有着深刻的影响，主要体现在沿海水产养殖、海岸工程、生物入侵、海岸环境污染、气候变化等5个方面（王卿等，2012）。

9.2.2 盐沼潮滩的模拟预测方法

盐沼潮滩演变动态模拟及模型参数需要包含前述各种影响因子之间的相互作用和制约关系，目前这方面的研究正处于蓬勃发展的阶段，但准确反映、数学描述各影响因子的作用及不同影响因子的耦合效果还处于起步阶段，是本领域实现突破的挑战之一。当前，模拟盐沼在宏观尺度上的种群演变数学模型大体可以分为4类，包括统计模型（statistical model）、元胞自动机模型（cellular automata model）、基于动力过程的数学模型（process-based model）以及混合模型（hybrid model）。以下将对这4类数学模型以及学术界基于模型取得的代表性成果进行简要介绍。

1. 统计模型

统计分析是学术界基于统计学最常用的预测性建模技术之一，有些过程无法用理论分析方法推导出其模型，但可通过试验测定数据，经过数理统计法求得各变量之间的函数关系，这在景观生态学中是常用的手段。在滨海湿地植被群落演替研究中，应用较多的统计模型包括回归分析模型（regression analysis model）以及马尔可夫模型（Markov model），以下分别进行简要介绍。

回归分析模型通过已有数据建立因变量（目标）和自变量（预测器）之间的关系，进而用于预测分析。构建回归分析模型首先需要选取特定的变量，就米草生态系统来说，有米草湿地斑块形状、斑块密度、米草高度、直径、米草滩-光滩交界线、米草湿地垂直岸线宽度、淹水时间、土壤盐度、土壤有机质、无机养分情况、其他物种情况等。例如，有研究采用主分量分析和多元线性回归相结合的手段（姚成等，2009），对江苏盐城自然保护区核心区典型湿地采集的相关环境参量数据进行了分析，用以研究滨海湿地植物群落的自然演替以及利用生态工程控制互花米草的生态学机制，模型结果表明，水分、盐度、土壤养分以及种间竞争在植被的自然演替中起到了重要的作用，且不同阶段各因素对演替的影响大小有差别。

不同于回归分析模型，马尔可夫模型是一种描述随机现象的数学模型，该模型所基于的马尔可夫过程具有如下特性：在给定当前知识或信息的情况下，未来的演变（将来）不依赖于它以往的演变（过去）。马尔可夫模型假设系统每个状态的转移只依赖于之前的 n 个状态，这个过程称为 n 阶马尔可夫模型，其中 n 是影响转移状态的数目，最简单的马尔可夫过程就是一阶过程，即每一个状态的转移只依赖于其之前的那一个状态，在实际处理时，需要构建状态转移概率矩阵，即需要得到前一个状态转换到后一个状态的概率（Dale et al.，2002）。例如，利用马尔可夫模型预测了黄河三角洲新生湿地的土地利用格局变化，以1986年各土地利用类型图获得各类土地（包括水域、芦苇地、林地、耕地、柽柳地、柽柳芦苇地、翅碱蓬獐茅柽柳地、滩涂及难利用地、建设用地）的面积，形成初始状态矩阵，通过与2001年的土体利用类型数据的对比，计算得到状态转移概率，并运用马尔可夫模型预测2005～2020年的土地利用格局变化，发现黄河三角洲土地利用格局正处在一种变化状态，耕地、柽柳芦苇地、翅碱蓬獐茅地、滩涂面积逐渐减少；而水域、芦苇地、林地、柽柳地、建设用地面积逐年增加，表明黄河三角洲人为干扰仍然是土地利用变化的主要原因（郭笃发，2006）。类似地，应用基于1994～2000年数据建立的马尔可夫模型研究了江苏盐城湿地土地利用类型（耕地、滩地、盐田、养殖场、碱蓬、米草、芦苇、居民和城市用地）的变化，模拟预测结果与

2006年的实测结果吻合度达93.17%，到2024年的预测结果表明，滩地、芦苇、碱蓬和盐田呈剧烈减少趋势，米草逐渐成为优势物种（张怀清等，2009）。

2．元胞自动机模型

元胞自动机（cellular automata，CA）是一种能够表现系统复杂行为的模拟方法，在多个学科广泛应用，适用于研究植物群落的时空动态过程。其特点是可利用局部小尺度观测的数据分析得到相应的规律（或规则），然后利用计算机模拟研究系统大尺度的动态演化特征。由于CA模型网格的简单性，能与基于栅格的地理信息系统（GIS）很好地集成，实现对复杂时空现象行为和过程的动态模拟（孙贤斌和刘红玉，2014）。CA模型不是严格定义的函数或物理方程，而是包含了模型构造的一些要素和规则。例如，盐沼种群扩散的CA模型一般包括以下一些基本要素：地理元胞及状态、元胞空间、邻域定义、转换规则，其中转换规则是模型的核心，一般是根据盐沼植被适应环境的能力、入侵能力和生长速率等参数来确定（王东辉等，2007）。CA模型建模是基于空间动态反馈机制，即系统中个体行为及其与邻域的相互作用共同塑造了空间格局，而空间格局反过来又可影响个体发展。

CA模型在国内外滨海潮滩湿地种群演替预测中已有较多应用（Zheng et al.，2015），以下作简要介绍。基于上海九段沙湿地多年现场观测与遥感数据，有学者构建了该区域的盐沼种群动态CA模型，较好地模拟了芦苇和互花米草种群扩散格局（王东辉等，2007），由于互花米草扩散速率是芦苇的3～5倍，九段沙潮滩的淤涨将进一步促进互花米草的快速扩张（Huang et al.，2008）。进一步地，有学者分析了现有CA模型应用的局限性（管玉娟等，2009），建立了条件优化的元胞自动机模型（conditions optimized CA，CO-CA），将植被生境信息如高程、底床盐碱度以及植被扩张速率等信息作为优化条件，将改进的CA模型应用到九段沙湿地，结果表明，模型可较好地模拟植被的动态过程，且能克服原CA模型在生态动态模拟过程中的盲目性。张怀清等（2009）对江苏盐城湿地的类型应用CA模型进行了演化预测，发现CA模型模拟预测结果与遥感分类结果在逐个像元对比后相似度达到70%，表明了CA模型在湿地类型演化预测中的可行性，且与马尔可夫模型结果十分接近。针对长江口三处典型潮滩湿地，有学者构建CA模型预测了在生态保护、现行趋势以及围垦加剧这三种工况下的湿地景观演变趋势（李希之等，2015），发现不同工况下的潮滩湿地演变情况差别很大，在现行趋势和围垦加剧的工况下，潮滩湿地的面积不断减少，模型指出了对长江口潮滩湿地开展生态保护的必要性。

3．基于动力过程的数学模型

不同于以上两类潮滩植被演替模型，基于动力过程的数学模型试图通过耦合植被演替中涉及的环境、生态等各种动力过程来实现演变的预测，且不同的动力过程（如潮汐、波浪、植物生长等）的数学描述通常是基于较明确的物理机制，这是此类模型的巨大优势。近20年来，这类模型的开发大多是基于传统的海岸动力学水-沙-地貌演变模型，其进展迅速、成果丰硕，已逐渐发展成为海岸地貌学的一个新分支，在国际学术圈称为"biomorphodynamics"（Murray et al.，2008），国内一般译作"生物动力地貌学"。海岸生物动力地貌学在传统的水-沙-地貌关系的基础上，进一步考虑海岸带动物（如贝类、鱼类、鸟类等）、微生物（藻类、菌类等）及耐盐植被（如盐沼、红树林等）对地貌的影响以及地貌对生物的反作用。以下将对此类模型及其相关进展进行简要介绍。

基于动力过程的模型在物理机制层面主要是刻画植被与地貌的相互作用或反馈机制，一方面，盐沼植被的生物动力过程对于地貌演变有着极其重要的影响，而另一方面，地貌环境对于植被的生长、消亡也起着至关重要的作用。研究表明，盐沼植物能够有效减小海岸水动力作用。首先，盐沼的根茎可以极大地增加潮流通过时的摩擦阻力，进而降低流速；其次，带状分布的盐沼区域能有效衰减波浪作用（Fagherazzi et al.，2012）。盐沼植被衰减水动力的一个间接效果是有利于水体中的泥沙和有机物落淤，同时植被根茎本身也可有效拦截泥沙（Mudd et al.，2010），有利于植被区域滩面高程增长；而逐渐增加的滩面高程反过来使得盐沼植被受到水动力侵蚀的负面影响减小，从而能更好地生长及扩张，这是典型的植被动力地貌耦合过程。理解并提出上述盐沼与水、沙动力过程相互作用的数学方程是开发基于过程的生物动力地貌模型的基础。

早期的盐沼生物动力地貌模型以一维剖面模型较为常见，通过耦合简化的水动力-泥沙-地貌演变方程与盐沼植被生长模型，模拟了盐沼前缘陡坎的生成与演化机制，指出盐沼前缘在自组织行为控制下的自我演化规律，即短期内自组织行为可改善盐沼系统的生境，而自组织的长期效应也可能会导致盐沼系统的消亡。在van de Koppel等（2005）模型的基础上，有学者对于一些物理过程进行了更加详细的刻画，加入了具体的潮流、波浪、海平面上升、泥沙供给等动力过程，盐沼的模拟采用了现场观测生物量与高程数据进行拟合给定。此外，盐沼与潮流、波浪、泥沙动力之间的相互作用也通过一些已有方程合理地进行了反映，模拟结果揭示了盐沼在海平面上升以及边界泥沙供给变化情况下的演化情况。有学者在开源代码Delft3D中加入了风浪模块、盐沼模块（Zhou et al.，2016），进一步分析了盐沼的弱流、消浪、截沙、固沙等生物物理效应对于潮滩多组分泥沙分选作用的影响。

由于一维模型无法反映潮沟等地貌单元，在实际应用中也报道了一些二维动力地貌模型的研究成果。有学者开发的二维模型表明盐沼植被虽然在总体上促进淤积、减少侵蚀（Temmerman et al.，2007），但是在不同盐沼簇团之间由于水流的汇聚作用可形成较强的冲刷，有利于冲刷型潮沟的发育。应用不同的盐沼植被动力地貌模型，有学者发现泥沙供给的增大可促进潮沟的发育，且最初的地貌形态对最终的地貌平衡态有较大的影响（Belliard et al.，2015），进一步地，不同的盐沼类型之间存在促进与竞争机制，也会影响湿地地貌的演化（D'Alpaos and Marani，2016）。此外，有学者发现植物生活史特征对于地貌塑造有巨大影响（Schwarz et al.，2018），快速定植的盐角草属植物容易形成片状分布的盐沼湿地，而慢速定植的米草属植被容易形成斑块状分布的盐沼湿地，因而米草属植被主导的湿地更有利于潮沟的发育，这也决定了不同类型湿地的长期恢复力情况。

4. 混合模型

以上三类模型各有其特点及适用性，在解决实际问题时，有学者也尝试了融合不同类型的模型，开发混合模型，达到取长补短的效果。例如，有学者开发了CA-Markov模型对吉林省向海国家级自然保护区湿地土地覆盖变化进行了动态模拟（赵建军等，2009），由于Markov模型与CA模型均为时间、状态离散的模型，但Markov模型没有空间变量，而CA模型状态变量与空间位置相关，将两者有机结合，可降低转换规则的难度和人为因素的干扰，综合了Markov模型预测能力和CA模型模拟复杂事物变化概率和空间配置的优势，模拟精度达到约75%。这一混合模型也被应用到江苏盐城来研究互花米草扩张的影响（孙贤斌和刘红玉，2014），较好地揭示了外来物种的扩张过程。又如，Ge等（2016）综合考虑长江口潮滩湿地结构演变、植被群落动态机制、外来物种入侵、地形地貌特征、水文和盐潮周期，以及泥沙沉积规律等信息，构建了湿地扩展和盐沼植被群落动态模型（SMM-YE），该模型实际上是综合CA模型与基于动力过程的数学模型开发的一个混合模型，可用于分析和解释气候变化（以海平面上升为主）与人类活动（以外来物种引入为主）影响下湿地植被群落分布的形态特征过程，具有较好的应用前景。

9.3　盐沼的退化机制与生态修复方法

9.3.1　盐沼的退化机制

1．盐沼的退化现状

滨海湿地退化是指在一定的时空背景下，自然因素、人为因素或二者的共同干扰引起的滨海湿地面积缩小、自然景观丧失、质量下降、生态系统结构和功能降低、生物多样性减少等一系列现象和过程。盐沼作为常见的天然滨海湿地类型（左平，2014），由于过度开发和不合理利用而面临严重退化的局面。盐沼面积不断减少，不仅会改变区域水动力特性，破坏原有的生态环境，而且使沿海生物失去生存空间，造成生物多样性减少，对海洋生物资源造成长期的影响。由于围垦和城市扩展，从20世纪80年代至今，滩涂植被丧失了70%以上，自然湿地发育的空间不断减少，盐沼对环境变化的适应能力不断下降。同时围垦后土体利用率不高、利用情况不完善，还引起了航道堵塞、海岸侵蚀等问题，影响排洪泄涝。伴随着经济发展，对盐沼的开发规模不断扩大、开发强度不断增强，盐沼受到的破坏也越来越严重，盐沼生产力随之不断下降，资源量出现萎缩，许多物种甚至灭绝。污染作为盐沼生态系统面临的威胁之一，已经严重影响了其物质循环，并通过食物链的富集作用影响到盐沼的生物资源。污染会引起盐沼生物死亡，破坏原有的生态群落结构，严重影响盐沼的生态平衡。

同时，中国的湿地保护意识较为薄弱，保护手段落后。破坏盐沼的开发行为时有发生，造成了盐沼的损失退化。部分地方经济发展与湿地保护的矛盾常难以彻底解决，为了追求经济利益，常不惜牺牲环境换取眼前的经济发展（韩秋影等，2006）。

2．退化的主要环境压力因素分析

气候变暖、变干是盐沼退化的重要自然原因，全球气候暖干化态势明显，盐沼必然发生变化，由于缺水而转变为旱地、裸地，面积逐渐减少。海平面上升是引起盐沼退化的另一个重要因素。海平面上升及沿海地壳垂直运动和地面沉降会导致海水入侵，不仅增加了盐沼的淹没频率，盐水水位和矿化度也将随之提高，土壤表土积盐和有机质等养分含量降低，进而引起植被退化和生物生产量下降，进而导致盐沼的退化。同时海平面上升还会引起风暴潮灾的增多。风暴潮是一种突发的、高强度的增水现象，当风暴潮发生时，巨大的破坏力能使原有的地貌发生迅速的变化，其产生的次生灾害往往在较长时间内难以消除。当风暴潮发生时，水位增高2~5m，波浪和潮流作用的边界迅速向陆地扩展，海岸受侵蚀、滩面遭冲刷、潮滩结构破碎、沉积物质改变、植被被毁。例如，1981年，14号台风风暴潮使江苏海州湾北部的沙岸后退110m，冲走泥沙近$6.8\times10^6m^3$，相当于同一地区一年内冲走的泥沙总量。同时风暴潮还会扩大海水入侵的范围，加剧海水入侵的危害。而海水入侵又是某些滨海低地重要的灾害之一，不仅能使盐沼水质盐化、恶化水环境，还能直接破坏水资源，影响人们的生产、生活和身体健康。

上游水沙条件是下游三角洲发育及演变的基础。近年来，由于上游大型水利工程的相继实施、用水需求的迅速增加、水资源管理不善及气候的暖干化，上游来水来沙量大大减少。部分盐生植物的主要生长限制因子为水和盐度，上游淡水的减少导致盐生植物难以生长，生

长密度和高度降低，生产力下降甚至死亡，严重威胁了盐沼的生态服务功能。上游的来沙量减少及海滩大量挖沙，使得沿岸物质能量不平衡，进而导致海岸侵蚀，盐沼面积逐年萎缩。

3．退化的主要人类活动压力因素分析

随着经济的不断开发，人类对于盐沼的开发规模不断扩大、开发强度不断增强，盐沼受到的破坏也越来越严重。农业开发、水产业开发、石油开采及相应的基础设施不断占用自然湿地的面积，而石油开采的过程中引起的油井钻探、原油泄漏等将对盐沼表层土壤造成一定程度的破坏，影响地表植被，改变生物栖息环境，导致较为严重的景观破碎化现象，降低盐沼生态系统的自我调节能力和抗干扰能力。同时油田的污染会导致盐沼环境的恶化。沿海风力发电改变了湿地斑块形态，面积减小，同时严重影响了鸟类生存。

滩涂开发与围海是导致盐沼损失退化的主要原因之一。经过人工改造后，表面形态结构、基底物质组成、生物群落结构、湿地水体交换等性质和特征发生改变，盐沼会受到严重损害并可能彻底丧失。在中国，滩涂长期以来被作为土地的后备资源而被积极开发，滩涂的开发与围垦成了解决土地资源矛盾、平衡土地资源不足的重要手段。围垦开发不仅造成盐沼的直接损失，还导致盐沼环境的恶化，使得植被的发育和演替中断，鸟类及底栖生物环境被破坏甚至丧失（李荣冠等，2015）。

过度捕捞是困扰盐沼生物多样性保护的主要问题，近海捕捞、滩涂采集的强度远远超过了盐沼生态系统的承载能力，严重削弱了盐沼的自然再生能力和净化能力，不利于生物多样性的保护和持续利用。随着开发程度的不断加深，资源量出现萎缩，生产力下降，许多物种甚至灭绝。

垦殖是将自然植被改造为人工植被的一种农业活动，破坏了原有生境。在低洼积水类型的盐沼改造中，排干是一个重要过程，必然会导致盐沼的干化，盐沼特征丧失，造成盐沼的损失和退化（李荣冠等，2015）。盐沼的垦殖能带来一定的经济效益，但利用率不高，原有的自然生态效益却彻底丧失。在经济发展中，道路设施、沿岸大堤加剧了景观破碎化，阻断了盐沼的海陆水文联系，隔绝了海陆之间的物质能量流动，处于堤防内的盐沼因潮侵的减少或完全丧失，进而干扰了盐沼生态系统的演替方向，甚至导致其部分功能的丧失，进而影响了盐沼生物的生活，降低了生物多样性。大型水利工程的相继实施改变了上游的来水来沙量，不仅引起海岸的侵蚀，也由于水体浑浊度的降低而影响了鱼类的生存聚集。

环境污染是当前盐沼环境损害和生境丧失的主要原因之一。工农业生产、生活、沿岸养殖业所产生的污水改变了盐沼的理化特征，使物质基础发生变化，原有的生存环境逐渐被破坏，生物栖息地也被破坏，原有的生物群落退化甚至灭绝，生态系统遭到严重破坏。同时，生物还能通过自身对毒物的富集，通过食物链向高营养级别的生物传递而毒害其他生物最终威胁到人类健康。

9.3.2　盐沼生态修复基本原则

1．国际滩涂湿地生态修复总体原则

1）国际湿地公约与生态修复概念　　国际上重点关注湿地的公约签订想法始于20世纪五六十年代，由于欧洲有多处湿地被开垦占用，水禽等野生动物的栖息地丧失严重，在国际自然及自然资源保护联盟（IUCN）的组织下，于1971年在伊朗拉姆塞尔（Ramsar）会议上通过了关于湿地保护修复的国际公约，公约全称为《关于特别是作为水禽栖息地的国际重要湿地公约》，简称《湿地公约》或《拉姆塞尔公约》，现有163个缔约国。目前，1847块在生态学、植物学、动物学、湖沼学或水文学方面具有独特意义的湿地被列入国际重要湿地名录，总面积约 $1.8 \times 10^8 hm^2$。湿地生态修复是指在退化或丧失的湿地通过生态技术或者生态工程进行生态系统结构的修复或重建，使其发挥原有的或预设的生态系统服务功能。国际生态恢复学会（SER）提出，生态修复应使退化的生态系统处于恢复的轨道上，从而适应当地和全球的变化，适应组成物种的持续和演化。

2）国际生态修复总体原则和标准　　2019年9月，国际生态恢复学会发布的第二版《生态恢复实践的国际原则与标准》提出了生态修复的8项原则：①生态恢复需要利益相关方参与；②生态恢复需利用多种知识；③生态恢复实践需要原生参考生态系统提供信息，并考虑环境变化；④生态恢复支持生态系统恢复过程；⑤生态系统恢复需要明确的目标和可测量的指标进行评估；⑥生态恢复追求可实现的最高恢复水平；⑦大规模的生态恢复会产生累积价值；⑧生态恢复是恢复性活动的一部分。

如何判断生态修复的效果是十分关键的，国际学术界提出的判断生态修复成效的5个标准一般包括：①可持续性，即可自然更新；②不可入侵性，即能像自然群落一样抵御恶性生物入侵；③与自然群落类似的生产力；④具有营养保持力；⑤具有包括植物、动物、微生物等各类生物间的相互作用。

2. 中国滩涂湿地生态修复指导原则

目前中国列入公约名录的湿地共有21处，其中典型的滩涂湿地包括：海南东寨港以红树林为主的滩涂湿地、上海崇明东滩盐沼湿地、江苏大丰麋鹿自然保护区盐沼湿地、江苏盐城珍禽自然保护区盐沼湿地、广东湛江红树林自然保护区、广西北海合浦红树林湿地等。

1）中国滩涂湿地保护与修复的相关政策法规概览　　20世纪70年代以前，中国法律法规体系中没有专门以湿地为对象的法规或条例。自中国于1992年加入《湿地公约》后，湿地作为土地资源的综合概念，开始出现在与中国湿地资源保护、利用与管理相关的部分法规和规章中。截至2020年6月，出台了近50部有关湿地保护的地方性法规、10余部地方政府规章，表9.1给出了一些典型法律法规。

表9.1　中国涉及滩涂湿地保护与修复的典型法律法规

时间	相关法律法规和规定	时间	相关法律法规和规定
1982年	《中华人民共和国海洋环境保护法》	2007年	《辽宁省湿地保护条例》
1986年	《中华人民共和国土地管理法》	2012年	《浙江省湿地保护条例》
1994年	《中华人民共和国自然保护区条例》	2013年	《湿地保护管理规定》（国家林业局）
1995年	《海洋自然保护区管理办法》	2016年	《湿地保护修复制度方案》（国务院）
2000年	《中国湿地保护行动计划》（国家林业局）		《福建省湿地保护条例》
2001年	《中华人民共和国海域使用管理法》		《江苏省湿地保护条例》
2003年	《全国湿地保护工程规划（2004—2030年）》	2018年	《海南省湿地保护条例》

2）中国滩涂湿地保护与生态修复基本原则　　2000年以来，沿海滩涂湿地生态保护和修复在中国得到了前所未有的重视，在生态文明建设的指引下，逐渐开始形成相关的法律法规及政府部门文件（表9.1），制定的滩涂湿地的保护修复原则基本与国际接轨，并符合中国国情和特色。以下通过表9.2简介中国近几年相继发布的关于滩涂湿地保护修复的几个重要政府文件。

表9.2 中国近几年相继发布的关于滩涂湿地保护修复的几个重要政府文件

时间	相关文件
2016年	《国务院办公厅关于印发湿地保护修复制度方案的通知》（国办发〔2016〕89号）
	根据中共中央、国务院印发的《关于加快推进生态文明建设的意见》和《生态文明体制改革总体方案》的要求，中国湿地保护修复的基本原则包括以下5个"坚持"： 坚持生态优先、保护优先的原则，维护湿地生态功能和作用的可持续性； 坚持全面保护、分级管理的原则，将全国所有湿地纳入保护范围，重点加强自然湿地、国家和地方重要湿地的保护与修复； 坚持政府主导、社会参与的原则，地方各级人民政府对本行政区域内湿地保护负总责，鼓励社会各界参与湿地保护与修复； 坚持综合协调、分工负责的原则，充分发挥林业、国土资源、环境保护、水利、农业、海洋等湿地保护管理相关部门的职能作用，协同推进湿地保护与修复； 坚持注重成效、严格考核的原则，将湿地保护修复成效纳入对地方各级人民政府领导干部的考评体系，严明奖惩制度
2018年	《国务院关于加强滨海湿地保护严格管控围填海的通知》（国发〔2018〕24号）
	针对滨海湿地（含沿海滩涂、河口、浅海、红树林、珊瑚礁等）大面积减少的问题，通知提出： 深入贯彻习近平新时代中国特色社会主义思想，深入贯彻党的十九大和十九届二中、三中全会精神，牢固树立绿水青山就是金山银山的理念，严格落实党中央、国务院决策部署，坚持生态优先、绿色发展，坚持最严格的生态环境保护制度，切实转变"向海索地"的工作思路，统筹陆海国土空间开发保护，实现海洋资源严格保护、有效修复、集约利用，为全面加强生态环境保护、建设美丽中国做出贡献。 加强海洋生态保护修复的三项工作： 严守生态保护红线。对已经划定的海洋生态保护红线实施最严格的保护和监管，全面清理非法占用红线区域的围填海项目，确保海洋生态保护红线面积不减少、大陆自然岸线保有率标准不降低、海岛现有砂质岸线长度不缩短。 加强滨海湿地保护。全面强化现有沿海各类自然保护地的管理，选划建立一批海洋自然保护区、海洋特别保护区和湿地公园。将天津大港湿地、河北黄骅湿地、江苏如东湿地、福建东山湿地、广东大鹏湾湿地等亟须保护的重要滨海湿地和重要物种栖息地纳入保护范围。 强化整治修复。制定滨海湿地生态损害鉴定评估、赔偿、修复等技术规范。坚持自然恢复为主、人工修复为辅，加大财政支持力度，积极推进"蓝色海湾""南红北柳""生态岛礁"等重大生态修复工程，支持通过退围还海、退养还滩、退耕还湿等方式，逐步修复已经破坏的滨海湿地
2020年	《全国重要生态系统保护和修复重大工程总体规划（2021—2035年）》（国家发展和改革委员会、自然资源部）
	梳理了生态保护和修复面临的形势，分析了生态保护和修复的工作成效，并指出了6方面主要问题：①生态系统质量功能问题突出；②生态保护压力依然较大；③生态保护和修复系统性不足；④水资源保障面临挑战；⑤多元化投入机制尚未建立；⑥科技支撑能力不强。 总体布局了7类重点区域，其中海岸带区域被单独提出，并在生态系统保护和修复的九大重大工程中专设了"海岸带生态保护和修复重大工程"，布局了6个重点工程，其中重点工程"黄渤海生态保护和修复"尤其提到了江苏苏北滩涂湿地的保护修复

9.3.3 盐沼修复常用方法

盐沼对于污染物具有净化功能，因而具有"地球之肾"的称谓。盐沼对于环境的净化功能主要包括盐沼的过滤、沉积和吸附作用的物理净化，咸淡水混合可溶物质发生化学反应形成新生相物质的化学净化和植物微生物的吸收作用的生物净化（陆健健和何文珊，2006）。随着工农业生产的发展和人口的增多，人类对于盐沼的开发规模不断扩大、开发强度不断增强，盐沼受到的破坏也越来越严重，盐沼生产力随之不断下降，资源量出现萎缩，许多物种甚至灭绝。

盐沼修复是指通过生态技术或者生态工程对退化或消失的盐沼进行修复或重建，再现干扰前的结构和功能，以及相关的物理、化学和生物学特性，使其发挥应有的作用（陆健健等，2015）。

1. 生物组分修复

互花米草具有生长迅速、根系强大、耐高盐、生殖能力强等特性，曾被认为是一种适合用来修复生态系统的物种。中国于1979年将互花米草从北美引入，经人工栽种和自然扩散在沿海湿地大面积扩张，与本地植物物种形成激烈的竞争格局，对本地生态系统造成了深远的影响。互花米草能够较好地抵抗风浪，保滩护岸，拦截泥沙，促淤造陆，吸收营养盐，分解污染物。但扩张过快的互花米草能改变盐沼生境，植株高而密，改变了原光滩沉积物的物理、化学环境和潮汐水动力条件，从而影响到光滩上生物的原有生存环境。在中国，还未发现在亚热带和温带的自然条件下可以代替互花米草的植物，因此可以通过人工干扰如"地貌水文饰变"工程，进行芦苇对互花米草的逐步替代。例如，通过围堰、刈割、淹水、晒地等物理措施，滩涂米草除控剂等化学措施，移栽碱蓬、芦苇等本地植物的生物措施，达到控制外来物种的目的，削除入侵植物的影响，控制其再次入侵，以起到保护滩涂、提高初级生产力、改良盐碱地、缓解污染和丰富生物多样性的作用。

过度捕捞直接造成生态系统中生物数量和种类发生变化，导致盐沼生物群落组成和生态结构遭到破坏，生态系统崩溃。由过度捕捞而产生的盐沼衰退的情况，常常根据该地原有的生物组成，释放不同种类的生物，使得该地的生物群落结构得到合理的配置，自然种群得以恢复。同时建立相关法律法规，采取多种控制捕捞强度和保护资源的措施，从根本上对盐沼生态系统进行保护。

2. 生境改良修复

重金属在土壤中以多种形态存在，不能被降解而从环境中彻底消失，只能从一种形态转化为另一种形态，从高浓度转变为低浓度，能在生物体内积累富集。因此对于重金属的生境改良常采取两种方式：①通过种植植物对重金属进行吸收和积累，从而除去重金属；②利用生物化学、生物活性，将重金属转化为毒性较低的产物；或利用重金属与微生物的亲和性进行吸附及生物学活性最佳的机会，以达到降低其活性的目的。

石油污染对生态环境的影响巨大，会影响土壤的通透性，降低土壤质量，阻碍植物根系的呼吸与吸收，降低土壤的有效磷、氮的含量，甚至渗入地下水使其污染，同时石油中多环芳烃会严重危及人类健康（齐永强和王红旗，2002）。海洋细菌多具有降解石油的能力，其降解过程是好氧过程。同时翅碱蓬、芦苇等盐沼植物能够在受污染的土壤中良好生长，并降低盐碱土中的石油烃含量。同时可以通过接种石油降解菌、使用分散剂和氮磷营养盐以达到加速海洋石油污染修复的目的。

盐碱地生物改良针对不同地段的含盐量水平，选择适当的耐盐植物进行人工种植，通过抑制地表水分蒸发，促进耕作层盐分的淋溶，从而有效降低盐荒地土壤含盐量，从而形成良性循环。例如，黄河三角洲由于地下水位高、地下水矿化度高、蒸降比高等特点，有大量滨海盐碱地难以彻底治理。针对滨海退化盐沼湿地，通过碱蓬、盐地碱蓬等主要植被的培养移植，使其起到保护滩涂、改良盐碱地和丰富生物多样性的作用。还可以采用淡水引入的方式改善土壤水分情况，降低盐碱度；通过物理翻耕的措施和微地形的设置，改善土壤的水分和透气条件；筛选土壤改良剂并布设暗管排水系统，也能在一定程度上改善土壤盐碱度。

随着经济的发展，水体富营养化也逐渐严重。随着水产养殖的快速发展，养殖水体的自身污染和富营养化已成为严重的环境问题。残饵、排泄物的积累是水体富营养化、有机质含量增加的主要原因。作为生物过滤器的大型海藻可以有效地吸收利用养殖环境中的氮、磷等营养物质，从而减轻养殖废水对环境的影响。大型海藻通过光合作用吸收并固定大量碳、氮、磷等营养物质，由海洋转移到陆地，不仅能提高养殖系统的经济输出，还能达到净化水质的目的。工农业的污水和城市生活废水也是水体富营养化的重要来源。采取有效的管控措施，生产企业的污水一定要经过严格的处理，符合排放标准后才能排入河流。同时加强监测监管，及时发现，及时响应，及时处理（王朝霞，2020）。

生态补水技术主要通过上游大型水利工程，将上游丰水期和雨季的淡水贮存起来，用于旱季的淡水补充，以冲淡盐沼土地的盐碱度，进而增加芦苇面积，为原生盐沼植物的生存和繁衍提供场所。盐沼的生态补水技术需要对历史径流的大量模拟和生态水文过程进行分析，计算其生态需水量和补水量。还需要对盐沼生态补水方式、补水时间进行调试，寻找最优组合，建立长效补水机制。同时可以促进水陆和水系之间的连通，疏通潮沟、改造涵洞、拆除堤坝，增加水体流动性，增加潮汐对盐沼的影响，同时潮汐能够保证植物不因盐分结晶成盐鞘而死亡，有助于恢复盐沼动植物群落。

3．大型工程修复

随着陆源污染物入海量的增加和海岸带开发所带来的生态结构的失衡，盐沼生态环境不断恶化。迄今为止，对于盐沼生态环境的保护主要集中在限制排放，加强海域使用管理的领域上。盐沼生态恢复与建设是滨海湿地研究的一大热点，但目前以生态建设为主要目标的治沙工程、退耕还林工程等大型修复工程还未见有较大的行动。中国滨海湿地的恢复研究主要集中在南方生物海岸湿地的恢复和重建上，包括红树林和珊瑚礁两大生态系统。近年来，中国北方滨海湿地生态系统的恢复重建也有了一定的进展。2002年国家投资近亿元进行黄河三角洲湿地生态恢复和保护工程，是中国近年来较为成功的滨海湿地生态恢复项目。通过引灌黄河水、增加湿地淡水存量，强化生态系统的自身调节能力，有效地改善了湿地生态环境，为进一步救治、保护动植物提供了有利条件。

现有的滨海湿地修复研究主要局限在作用机制的应用性基础研究阶段，难以满足各级政府决策所需的相关技术经济数据需要。工程化研究就是将应用性基础研究成果结合实际进行选择性集成和"产品化"设计，以期在经济成本和机会成本分析的基础上进行可行性评价。盐沼修复的大型工程将成为滨海湿地修复技术的发展趋势和主流。

9.4 黄河三角洲盐沼海岸修复案例

9.4.1 黄河三角洲情况简介

1．黄河三角洲特性

黄河三角洲处于陆地生态系统和海洋生态系统的交错过渡地带，受河流、海水的双重影响，发育出了多种多样的生态系统，是沿海地区生态安全的重要屏障，并且具有典型的原生性、脆弱性、稀有性及国际重要性等特征，是重要的鸟类栖息地、繁殖地、中转站，在世界河口湿地生态系统中极具代表性。黄河三角洲具有原生性，即陆地生态系统从无到有，其结构和变化表现出明显的原始性；许多新生湿地尚未遭到干预和破坏，仍基本处于典型的自然演替中，湿地景观发育处在初始阶段，景观和生态系统在时间与空间上都是年轻化的。

黄河三角洲具有的脆弱性体现在：①黄河三角洲的成土历程短，土壤养分少，地表蒸发快,极易盐碱化;②黄河三角洲的生态系统发育层次低,物种多样性匮乏,使得黄河三角洲湿地生态系统处于一种物质和能量、结构和功能的非均衡状态,缺乏自我调节能力和抵抗外界干扰能力。由于以上两点,黄河三角洲属于脆弱的生态敏感区。

三角洲处于鸟类重要的迁徙线路上,有众多鸟类飞临、栖息、繁殖,对珍稀鸟类的保护有重要意义。

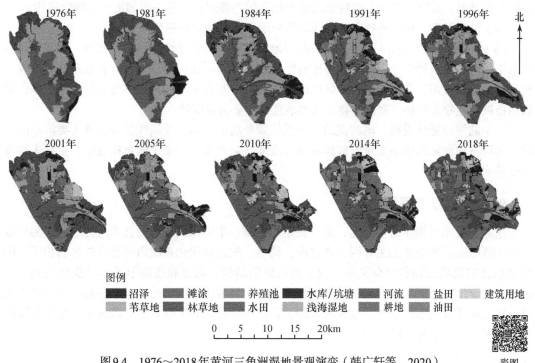

图9.4   1976～2018年黄河三角洲湿地景观演变(韩广轩等,2020)

2.黄河三角洲的植被演替规律

植被演替是生态演替的重要组成部分,是生物适应环境并不断组织调整的过程(图9.4)。黄河三角洲滨海湿地的演替呈现出沿河向海明显的层次结构。一般而言,在主要受河流淡水影响的上游地段,为淡水型芦苇;在受到海河作用交替的下游,逐渐由淡水型芦苇过渡到咸水型芦苇。河流向海方向,呈现逐渐向盐生植物演替趋势:芦苇—柽柳—碱蓬。在这一过程中,河流的泛滥、泥沙的堆积使河岸不断淤高,由河向海形成一个地势梯度,也导致河流淡水与海水呈一个水力梯度。由于地面物质流及水动力因素共同作用,陆地及其环境特征向海扩张,植被带也随之发生迁移。

3.黄河三角洲滨海湿地及其主要面临的生态环境问题

近年来,受石油开发、围滩养殖、围垦耕种、盐田开发、港口和防潮堤坝建设、道路建设及水资源短缺等因素的影响,黄河三角洲滨海湿地不断退化和萎缩,土地盐渍化、生物多样性减少等生态环境问题日益凸显,区域开发与湿地保护的矛盾突出。

目前,黄河三角洲滨海湿地主要面临的生态环境问题有以下6点。

(1)陆-海-河互相作用显著,湿地冲淤变化演变剧烈。近年来,除入海口外,其他地段均出现了不同程度的侵蚀后退,自2002年开始,每年对黄河进行的调水调沙改变了河口落潮动力,影响了泥沙的沉积过程,对近海生态环境产生了多方面的影响。

（2）黄河水沙通量减少，影响新生湿地的增长。2002年以来的调水调沙，使得水沙通量减少，据利津水文站的统计资料，2002～2012年的年均流量仅为$1.409×10^6m^5$，为过去50年平均流量的41%，不能维持滨海湿地的动态平衡。同时，不能保证黄河有充足的水、沙供应，意味着不能给土壤淡水补给，使得土壤含盐度上升，植被盖度降低，生态系统退化。

（3）气候暖干化趋势明显，湿地对淡水资源的依赖性增加。1960年以来，黄河三角洲地区以冬季升温、夏季干旱为主要特征的暖干化气候趋势明显，进一步加重了土壤盐渍化。

（4）油田开发、围垦养殖等人类活动的影响，使滨海湿地退化严重。

（5）互花米草大规模入侵，威胁滨海湿地和近海生物多样性。1990年前后，黄河三角洲孤东采油区附近引种互花米草，有明显的促淤效果；但从2010年开始，互花米草开始迅速生长蔓延，遍布黄河三角洲自然保护区的潮间带区域。互花米草在黄河三角洲的无序扩张，对盐沼植被的生物多样性、底栖生物和鸟类栖息地质量构成威胁。

（6）陆海连通性受损，滨海湿地生态系统服务功能下降。受到气候变化及人类活动的影响，黄河三角洲陆海生态系统的破碎度及分离度日益严重，带来了栖息地退化、生物多样性降低等问题。

9.4.2 修复工程措施

生态恢复是根据生态学原理，通过特定的生物、生态以及工程的技术与方法，人为地改变和切断生态系统退化的主导因子或过程，调整、配置和优化系统内部及其外界的物质、能量和信息的流动过程和时空次序，使生态系统的结构、功能和生态学潜力尽快恢复到一定的水平。湿地生态恢复的理论基础是恢复生态学。目前生态恢复的基本思路是根据地带性规律、生态演替及生态位原理，选择适宜的植物，构造种群和生态系统，以逐步使生态系统恢复到一定的功能水平（图9.5）。

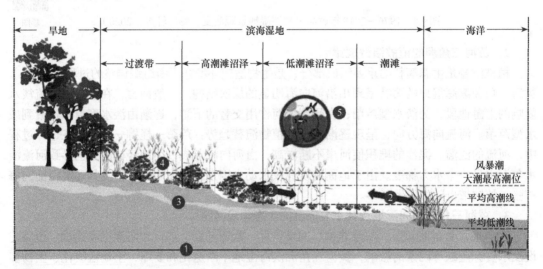

图9.5 黄河三角洲健康滨海湿地模式示意图（韩广轩等，2020）

彩图

①背景：决定了湿地中的约束和机会。本地植物物种、鱼类和迁徙鸟类生长在特定的环境和气候条件下。②过程：以动态的方式创造和维持湿地。径流通过沉积物来维持沼泽；潮汐创造海滨湿地植被的带状分布。③连通性：使物质运移和生物迁徙。湿地景观网络和水系网络为生物从陆地向海洋迁移提供了通道。④异质性和多样性：为湿地野生动物提供了一系列栖息地选择。不同植被群落和不同水深环境提供了多样的栖息地环境和类型。⑤食物网：决定湿地的生态系统稳定性。一般情况下食物网越复杂，湿地生态系统稳定性越高

生态恢复的总体目标是采用适当的生物、生态及工程技术，逐步恢复退化湿地生态系统的结构和功能，最终达到湿地生态系统的自我持续状态。植物修复作为生态修复的一种，其修复技术具有 6 种类型，分别是植物萃取、植物挥发、根系过滤、植物催化、植物固定、植物降解。水生高等植物大量吸收水体中的营养盐、重金属，改良盐碱地为其作用原理。其不足在于，需要根据湿地的不同类型及其污染程度和种类因地制宜，尚未形成生物修复本身的标准性和系统性。对黄河三角洲进行植物修复技术，多采用碱蓬与芦苇作为主要的修复物种。下面以碱蓬植物生态修复进行具体说明。

针对碱蓬不同生长期的耐盐性与耐盐机制特点，在不同盐分环境下进行生态适应性研究，采取了翻耕、施肥和利用芦苇碎屑培肥三种方式分别进行修复，在黄河三角洲建立野外生态修复小区，研究不同修复方式对重度退化湿地的修复效果。

1．对于土壤 Na^+ 含量的影响

处理组均有降低（降低到初期的百分比）——翻耕（77%）、施肥（72%）和利用芦苇碎屑培肥（56%），利用芦苇碎屑培肥 Na^+ 含量显著低于其他组，其原因可能是利用芦苇碎屑改良的方法能够增加盐地碱蓬的密度与产量，从而对土壤返盐速度产生了不同影响。

对于次年的检测，三种处理的土壤 Na^+ 含量均显著低于对照组，三种处理方法之间 Na^+ 含量差异不显著。

2．对于土壤养分的影响

对于土壤养分的影响，处理组的有机碳和全氮含量显著高于对照组；试验组的有效钾先高于对照组后低于对照组，其原因可能为处理组后期碱蓬生长从土壤中汲取了更多的营养元素，使得有效磷、有效钾含量降低。

3．对于碱蓬生长的影响

通过分析三种修复方式对盐地碱蓬当年与次年生长的影响后，可知次年植株密度增大但高度降低，可能是由于密度过高对植物生长产生了强烈的制约作用。三种修复方式对于碱蓬密度有显著增加，对于重度退化的盐碱湿地具有明显的改善作用。

总体而言，三种碱蓬修复方法均对重度退化盐碱湿地起到了显著的改良效果，从土壤含盐量、营养元素积累、植物种群建立等方面都取得了较为理想的生态修复预期效果。

思　考　题

1．盐沼在全世界和中国范围的分布情况如何？有哪些重要的生态服务功能？

2．请简述盐沼潮滩的演变规律及影响因子。

3．请归纳盐沼潮滩演变模拟技术手段并讨论其优劣和适用性。

4．请简要阐述盐沼退化的机制和常用的修复手段。

参　考　文　献

崔保山，刘兴土．1999．湿地恢复研究综述．地球科学进展，4：3-5

崔保山，杨志峰．2001．湿地生态系统模型研究进展．地球科学进展，16（3）：352-358

龚政，陈欣迪，周曾，等．2021．生物作用对海岸带泥沙运动的影响．科学通报，66（1）：53-62

管玉娟，张利权，陈春祥．2009．基于CO-CA的海岸带盐沼植被动态扩散模型研究．武汉大学学报（信息科学版），34（6）：

701-705

郭笃发. 2006. 利用马尔科夫过程预测黄河三角洲新生湿地土地利用/覆被格局的变化. 土壤，1：42-47

韩广轩，宋维民，李培广，等. 2020. 长期生态学研究为滨海湿地保护提供科技支撑. 中国科学院院刊，35（2）：218-228

韩秋影，黄小平，施平，等. 2006. 华南滨海湿地的退化趋势、原因及保护对策. 科学通报，51（B11）：102-107

贺强. 2013. 黄河口盐沼植物群落的上行、种间和下行控制因子. 上海：上海交通大学博士学位论文：157

贺强，安渊，崔保山. 2010. 滨海盐沼及其植物群落的分布与多样性. 生态环境学报，19（3）：657-664

李荣冠，王建军，林和山. 2015. 中国典型滨海湿地. 北京：科学出版社：432

李希之，李秀珍，任璘婧，等. 2015. 不同情景下长江口滩涂湿地2020年景观演变预测. 生态与农村环境学报，31（2）：188-196

陆健健. 1996. 中国滨海湿地的功能. 环境导报，1：41-42

陆健健，何文珊. 2006. 湿地生态学. 北京：高等教育出版社

齐永强，王红旗. 2002. 微生物处理土壤石油污染的研究进展. 上海环境科学，3：177-180

孙贤斌，刘红玉. 2014. 基于Markov-CA模型互花米草扩张影响因素与强度辨识. 生态与农村环境学报，30（1）：38-43

王东辉，张利权，管玉娟. 2007. 基于CA模型的上海九段沙互花米草和芦苇种群扩散动态. 应用生态学报，12：2807-2813

王卿，汪承焕，黄沈发，等. 2012. 盐沼植物群落研究进展：分布、演替及影响因子. 生态环境学报，21（2）：375-388

王朝霞. 2020. 河流水体富营养化的影响因素及水质变化分析. 农业与技术，40（14）：117-118

姚成，万树文，孙东林，等. 2009. 盐城自然保护区海滨湿地植被演替的生态机制. 生态学报，29（5）：2203-2210

于君宝，栗云召，管博. 2019. 黄河三角洲滨海湿地退化过程与生态修复. 北京：科学出版社：503

张怀清，唐晓旭，刘锐，等. 2009. 盐城湿地类型演化预测分析. 地理研究，28（6）：1713-1721

赵建军，张洪岩，乔志和，等. 2009. 基于CA-Markov模型的向海湿地土地覆被变化动态模拟研究. 自然资源学报，24（12）：2178-2186

郑洁，刘金福，吴则焰，等. 2017. 闽江河口红树林土壤微生物群落对互花米草入侵的响应. 生态学报，37（21）：7293-7303

左平. 2014. 江苏盐城滨海湿地生态系统与管理——以江苏盐城国家级珍禽自然保护区为例. 北京：中国环境科学出版社：370

Belliard J P, Toffolon M, Carniello L, et al. 2015. An ecogeomorphic model of tidal channel initiation and elaboration in progressive marsh accretional contexts. Journal of Geophysical Research: Earth Surface, 120(6): 1040-1064

Botto F, Iribarne O. 2000. Contrasting effects of two burrowing crabs (*Chasmagnathus granulata* and *Uca uruguayensis*) on sediment composition and transport in estuarine environments. Estuarine, Coastal and Shelf Science, 51(2): 141-151

D'Alpaos A, Marani M. 2016. Reading the signatures of biologic-geomorphic feedbacks in salt-marsh landscapes. Advances in Water Resources, 93: 265-275

Dale M, Dale P, Edgoose T. 2002. Using Markov models to incorporate serial dependence in studies of vegetation change. Acta Oecologica, 23(4): 261-269

Deegan L A, Johnson D S, Warren R S, et al. 2012. Coastal eutrophication as a driver of salt marsh loss. Nature, 490(7420): 388-392

Fagherazzi S, Kirwan M L, Mudd S M, et al. 2012. Numerical models of salt marsh evolution: Ecological, geomorphic, and climatic factors. Reviews of Geophysics, 50(1): G1002

Ge Z, Wang H, Cao H, et al. 2016. Responses of eastern Chinese coastal salt marshes to sea-level rise combined with vegetative and sedimentary processes. Scientific Reports, 6(1): 28466

Hinkle R L, Mitsch W J. 2005. Salt marsh vegetation recovery at salt hay farm wetland restoration sites on Delaware Bay. Ecological Engineering, 25(3): 240-251

Huang H, Zhang L, Guan Y, et al. 2008. A cellular automata model for population expansion of *Spartina alterniflora* at Jiuduansha Shoals, Shanghai, China. Estuarine, Coastal and Shelf Science, 77(1): 47-55

Levine J M, Brewer J S, Bertness M D. 1998. Nutrients, competition and plant zonation in a New England salt marsh. Journal of Ecology, 86(2): 285-292

Mcowen C, Weatherdon L, Bochove J, et al. 2017. A global map of saltmarshes. Biodiversity Data Journal, 5: e11764

Mudd S M, D'Alpaos A, Morris J T. 2010. How does vegetation affect sedimentation on tidal marshes? Investigating particle capture and hydrodynamic controls on biologically mediated sedimentation. Journal of Geophysical Research, 115(F3): F3029

Murray A B, Knaapen M A F, Tal M, et al. 2008. Biomorphodynamics: Physical-biological feedbacks that shape landscapes. Water Resources Research, 44(11): W11301

Schwarz C, Gourgue O, van Belzen J, et al. 2018. Self-organization of a biogeomorphic landscape controlled by plant life-history traits. Nature Geoscience, 11(9):672-677

Silliman B R, van de Koppel J, Bertness M D, et al. 2005. Drought, snails, and large-scale die-off of southern U.S. salt marshes. Science, 310(5755): 1803-1806

Silliman B R, Zieman J C. 2001. Top-down control of *Spartina alterniflora* production by periwinkle grazing in a Virginia salt marsh. Ecology, 82: 2830-2845

Temmerman S, Bouma T J, van de Koppel J, et al. 2007. Vegetation causes channel erosion in a tidal landscape. Geology, 35(7): 631-634

van de Koppel J, van der Wal D, Bakker J P, et al. 2005. Self-organization and vegetation collapse in salt marsh ecosystems. The American Naturalist, 165(1): E1-E12

Zheng Z, Tian B, Zhang L W, et al. 2015. Simulating the range expansion of *Spartina alterniflora* in ecological engineering through constrained cellular automata model and GIS. Mathematical Problems in Engineering, 2015: 1-8

Zhou Z, Ye Q, Coco G. 2016. A one-dimensional biomorphodynamic model of tidal flats: Sediment sorting, marsh distribution, and carbon accumulation under sea level rise. Advances in Water Resources, 93: 288-302

红树林生态修复

红树林分布于热带和亚热带的海岸，以抵御风暴潮、海啸等海岸灾害闻名。2004年12月印度洋发生海啸，造成22.6万人死亡，而印度沿海距离海岸仅几十米远的瑟纳尔索普渔村却由于红树林的掩护躲过了海啸的袭击。除抵御海岸洪水灾害外，红树林还能发挥巨大的生态效应。红树林是至今世界上少数几个物种最多样化的生态系统之一，生物资源量非常丰富，吸引各种海洋生物在此繁衍生息，为候鸟的越冬场和迁徙中转站，还能发挥强大的水质净化作用。本章围绕红树林的类型、特点、分布、破坏和修复方法进行讲述。

10.1 红树林的类型及特点

10.1.1 红树林的组成

红树林是天然分布于热带、亚热带屏蔽海岸潮间带的一类木本植物群落的统称，其名称源于热带沿海的居民在砍伐、刮伤红树科（Rhizophoraceae）植物后，发现树皮、木材呈现出鲜红色，因而得名。红树林的英文名"mangrove"则被认为起源于葡萄牙语中对红树林的称谓"mangue"。组成典型红树林的优势植物主要为以红树科木榄属（*Bruguiera*）、角果木属（*Ceriops*）、红树属（*Rhizophora*）为代表的种类，具有在呼吸、水分与离子平衡、种群繁殖等方面适应潮间带滩涂生境的生理生态特征的植物，通常称为真红树植物（true mangrove）。此外，尚有部分分布在真红树植物向陆后缘的植物，在耐淹浸、耐盐碱等适应能力方面均不如真红树植物，它们也可以出现在陆地、淡水湿地的生境中，被称为半红树植物（semi-mangrove）和红树林伴生植物（mangrove associate）。全球目前已记录的真红树植物最少有82种，包括分布于印度洋—西太平洋沿岸类群（Indo-Western Pacific，IWP）的68种，以及分布于大西洋—东太平洋沿岸类群（Atlantic-Eastern Pacific，AEP）的19种。

10.1.2 红树林生境的水土环境特征

由于分布在河口、海岸的潮间带中，红树林生境具有许多与陆地、海洋生态系统差异较大的水土环境特征，显得十分独特（图10.1）。

首先，红树林通常生活在淡水至海水的环境中。随着水体盐度的增加，土壤溶液的渗透势会逐渐下降。生活在高盐水体环境中的植物，会面临着如何利用根系从高盐生境中获取维持正常生理活动所需的水分的问题。特别在一些干旱的热带地区沿海，如印度洋的印度河河口、红海沿岸等区域，因为高温蒸发的作用，生境中的土壤水分盐度甚至可达海水的2倍。另外，在潮汐周期性影响下，生境盐度的波动对于植物产生的水分平衡障碍会更加严重，对植物的水分生理考验更大。

彩图

图10.1　马来西亚 [（a）] 和埃及 [（b）] 的红树林（照片提供：施苏华）

其次，红树林生境周期性受潮水淹没，土壤团粒之间的空隙常常被水分填满，从空气中扩散进入土壤的氧气也非常有限，加之土壤中的微生物代谢活动对氧气的消耗，造成植物的地下组织难以从土壤中获取足够的氧气进行呼吸作用。除此以外，当土壤中氧化还原电位（redox potential）在缺氧环境中下降为 $-200\sim-100mV$ 时，当中的硫酸盐和有机质会大量转化为硫化物和甲烷，对植物的生长发育带来毒害作用。因此，缺氧和毒性作用是潮水周期性影响环境而对红树林植物最重要的不利影响。

最后，河口海岸地区的红树林还将面对强风、波浪和风暴潮的威胁，在一些局部地区飓风与台风等极端天气也为红树林的生存带来了挑战。在高动能的海岸环境中，风和水流的共同作用将直接影响红树植物的繁殖体传播、幼苗定居、个体生长发育。虽然适当的风力和潮流作用是红树林传播的必要外力条件之一，但过强的风力、洋流及波浪将降低红树植物繁殖体的固着与扎根过程，为红树林的扩张带来障碍。此外，波浪带来的扰动也会导致红树林林下土壤的再悬浮效应（resuspension），甚至导致滩涂表面的侵蚀，影响红树林整体的稳定性。在一些主航道边缘受船行波影响较为强烈的地段，向海一侧边缘的红树林甚至有被冲刷倒伏的现象。

10.1.3　红树林对环境逆境条件的适应

由于地处海陆交界的生境之中，红树林生态系统除具备陆地、海洋生态系统具有的一些共同环境特质以外，还有更多属于河口、海岸独特的水文地质条件，如相对于陆地淡水生境的高盐度水体、周期性的浸没和出露、风和波浪的扰动、强大的潮流与径流、粒径细小的沉积物等（Duke et al.，1998），影响着里面的生物种类及其组成、生物地球化学循环过程以及生态功能。经过漫长的演化过程，红树植物逐渐衍生出一套应对其生境环境因子的适应策略。

1）对高渗透压水体的适应　　红树林主要通过拒盐和泌盐这两种生理活动实现对海水高渗透压环境压力的适应。例如，桐花树属（*Aegiceras*）、海榄雌属（*Avicennia*）、木榄属、秋茄树属（*Kandelia*）、红树属种类的根部在蒸腾吸收高盐土壤溶液中的水分时，会将90%以上的无机盐离子阻隔在根部以外。其无机离子隔离的比例会随着盐度的增加而增加，最高可达99%；而老鼠簕属（*Acanthus*）、桐花树属、海榄雌属、角果木属的种类则会将根系吸收进入体内的高盐溶液中的无机离子，通过叶片表面盐腺分泌的方式排出多余盐分。值得注意的是，拒盐和排盐都是需要主动消耗能量的生化过程，在极端气温（<5℃）和月平均气温（<10℃）较低、光照不足的环境中会使红树植物体内储存的能量过度消耗后而无法生存，因此导致了红树林植被只能出现在温暖的热带、亚热带地区，并且形成在林下层缺乏植物生长的单层结构（Hogarth，2015）。

2）对潮汐周期性淹浸和出露的适应　　与绝大多数陆生植物相比，红树林生长的底质环境属于低氧或缺氧的状态，即便潮水退去、滩涂出露的时候，其底质也处于水分接近饱和的状态。为了适应土壤中空气稀少、水分饱和的环境，红树林植物大多演化出气生根——生长在空气中的根系结构，典型的如海榄雌属、木榄属、海桑属（Sonneratia）植物的呼吸根（pneumatophore），以及红树属植物的支柱根（prop root）。这些暴露在空气中的根，可以将空气输送至土壤深层的根系中，使红树植物适应缺氧的环境，维持正常的生理活动。此外，土壤中生理活动较为旺盛的细根（fine root）部分，则主要集中于透气性较好的浅层土壤中，以获得更多的空气（He et al.，2018）。

3）对松软底质和高动能环境的适应　　红树林植被生长的底质通常为粒径较细、容重较小、含水率高的潮滩土，植物在上面扎根固着的难度较大。此外，涨潮高水位时水流、波浪带来的高动能环境，也大大影响了红树植物生长定居的稳定性。为了应对生境中高动能、不稳定的条件，红树植物在根系形态和繁殖机制方面逐渐形成了自己特有的特征。其中，根系通过水平和立体空间上的延伸，形成呼吸根、支柱根、板状根（buttress root）等形态变异，构建了庞大、错综复杂的网络，增加个体在松软底质上的稳定性。在繁殖机制方面，红树植物最具特色的机制则为胎生（viviparity），即繁殖体（propagule）在离开母树之前已先行在树上萌发，延伸出下胚轴（hypocotyl）的部分，可以通过自身重力作用跌落入泥滩而在较短时间内萌发出根系，固定幼苗。

10.2　红树林海岸的分布

10.2.1　红树林海岸在世界的分布

红树林广泛分布于南北回归线之间的亚热带和热带海岸。在北半球，红树林最北可分布到大西洋的百慕大群岛（32°20′N）；在南半球，红树林最南可以分布到太平洋的新西兰海岸（38°59′S）。总体而言，从赤道向南或向北，纬度越高，红树植物种类越少，红树林高度越低。由于统计方法的差异，目前对全球红树林的总面积尚存在一些争议，如根据Giri等（2011）统计，2000年全球红树林面积为$1.3776 \times 10^7 hm^2$，而Hamilton和Casey（2016）统计结果显示，2000年全球红树林面积为$8.350 \times 10^6 hm^2$，2010年下降为$8.190 \times 10^6 hm^2$。

在全球范围内，红树林主要分布于印度洋及西太平洋沿岸118个国家和地区的海岸（Giri et al.，2011）。其中，印度尼西亚是世界上拥有红树林面积最大的国家，达$3.113 \times 10^6 hm^2$，约占全球红树林面积的1/5。澳大利亚、巴西、墨西哥、尼日利亚和马来西亚分别拥有约98万hm^2、96万hm^2、74万hm^2、65万hm^2和51万hm^2红树林，位列第2~6位（表10.1）。世界面积最大的红树林区域是亚洲的孟加拉湾（$1.0 \times 10^6 hm^2$）和非洲的尼罗河三角洲（$7.0 \times 10^5 hm^2$）。

全球红树植物的种类约为83种（Duke，2017）。其在全球有两个分布中心：一个是以东亚和大洋洲为主的东方类群（Indo-West Pacific，IWP），另一个是以大西洋两岸为主的西方类群（Atlantic-East Pacific，AEP）。东方类群的红树植物种类丰富，多达54种（杂交种9种，共63种），而西方类群红树植物种类数量较少，仅为17种（杂交种2种，共19种）（Duke，2017）。印度-马来半岛是全球红树植物物种多样性最丰富的地区。

表10.1 全球主要国家和中国的红树林面积（Giri et al., 2011）

序号	国家	面积/hm²	占全球总面积的比例/%	所在地区
1	印度尼西亚	3 112 989	22.6	亚洲
2	澳大利亚	977 975	7.1	大洋洲
3	巴西	962 683	7.0	南美洲
4	墨西哥	741 947	5.4	北美洲、中美洲
5	尼日利亚	653 669	4.7	非洲
6	马来西亚	505 386	3.7	亚洲
7	缅甸	494 584	3.6	亚洲
8	巴布亚新几内亚	480 121	3.5	非洲
9	孟加拉国	436 570	3.2	亚洲
10	古巴	421 538	3.1	中美洲、北美洲
11	印度	368 276	2.7	亚洲
12	几内亚比绍	338 652	2.5	非洲
13	莫桑比克	318 851	2.3	非洲
14	马达加斯加	279 078	2.0	非洲
15	菲律宾	263 137	1.9	亚洲
	……	……	……	
	中国	30 000	0.2	亚洲
合计		1.3776×10^7	100.0	

10.2.2 红树林海岸在中国的分布

在中国，红树林的自然分布范围是南方的海南、广东、广西、福建、浙江、香港、澳门和台湾等8省份，介于海南的榆林港（18°09′N）和福建福鼎的沙埕湾（27°20′N）之间。人工引种的北界是浙江乐清西门岛（28°25′N），其引种的物种为秋茄树（Kandelia obovata）。

中国现有红树林总面积为2.71×10^4hm²（2021年8月数据），占全球红树林总面积的2‰。海南省海岸滩涂面积大，红树植物种类丰富，是中国拥有红树植物种类最多的省份，总面积约4900hm²。海南省红树林主要分布在东北部的东寨港、清澜港和南部的三亚港及西部的新英港等，其中海南省东部沿海海岸曲折，滩涂资源丰富，红树林种类多，结构复杂，为红树林的集中分布区。东寨港和清澜港是海南最大的红树林分布区，其中东寨港是中国建立的第一个红树林类型的湿地自然保护区（1986年）。广东和广西分别拥有8922hm²和14 256hm²的红树林。分布于雷州半岛的广东湛江红树林国家级自然保护区是中国面积最大的红树林自然保护区，目前保护区内红树林面积已达到7228hm²。福建的红树林总面积为1429hm²，主要分布在云霄漳江口、九龙江口和泉州湾等地。香港和台湾分别拥有380hm²和278hm²的红树林。香港的红树林主要分布在深圳湾米埔、大埔汀角、西贡和大屿山岛等地，台湾的红树林主要分布在台北淡水河口、新竹红毛港至仙脚石海岸。浙江没有天然红树林，自20世纪50年代开始人工引种秋茄树，面积达163hm²。

在红树林物种方面，由于中国地处全球红树林分布的北缘，受低温的控制，中国的红树植物种类相对于东南亚国家较少。然而，中国红树林以全球约2‰的面积承载了全球约1/3的物种，从这一角度来说，中国的红树林物种类型是相对丰富的。2017年的大范围调查确定了中国大陆有红树植物37种（其中真红树植物26种，半红树植物11种）。根据IUCN的标准，26种真红树植物中处于珍稀濒危状态的占50.0%；11种半红树植物中处于珍稀濒危状态的有4种，占36.4%。以上数据远高于中国高等植物珍稀濒危种的平均水平（15%~20%），也高于世界真红树植物珍稀濒危种占16%的平均水平（Polidoro et al.，2010）。因此，在未来一段时间，中国应大力加强对珍稀濒危红树林物种的保护。

10.3　红树林海岸破坏及其修复

作为一种非常重要的海岸生态系统，全球红树林面积在过去的50年减少了超过1/3（Duke，2017）。从20世纪50年代至2000年，中国的红树林也大幅下降，2001年的全国湿地调查得出全国红树林总面积为22 683.9hm²，内地（大陆）占22 024.9hm²，港澳台地区占659hm²，相较于20世纪50年代初的红树林面积减少了55%。自2001年以后，中国加大了对红树林的保护和恢复工作，通过设立红树林保护区等措施，对现有红树林进行了严格的保护，同时推广大规模的人工造林。以上措施成功扼制了中国红树林面积持续减小的势头。在全球红树林总面积逐年下降的情况下（每年0.16%~0.39%），目前中国成为世界上少数红树林面积净增加的国家之一，2001~2019年红树林面积年均增加1.8%。

10.3.1　红树林海岸的破坏

围垦造地和兴建养殖塘是直接导致红树林面积减少最主要的原因，此外水体污染、病虫害暴发（团水虱等）、外来生物入侵和极端气候（如冬季异常低温）也是导致红树林面积减少的因素。中国的红树林破坏大致经历了三个阶段，20世纪60年代初至70年代以围垦填海运动为主，80年代以兴建养殖塘为主及90年代以来的沿海城市化发展和港口建设等。1980年以来，中国被占红树林面积达12 923.7hm²，其中挖塘养殖占比为97.6%。除面积减少以外，红树林海岸生态系统还面临着底质污染、群落结构变化、多样性下降、珍稀物种消亡等问题。

海堤建设是中国乃至全世界红树林面积下降的一个重要原因。在围海造地和围塘养殖过程中，海堤的建设不仅大范围地直接破坏了中高潮带生物量较高的红树林，而且对海堤向海一侧残留的红树林产生了不良影响。这些残留的红树林被称为"堤前红树林"，据2002年国家林业局调查显示，中国堤前红树林面积超过全国红树林面积的80%。海堤的建设不可避免地破坏了红树林海岸的自然水文动力条件和沉积地貌环境，人为限制了堤前红树林与陆地生态系统的物质和能量交换，破坏了其自然生境。堤前红树林常出现稀疏化、沙化和矮化的现象（范航清等，2017）。因此海堤建设是中国红树林多样性丧失和群落结构趋于单一的重要原因。此外，由于海堤阻挡了"堤前红树林"向陆后退的空间，其无法在海平面上升的情况下向海岸方向后退，随着海平面上升，其生存空间将进一步被挤压，上述挤压效应带来的影响在潮差较小的区域更为明显。例如，分布于中国海南岛的红树林正面临着较大威胁。

养殖污染是中国红树林退化的一个重要因素。在红树林附近区域进行的围塘养虾和养鱼等水产养殖业由于缺乏有效监管，往往对红树林区域造成严重污染，并诱发病虫害（如团水虱），导致红树林的退化和死亡。养殖污染包括养殖尾水排放、塘底淤泥排放、农药（抗生素、重金属）释放等，目前研究显示塘底淤泥排放是养殖污染的主要来源。99%以上的总氮（TN）、总磷（TP）通过清塘过程排放到养殖塘外的环境中（Wu et al., 2014）。除污染物量大外，塘底清淤的另一大危害在于养殖户往往在每一季养殖结束才（利用高压水枪等方法）对鱼塘底部进行清淤，导致高浓度污染物在短时间内集中排放，往往造成附近的红树林大量死亡（图10.2）。

图10.2　文昌会文〔（a）〕和清澜港红树林〔（b）〕因污染而死亡（王文卿等，2021）

彩图

生物入侵同样是影响红树林面积以及生物多样性的重要因素。来自美国的互花米草（*Spartina alterniflora*）自1979年在中国江苏引种以来，开始迅速占据中国各地的潮滩，在有红树林分布的地区，互花米草也迅速在光滩扩张，由于互花米草能较好地适应潮间带的动力环境并能够迅速繁殖，与原生红树林系统通过幼苗的扩张形成较大竞争，挤占了原本可供红树林扩张的空间。除互花米草以外，红树林中常见的外来入侵植物包括薇甘菊（*Mikania micrantha*）、飞机草（*Eupatorium odoratum*）、美洲蟛蜞菊（*Wedelia trilobata*）、五爪金龙（*Ipomoea cairica*）等，但这些植物耐盐和耐淹水能力有限，无法在潮间带存活，仅对潮上带的部分红树物种造成威胁。值得注意的是，中国在恢复红树林的过程中，也引入了生长迅速的外来物种如无瓣海桑（*Sonneratia apetala*）（原产于孟加拉国）和拉关木（*Laguncularia racemosa*）（原产于墨西哥）等。由于易见成效，这些外来物种在一段时期内被当作红树林恢复的主要物种，但其可能导致乡土红树林的群落结构改变，多样性退化，生态功能下降。因此，中国一些省份已经被明文禁止继续种植无瓣海桑等物种来开展红树林修复。

10.3.2　红树林海岸的修复

习近平总书记于2017年4月19日考察广西北海金海湾红树林生态保护区时，强调"一定要尊重科学、落实责任，把红树林湿地保护好"，应以维护国家生态安全为目标，以保障生态空间、提升生态质量、改善生态功能为主线，更好地实现对红树林生态功能的保护。2000年以来，中国采取多种措施对红树林进行保护和修复，使红树林面积逐渐恢复到了目前的3万多公顷。现阶段已建立了38处不同级别、不同类型的以红树林为主要保护对象的自然保护地（包含自然保护区和湿地公园等），覆盖了超过75%的现有天然红树林。通过一系列举措，中国目前是少数几个红树林面积正在增长的国家。全球红树林保护与恢复在进入21世纪以来逐步受到重视，特别是自2004年12月的印度洋海啸以来，红树林防护海岸的生态防护功能进一步得到认可，目前全世界红树林面积急剧下降的势头得到初步遏制，面积下降速度由20世纪八九十年代惊人的每年1%~2%下降为2000~2012年的0.16%~0.39%（Hamilton and Casey，2016；Richards and Friess，2016）。目前国际主流红树林学者对未来红树林保育工作给予了较为乐观的预期（Friess et al.，2020）。应当指出红树林的修复不仅仅针对红树林面积，由于红树林退化还表现为生物多样性下降、固碳能力下降、防浪护堤能力下降等多个方面，红树林修复应该将单纯的植被恢复提高到红树林湿地生态系统整体功能恢复的高度，把动物多样性、防灾减灾能力及固碳功能等纳入修复目标（范航清和王文卿，2017）。

　　根据生态系统的退化程度及其修复方式，生态修复可分为自然恢复、人工促进修复和重建恢复三种模式（陈彬等，2019）。自然恢复是指利用红树繁殖体在潮间带水流的带动下得以传播进而在滩涂上定居并发育成林的过程。废弃的养殖塘，通过人工打开缺口，恢复水位连通性以后，也可能实现自然恢复。而在原先没有红树林的光滩区，由于泥沙淤积具备了红树林定居的基本条件，红树植物繁殖体进入而发育成林的情况也属于自然修复（李春干和周梅，2017）。人工促进修复是指在原有红树林的光滩区域或在与海连通的养殖塘内种植红树林苗木，包括种植红树植物的胚轴、种子、果实、野外收集的实生苗或苗圃培育的苗。对于一些林分质量较差（低矮、郁闭度低、树种组成简单）的红树林，采取人工抚育或补苗的措施进行修复的过程，也属于人工促进修复，但人工促进修复一般不包括人为抬高滩涂高程的措施。重建恢复则是指在原先没有红树林分布的低洼滩涂或养殖塘，通过人工抬高滩涂创造红树林生长的基本条件，再人工种植红树植物苗木的过程。常见的滩涂造林和将鱼塘填平后再种上红树林的措施均属于重建恢复。

　　根据红树林修复的区域来分，红树林面积增加的主要途径可以分为滩涂造林和退塘还林。两种方式中，目前以滩涂造林为主导方式。2000~2019年，中国红树林面积增加了8000hm^2，除少面积的自然扩张、废弃鱼塘自然恢复、退塘还林外，90%以上为重建修复滩涂造林。滩涂造林的特点是操作简单，且育林成功以后可提供有效海岸防护。其缺点在于造林成效低，在世界各地的滩涂造林成功率均不高，中国现在的红树林造林保存率仅为20%左右（范航清和莫竹承，2018）。成功率低的主要原因是滩涂高程不够，导致淹水时间过长、淹水深度过深和淹水频率过高。人工抬高的滩涂可能在较强水动力作用下受到侵蚀，其中的动力地貌过程在造林实施过程中也是需要考虑的。此外，滩涂造林可能会挤占水鸟的觅食空间，从而引发生态风险。在许多沿海地区大量存在着废弃的养殖塘，为退塘还林提供了机会。与滩涂造林相比，退塘还林在恢复红树林生态系统功能方面更具优势，是目前各国学者比较推崇的红树林修复方式（Duncan et al.，2016；Lee et al.，2019）。但是，征收养殖塘造林除面临复杂的法律和经济问题以外，还有诸多技术问题有待解决，如湿地水文修复和红树植物选取等。中国的退塘还林模式有以下三种（图10.3）。

　　1）人工退塘还林模式　　挖掘机破堤，将整个鱼塘用大型机械填平，地表高程控制在涨潮能淹没、退潮能露出的程度，然后直接插胚轴或种植事先培育的袋苗（符小干，2010）。严格来说，这属于重建修复。

　　2）半人工退塘还林模式　　挖掘机破堤后不平整滩涂，直接在破堤后的鱼塘内种植红树植物胚轴或事先培育的袋苗。根据海南东寨港的实践看，这种模式在树种配置上往往没有根据滩涂高程的不同配置不同的树种，仅仅按照规定的间距种植同一种红树植物。

3）自然退塘还林模式   挖掘机破堤后不平整滩涂，也不人工种植红树林苗木，而是利用红树植物繁殖体随水传播的特性让苗木进入鱼塘并自然定植。

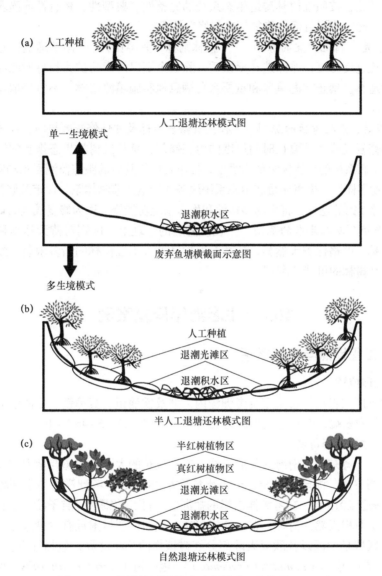

图10.3　三种退塘还林模式示意图（王文卿等，2021）

为进一步促进中国红树林修复从"量的增加"到"质的提升"，2021年自然资源部、国家林业和草原局印发的《红树林生态修复手册》建议红树林修复项目设计可以参照以下原则。

1）生态优先、保护优先的原则   在修复目标设置时，应采纳面向生态系统功能的修复模式，以关键生态组分、关键生态过程以及关键环境因子角度，构建多目标修复模式，确保生态系统的完整性，将生物多样性和生态系统功能修复作为修复成效的重要依据。

2）自然修复为主、人工修复为辅的原则   避免单一物种造林，提高多种树种育苗和造林应用；慎重使用外来种造林，禁止保护区内使用外来种，非保护区使用外来种要经过严密的论证；除了必要的立地条件改良等人工手段，应采取终止或减缓干扰的因素，促进群落自然更新和演替，减少使用袋苗，大幅度降低修复成本与修复后的维护成本。

3）科学论证、规划先行的原则　严格开展红树林恢复前水文调研、自然恢复可能性调研等调查与评估，按照红树林湿地生态系统的完整性、典型性、稀有性或脆弱性及受损程度等，分门别类确定修复目标、修复策略与修复技术。

4）实事求是、因地制宜的原则　"宜林则林，宜滩则滩"，科学确定优先修复地点及修复目标，避免过度修复；滩涂造林要慎重，除极个别以海岸防护为目标的滩涂造林外，应逐步减少滩涂造林。禁止在海草床和重要水鸟栖息地实施填滩造林，不宜采取填平鱼塘后重建造林的模式。

5）注重成效、严格考核的原则　在设置修复目标及评估修复效果时，应该采纳面向生态系统功能的修复模式，采取长时间尺度的生态修复，延长红树林生态恢复的管护及验收时间，至少满足生态系统的自我恢复能力需要；提出具体修复后的跟踪监测要求和实施细则，将鸟类、底栖生物多样性、生境质量和生态系统服务功能纳入监测体系；评审及修复效果评估应充分听取红树林专家的意见，将生物多样性和生态系统功能修复作为修复成效的重要依据。

6）科学保护、以人为本的原则　在修复后的管理上，区别对待天然林和非保护区人工修复的红树林。严格保护天然林，放宽对保护区外人工红树林的诸多限制，鼓励对保护区范围外的人工红树林的可持续利用。

10.4　生态海岸修复案例

10.4.1　工程地点与自然概括

1. 案例地理位置

本案例位于广东省惠州市惠东县考洲洋内，涉及铁涌镇、黄埠镇、平海镇沿岸区域，属于粤港澳大湾区的东端，中心地理坐标为22°44′17.03″N，114°54′46.14″E。

2. 自然条件与生态背景

考洲洋是位于粤东地区南海北部的内湾，通过狭长的大洲港水道与南海相通，是红海湾向内陆延伸的溺谷湾，海岸线长65.3km，水域面积28.6km²。考洲洋水域水深较浅，沿岸滩涂资源丰富。截至2015年，在考洲洋沿岸的盐洲白沙村、前寮村、君子渡，以及黄埠吉隆河口等地分布着小面积天然红树林，在铁涌好招楼、盐洲白沙村附近有少量人工种植的无瓣海桑人工林。该区域是中国以及欧亚大陆部分红树植物的分布北界，包括红海兰（*Rhizophora stylosa*）（图10.4）、榄李（*Lumnitzera racemosa*）、银叶树（*Heritiera littoralis*）均为中国大陆现存分布最北端的天然种群，木榄（*Bruguiera gymnorhiza*）则为广东省现存分布最北端的天然种群，在保持红树林遗传多样性、研究红树林传播机制和实施耐寒红树林引种选育方面具有重要的生态价值。

10.4.2　工程背景与目的

1. 自然保护

遥感解译分析结果显示：1989年惠州市尚存红树林121.95hm²，至1999年红树林面积

彩图

图 10.4　位于盐洲白沙村的天然红树林是中国大陆红海兰的分布北界

下降为 104.52hm²，减少了 14.3%。随着近年来惠州市沿海地区大面积的填海建设工业、围网养殖发展，以及高速的城镇扩张，考洲洋及其周边区域受到了环境质量下降和生境蚕食的双重压力。为了提高红树林生态系统的质量，恢复红树林湿地生境，增加红树林的分布面积，自 2013 年起，惠州市海洋与渔业局组织实施了"考洲洋—罂公洲至赤岸区域海岸带整治及生态修复工程"项目，通过筹集资金，加大红树林种植管理力度，借助社会和专业科研力量，重点开展了乡土红树林的修复工程，共计培育和种植乡土红树植物幼苗 1000 余万株，首期投入资金 9539.93 万元，包括中央财政 2015 年海岛和海洋保护资金 3000 万元，广东省财政 2015 年海岛和海洋保护资金 3000 万元，惠州市财政配套资金 3539.93 万元，治理滩涂 10 000 余亩[①]。

2．乡土物种种群扩繁

在惠东县稔山镇构建了专门培育秋茄树、桐花树（*Aegiceras corniculatum*）、海榄雌（*Avicennia marina*）、木榄、红海兰等当地优势乡土红树植物 1000 多万株的专业苗圃场的同时，进一步实施考洲洋周边银叶树、榄李等珍稀红树植物的迁地保育、种群扩繁工作。其中，对惠东县平海镇中国大陆分布北端的榄李种群，以及海丰县小漠镇全球自然分布最北端的银叶树种群，开展了抢救性迁地保育工程。榄李群落在 2011 年被发现报道，2013～2016 年，其生境受到周边养殖及城镇发展基建蚕食和威胁；银叶树种群位于中国目前记录的该物种 7 个天然分布点的最北端，同时也是全球银叶树自然分布的最北端，近年来其周边生境正逐步被填埋和改造。于 2013～2015 年，在上述植物种群中收集繁殖体（蒴果）4000 多枚（图 10.5），培育了 1000 多株幼苗，并在 2016 年尝试幼苗迁地保育，在黄埠大桥下的人工红树林中构建了乡土红树植物混合林。连续 2 年的后续监测显示幼苗成活后长势良好（图 10.6），避免了因工程建设和养殖发展导致的红树林植物种质

---

① 　1 亩 ≈ 666.7m²

彩图   彩图

图 10.5 采集池塘中的榄李果实用于育苗   图 10.6 人工构建的 2 年生乡土混交红树林

资源丧失。

10.4.3 工程设计

1. 顶层概念策划

1）保育中国/欧亚大陆边缘分布的珍稀小种群红树植物   考洲洋周边存留的天然榄李种群面积小于 2hm²，银叶树种群则小于 1hm²，并且均分布在荒废盐池、池塘排渠、养殖塘基等环境中，与外界的正常潮汐交换基本被切断，系统处于半封闭的亚健康状态，红树植物的种群扩张与物质交流无法实现。在周边经济建设和土地开发利用的压力下，这些边缘分布的小种群红树植物因未受到《国家重点保护野生植物名录》《广东省重点保护野生植物名录》的保护，以及生境处于非自然保护区区域，会随时被侵占而彻底消失，造成生物多样性及种质资源的丧失。

在短期内无法将上述两种红树植物的分布点纳入自然保护区管理体系的前提下，采用人工收集种源、育苗扩繁、建立种质资源圃、构建人工混交林的手段，在 2 年内将考洲洋周边的榄李、银叶树种群保留下来，并在具有适宜红树植物生长的水动力条件的潮间带滩涂上重新构建了榄李、银叶树的种群，维持了上述物种的种质资源和遗传多样性，为其耐寒机制的探讨、北移引种扩繁方面的利用提供了可能性。

2）扩大边缘分布红树植物种群的规模   考洲洋区域是中国多种真红树植物、半红树植物的最北分布边缘界线，如红海兰、海杧果（*Cerbera manghas*）、水黄皮（*Pongamia pinnata*）、桐棉（*Thespesia populnea*）等。由于热量条件的限制，这些物种的生长形态常常不如低纬度地区的种群高大、迅速，在考洲洋区域的种群规模也十分有限。加之本区域潮间带滩涂长期存在非法围网养殖和捕捞的现象，导致这些红树植物的种群仅能维持在较小的规模，无法增加数量和扩大面积，不利于红树林生态系统的可持续发展。

依托考洲洋的海湾整治工程，辅以清理围网、清淤堆填抬升滩地、木桩巩固驳岸、恢复水动力条件、围网阻拦漂浮垃圾等工程措施，结合同期构建的惠州沿海乡土红树植物种质资源圃运行，使原产在考洲洋周边的红海兰、木榄等红树植物的分布范围得以扩大，种群数量成倍增加，提升了当地红树林资源的可持续发展能力。

2. 规划设计

1）设计思路   设计思路以"保育乡土物种、整治立地条件、恢复乡土植被"为主要特色，其技术路线如图 10.7 所示。

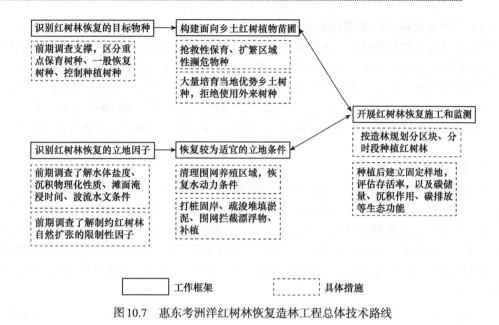

图10.7　惠东考洲洋红树林恢复造林工程总体技术路线

2）具体实施方案

（1）抢救性保留榄李、银叶树种质资源。工作组在2011年和2012年，分别对惠东县平海镇的榄李种群，以及海丰县小漠镇的银叶树种群开展了本底资源状况调查；同时考虑到上述红树植物种群分布地周边养殖塘、道路、房地产产业的发展势头，在2013~2015年，选择植物繁殖体成熟的季节，连续多年收集掉落、漂浮和聚集在排渠中、道路上的萌果超过4000枚，保留于项目地附近的惠东县红树林育苗场中（图10.8），确保红树植物群落的繁殖体在生境被侵占、蚕食或进一步恶化前被保留下来。

（2）对现有榄李、银叶树种群实施迁地保育，提升生境质量。由于考洲洋周边的榄李、银叶树种群长期处于与外界水体隔绝的荒废盐池、排渠、养殖塘塘基等半封闭生境中，其物种与基因交流、物质交换等正常生态过程可能受到影响。在保存其种质资源的前提下，借助考洲洋红树林恢复工程的实施，将榄李、银叶树的幼苗移栽至考洲洋开放式的潮间带生境中，并与秋茄树、红海兰、木榄、桐花树、海榄雌等乡土树种形成混合林（图10.9），确保了这些珍稀红树植物资源的可持续发展。

图10.8　惠东县红树林育苗场的改造池塘　　图10.9　种植2年后人工红树林初具规模

（3）对乡土树种实行条带状混交造林。近年来，中国红树林造林工程大多采用单一树种、外来树种为主的种植模式，无瓣海桑、拉关木的种植范围连年增加，并且在多个区域发现其自然扩散的种群。为此，采用多树种条带状混交的种植方式，依据不同树种对滩涂淹水时间的需求差异性，在人工堆填的宜林滩涂上自外缘至堤岸方向依次种植海榄雌、红海兰、桐花树、秋茄树、木榄等乡土树种，并在堤岸边缘高程较高的区域间种银叶树、榄李、桐棉、水黄皮、海杧果等植物，使新种植的人工林实现多树种、当地乡土树种为主的种类组成格局。

3．工程初步效果

至2020年，实施考洲洋综合整治和生态修复工程，完成红树林建设66.7hm^2，实现了各功能区协调发展。其中，重点开展罟公洲至赤岸区域海岸带整治及生态修复工程项目，投入资金9500余万元，堆填整治滩涂3000亩，种植乡土红树植物800万株，修建海洋环境监测观测站、修建景观栈道、生态观光及科普长廊、观景平台及观鸟亭等配套设施。项目的最终目的为有效恢复考洲洋滨海湿地生物资源，构建自然、社会、人文的综合景观，改善周边居住环境，发展旅游以带动当地居民经济收入。

总体上，该工程以"边缘分布珍稀小种群红树植物保育与迁地保护、乡土树种混合造林"为主要特色，符合当前中国红树林保育工作倡导的"鼓励利用本地种新造林，保护珍稀红树植物小种群生境并进行人工繁育和扩种"技术原则，可供中国沿海地区开展同类型红树林保育与恢复工程时参考借鉴。

思 考 题

1．简述红树林对逆境生境环境因子的适应策略。
2．红树林在中国海岸的分布是怎样的？
3．红树林被破坏有哪些原因？
4．红树林的修复有哪些原则？

参 考 文 献

陈彬，俞炜炜，陈光程，等. 2019. 滨海湿地生态修复若干问题探讨. 应用海洋学学报，4：464-473

陈一萌，杨阳. 2011. 惠州红树林资源的遥感监测应用研究. 热带地理，31（4）：373-376

但新球，廖宝文，吴照柏，等. 2016. 中国红树林湿地资源、保护现状和主要威胁. 生态环境学报，25：1237-1243

范航清，何斌源，王欣，等. 2017. 生态海堤理念与实践. 广西科学，24（5）：427-434

范航清，莫竹承. 2018. 广西红树林恢复历史、成效及经验教训. 广西科学，25（4）：363-371

范航清，王文卿. 2017. 中国红树林保育的若干重要问题. 厦门大学学报（自然科学版），56（3）：323-330

符小干. 2010. 退塘还林红树林造林技术. 热带林业，3：25-26

简曙光，唐恬，张志红，等. 2004. 中国银叶树种群及其受威胁原因. 中山大学学报（自然科学版），43（S1）：91-96

李春干，周梅. 2017. 修筑海堤后光滩上红树林的形成与空间扩展——以广西珍珠港谭吉万尾西堤为例. 湿地科学，15：1-9

廖宝文. 2011. 广东省惠东县发现较大面积的嗜热红树植物——榄李. 湿地科学与管理，7（1）：19

彭逸生，李皓宇，郑洲翔，等. 2016. 广东惠东县境内榄李种群的分布及保育策略. 湿地科学与管理，12（4）：36-38

王文卿，石建斌，陈鹭真. 2021. 中国红树林湿地保护与恢复战略研究. 北京：中国环境出版集团：207

王文卿，王瑁. 2007. 中国红树林. 北京：科学出版社：186

Chen L Z, Wang W Q, Zhang Y H, et al. 2009. Recent progresses in mangrove conservation, restoration and research in China. Journal of Plant Ecology, 2: 45-54

Costanza R, de Groot R, Stutton P, et al. 2014. Changes in the global value of ecosystem services. Global Environmental Change, 26: 152-158

Duke N C, Ball M C, Ellison J C. 1998. Factors influencing biodiversity and distributional gradients in mangroves. Global Ecology and Biogeography Letters, 7: 27-47

Duke N C. 2017. Mangrove floristics and biogeography revisited: further deductions from biodiversity hot spots, ancestral discontinuities, and common evolutionary processes. *In*: Rivera-Monroy V H, Lee S Y, Kristensen E, et al. Mangrove Ecosystems: A Global Biogeographic Perspective. New York: Springer: 17-53

Duncan C, Primavera J H, Pettorelli N, et al. 2016. Rehabilitating mangrove ecosystem services: A case study on the relative benefits of abandoned pond reversion from Panay Island, Philippines. Marine Pollution Bulletin, 109: 772-782

Friess D A, Yando E S, Abuchahla G M, et al. 2020. Mangroves give cause for conservation optimism, for now. Current Biology, 30: 135-158

Giri C, Ochieng E, Tieszen L L, et al. 2011. Status and distribution of mangrove forests of the world using earth observation satellite data. Global Ecology and Biogeography, 20(1): 154-159

Hamilton S E, Casey D. 2016. Creation of a high spatiotemporal resolution global database of continuous mangrove forest cover for the 21st century (CGMFC-21). Global Ecology and Biogeography, 25: 729-738

He Z Y, Peng Y S, Guan D S, et al. 2018. Appearance can be deceptive shrubby native mangrove species contributes more to soil carbon sequestration than fast-growing exotic species. Plant and Soil, 432: 425-436

Hogarth P J. 2015. The Biology of Mangroves and Seagrasses. Oxford: Oxford University Press: 304

Lee S Y, Hamilton S, Barbier E B, et al. 2019. Better restoration policies are needed to conserve mangrove ecosystems. Nature Ecology and Evolution, 3: 870-872

Peng Y S, Zheng M X, Zheng Z X, et al. 2016. Virtual increase or latent loss? A reassessment of mangrove populations and their conservation in Guangdong, southern China. Marine Pollution Bulletin, 109: 691-699

Polidoro B A, Carpenter K E, Collins L, et al. 2010. The loss of species: Mangrove extinction risk and geographic areas of global concern. PLoS One, 5: e10095

Richards D R, Friess D A. 2016. Rates and drivers of mangrove deforestation in Southeast Asia, 2000-2012. Proceedings of the National Academy of Science, United States of America, 113: 344-349

Wu H, Peng R, Yang Y, et al. 2014. Mariculture pond influence on mangrove areas in south China: Significantly larger nitrogen and phosphorus loadings from sediment wash-out than from tidal water exchange. Aquaculture, 426: 204-212

第11章

海岛生态修复

根据《中华人民共和国海岛保护法》（2010年3月），海岛是指四面环海水并在高潮时高于水面的自然形成的陆地区域，包括有居民海岛和无居民海岛。事实上，海岛的岸线可以有各种类型，包括基岩海岸、淤泥质海岸、沙质海岸、盐沼海岸、红树林海岸等，但由于海岛与大陆隔绝，生态修复有其自身特点，因此将海岛生态修复单独列为一章。本章内容主要包括海岛生态系统、生态修复流程、前期调查、问题诊断及目标确定、生态修复关键技术与方法，并结合工程案例讲解海岛生态修复的目标、修复措施与效果评估。

11.1 海岛生态系统

11.1.1 海岛分类

1. 按其成因分类

海岛按其成因可分为大陆岛、海洋岛和冲积岛三大类。

（1）大陆岛：大陆岛是大陆地块延伸到海底并出露海面而形成的岛屿，构造作用造成沿岸一部分陆地与原有大陆分离或因陆块分裂漂移或海平面上升等原因，导致某一大陆部分陆地四面环海水形成海岛，所以其地质构造、岩性和地貌等方面与邻近大陆基本相似。世界上比较大的岛多为大陆岛，最大的岛——格陵兰岛也是大陆岛，面积约217.5万 km^2。中国辽宁、山东、江苏、上海、广东、广西、海南和台湾等省、自治区、直辖市的绝大多数海岛都属于这种类型，共计达6000余个。大陆岛是海岛开发的主要类型，中国已开发利用的海岛绝大多数为大陆岛。

（2）海洋岛：又称大洋岛，是海底火山喷发或珊瑚礁堆积体露出海面而形成的岛屿。它原来不是大陆的一部分，其形成与大陆没有直接联系。按其成因又可进一步分为火山岛和珊瑚岛两种。火山岛是指海底火山喷发物质堆积并露出海面而形成的岛屿。它一般面积不大，但坡度较陡。有单个火山形成的岛屿，如黄尾屿就是圆形的死火山顶；有的则成群分布，如澎湖列岛就是第四纪初期火山喷发而形成的群状火山岛。中国的火山岛数量较少，主要有赤尾屿、黄尾屿、钓鱼岛等。澎湖列岛和南海诸岛原来也是火山岛，但后来因岛屿下沉、珊瑚不断生长而形成珊瑚岛。珊瑚岛是指由海洋中造礁珊瑚的钙质遗骸和石灰藻类等生物遗骸堆积而形成的岛屿，它的基底往往是海底火山或岩石基底。中国的西沙群岛、南沙群岛、中沙群岛、东沙群岛和澎湖列岛都是在海底火山上发育而成的珊瑚岛。由于珊瑚虫的生长、发育要求温暖的水温，故珊瑚岛主要分布在南北纬30°之间的热带和亚热带海域。中国的珊瑚岛仅分布在海南、台湾和广东三省份。珊瑚岛一般地势低平，多珊瑚砂，面积均不大。

（3）冲积岛：又称"堆积岛"，常见冲积岛为大河入海口，河流入海，水动力减弱，泥沙卸载沉积而形成；其次是就潮流搬运形成沙坝，进而演化成海岛；再次是风沙搬运，可以是陆地往海里搬运，也可以是低潮位时潮间带沙滩物质搬运堆积形成；最后一种是以上多种成因共同作用形成的海岛。冲积岛地势低平，一般由沙和黏土等碎屑物质组成，其形状、大小也多有变化，形成和消亡过程比较迅速。例如，河北省的蛤坨在 10 年内缩小了将近 1/3 的面积，并已分裂为 4 个海岛。河口冲积岛的土质肥沃，可以开辟为良田，也可以发展海岛旅游业、海水养殖业和工业。中国冲积岛共计 400 余个，约占中国海岛总数的 6%。中国最大的冲积岛是长江口的崇明岛，面积为 111km²，海岸线长 210km，是中国仅次于台湾岛和海南岛的第三大岛。

2．按岛陆物质组成分类

海岛按组成的物质可分为基岩岛、沙泥岛和珊瑚岛三大类。

（1）基岩岛：是指由固结的沉积岩、变质岩或火山岩组成的海洋岛屿。中国基岩岛数量最多，占全国海岛总数的 90% 以上。分布的范围很广，沿海省（自治区、直辖市）除河北省和天津市无基岩岛外，其他各省均有分布。这类岛屿的面积大，海拔一般都较高，是海洋岛屿的主体。基岩岛由于港湾交错，深水岸线长，是建设港口和发展海洋交通运输业的理想场所；由于岩石与沙滩交替发育，是发展海岛旅游业的良好场所；它也是发展海洋捕捞渔业和海水养殖业的良好区域。中国海岛中那些面积大、开发程度高、经济发达的岛屿大多数为基岩岛。舟山主岛是基岩岛，面积 476.2km²，是中国第四大岛，岛屿海岸线总长 170.2km，其中基岩岸线和人工改造岸线占 97% 以上，水深 10m 以上的深水岸线长 20.8km，是建深水大港，发展陆岛运输、岛岛运输的良好场所，也可发展成上海港的中转港；砂砾质海岸线长 3.7km，是发展海岛旅游业的天然宝地；它又是中国最著名的海洋渔场，海洋捕捞业、海水养殖业和水产品加工业均很发达。

（2）沙泥岛：是指由砂、粉砂和黏土等碎屑物质经过搬运堆积作用而形成的岛屿，这类海岛一般分布在河口区，地势平坦，岛屿面积一般较小，但有的沙泥岛面积也很大，如崇明岛。沙泥岛与冲积岛基本相同。沙泥岛土质肥沃，是发展种植业、盐业和养殖业的良好区域。中国沙泥岛有 400 余个，约占海岛总数的 6%，但分布很不平衡。河北省、天津市的岛屿均分布在滦河口、大清河、蓟运河、漳卫新河等河口外，所以这两个省、直辖市的全部岛屿均为沙泥岛。上海市处在长江口，泥沙来源较丰富，所以沙泥岛占全市海岛总数的 62%，在大河流较少、泥沙来源也少、海岸曲折的其他省、自治区、直辖市，沙泥岛占的比例则较低。

（3）珊瑚岛：是由造礁珊瑚的钙质遗骸和石灰藻类等生物遗骸堆积和凝固并露出海面而形成的岛屿。中国的珊瑚岛主要分布在海南、台湾和广东等三省份，约占中国海岛总数的 1%。

3．按形态分类

根据海岛分布的形状和构成的状态，可把海岛分为群岛、列岛和岛三大类。

1）**群岛** 中国有些岛屿彼此相距较近，成群分布在一起，这类岛屿则称群岛，如辽宁的长山群岛，山东的庙岛群岛，浙江的舟山群岛，福建的南日群岛，广东的万山群岛、川山群岛及东沙群岛，海南的西沙群岛、中沙群岛和南沙群岛等。

群岛既是岛屿构成的核心，也是岛屿组成的最高级别，它往往包括若干个列岛。例如，万山群岛则由万山列岛、担杆列岛、佳蓬列岛、三门列岛、隘洲列岛和蜘洲列岛组成。每个列岛又由若干岛屿组成。有些大的群岛还包括次一级的群岛和列岛，舟山群岛是中国最大的群岛，它由嵊泗列岛和中街山列岛 2 个次一级的群岛及浪岗列岛、梅散列岛、火山列岛、七姊八妹列岛、三星山 5 个列岛共 2100 余个岛屿组成。群岛往往形成岛屿开发的中心，也成为该区政治、经济、文化和行政建制的中心。南海南沙、东沙和西沙群岛，以及舟山群岛构成了中国两大海岛地级市。

2）列岛　　是指呈线（链）形或弧形排列分布的岛群。中国海岛共有45个列岛，其中辽宁省有3个（石城列岛、外长山列岛、里长山列岛），浙江省有14个（嵊泗列岛、马鞍列岛、浪岗山列岛、火山列岛、鱼山列岛、东矶列岛、台州列岛等），福建省有8个（台山列岛、福瑶列岛、马祖列岛、白犬列岛、礼是列岛等），台湾地区有1个（澎湖列岛），广东省有18个（南澎列岛、勒门列岛、港口列岛、中央列岛、沱泞列岛、果洲列岛、担杆列岛、佳蓬列岛、九洲列岛、南鹏列岛等），海南省有1个（七洲列岛）。

3）岛　　是海岛最基本的组成单元，它既可以比较集中地组成列岛或群岛，也可以单个或几个在一起形成相对独立的孤岛。

11.1.2　海岛生态系统特征

海岛是地球进化史中不同阶段的产物，可反映重要的地理学过程、生物进化过程以及人与自然相互作用的过程。海岛远离大陆，且被海水分隔，每个海岛都是一个独立而完整的地域性系统。在这个系统中，岛陆、岛基、岛滩及环岛浅海4个小生境各自具有其特殊的生物群落，又构成了相对独立的子系统。

海岛生态系统组成研究是海岛生态环境评价的基础。对于海岛生态系统，由于现有的研究基础较为薄弱，其生态系统的组成及空间范围仍没有完全达成一致，因此，在开展海岛生态环境评价理论、方法研究之前，针对其生态系统组成和空间范围的分析、研究显得尤为重要。正确地分析海岛生态系统的组成及范围，有利于提高其生态环境评价的准确性，同时也可为进一步的海岛生态系统评价工作奠定基础。

生态系统是指在一定区域内，生物与环境、生物与生物之间紧密联系、相互作用，通过能量流动、物质流动和信息传递构成的具有特定结构的功能整体。目前，关于全球生态系统的类型，尚无统一和完整的分类原则，因采用的分类标准和划分依据的不同，划分的结果也有所不同。对于自然生态系统，大致又可以归纳为三种类型，即陆地生态系统、淡水生态系统和海洋生态系统。

海岛生态系统处于海洋之中，既有陆地生态系统的特征，又要受到海洋气候、水文等的影响，单纯地考虑海岛陆地部分不足以描述整个海岛生态系统状况，海岛生态系统必须扩展到海岛的近海海域部分，这使得海岛生态系统的特征分析更加复杂。海岛地理位置独特、组分复杂，与其他生态系统相比，海岛生态系统具有诸多的独特性。通过分析归纳，大体可以概括为以下4个方面。

1. 海、陆二相性

按照人们通常认定的海岛生态系统概念，一个完整的海岛生态系统不仅包括海岛的陆地部分，还应该延伸到海岛的环岛浅海区域。在这样一个既拥有陆地、又拥有海洋生境的特殊生态系统中，其生态因子不仅具备陆地生态系统的特征，还要受到海洋气候、水文等因素的支配，表现为海、陆两类生态系统特征。

海岛生态系统的海、陆二相性主要源于两方面因素：其一，海岛生态系统的主体是海岛的陆地部分，海岛生态系统具有陆地生态系统特征。除生态结构相对简单之外，海岛生态系统的生物群落和环境与大陆基本类似，通常，自然状态下的海岛往往覆盖有良好的植被，岛陆植物群落在长期进化过程中往往会形成特殊的生境缀块，在这些生境之中生存着一定数量的陆生生物，这些丰富的动物、植物及微生物，与岛陆环境一起构成了一个相对完整的岛陆生态系统。其二，环岛近海是其生态系统的延伸，海岛生态系统兼有海洋生态系统的特征。海岛四周被海水包围，其气候特征受海洋控制，导致其生态因子受海洋气候、水文等因素的影响较大，甚至直接受到海洋水文因素的支配。海岛的潮间带、近海是海岛生态系统中最富活力的生物区。在该区域，生存着大量两栖类、软体类、甲壳类生物，生物栖息密度及其生物量极高，这些生物的生存环境和系统内部物质流动完全归属海洋生态系统的特征。

2. 结构简单、系统完整性

通常情况下，海岛面积狭小，地域结构简单，其土地和森林资源都很有限，加上海岛自身的自然容水量小，淡水资源极为短缺，海岛生境是受隔离的，并形成其独特的生物区系，海岛生物在相当长的时期内保持着独特的自然状态和演替规律，并且海岛物种通常是在较低竞争、捕食及疾病威胁下演化的，所以海岛物种多样性较低，生物多样性弱，生态系统结构相对简单。

海岛生态系统结构的简单并没有影响其结构和功能的完整性。海岛的陆域受海水阻隔，相对封闭，受地理空间限制，海岛生态系统基本过程、特性和相互作用都具有显著的独立性，岛陆上的生物种群、群落和生态系统是自我维持的实体。自然状态下的海岛形成自己的植物群落，在长期进化过程中往往会形成特殊的生境缀块，在这些生境之中生存着一定数量的陆生生物，这些动植物与岛陆环境一起构成了一个相对完整的岛陆生态系统，特别是面积较大的海岛，这种结构和功能的完整性显得更为明显。

海岛生态系统结构的完整性主要表现在生境的多样性以及生物资源的多元化。生境类型的多样性体现在海岛生态系统拥有陆地、湿地和水域三类生态环境，具有海域、海陆过渡带和陆域三类地貌特征，包含了全球多种生境类型，是全球各类生境类型的微缩。生物资源的多元化则是由于海岛地貌单元的多样性以及成带分布的特点，出现了物种种群分布的多样性，进而形成了由海到陆结构完整、不可分割的整体。但岛陆生态系统结构常以简单形式存在，多不及一般大陆生态系统那么复杂。

3. 生态脆弱性

海岛生态系统由于地理位置的独立、面积较小、特殊的气候条件等原因，其结构简单，生物多样性弱，稳定性差，环境承载力有限，生态系统十分脆弱，易受自然环境变化和人类活动损害而造成生态环境问题。首先，海岛抵御自然灾害的能力弱，频发性的自然灾害，诸如台风、风暴潮、干旱、海冰等，对于海岛生态系统的稳定极为不利，加上突发性的灾害，如地震、海啸，更加严重地威胁着海岛生态系统的稳定性。其次，近年来，随着人类在海洋中的频繁活动，海岛陆源污染渐重、岛陆植被锐减、潮间带蚀退、湿地功能减退等生态现象日益严重，极大地干扰和破坏了海岛原有生态系统的稳定性，给原本脆弱的海岛生态系统带来了新的威胁。

由于海水的阻隔，海岛生态系统本身经过若干年的自然变迁，已经形成了其独立、稳定的食物链结构。但是，这种稳定性的自身调节能力是有限的，一旦某种因素致使某一捕食或供食的生物环节出现短缺或出现过剩，其整个生态系统就将失去平衡，海岛的生物、食物链系统就会发生重大改变。例如，海岛淡水的环境是海岛陆地生物及物质流动的前提条件。海岛一般面积小而难以形成河流，如果再缺乏植被的覆盖，其淡水资源尤显宝贵。此外，土壤资源也是维持海岛生命系统的重要物质基础之一，海岛的土壤资源一旦受到破坏，其植被群落的生存就要随之受到影响，进而削弱植被涵养水源的能力，威胁着整个海岛陆地生态系统的稳定。因此，保持海岛水、土、林及生物间的平衡与协调对于维持海岛生态系统的稳定至关重要。

4．资源独特性

海岛四周环水，又远离大陆，极大程度地限制了其生态系统内部与外界物种之间的交流，加上其面积通常狭小，地域结构简单，导致海岛生态系统的生物多样性相对较小，物种类型有限。但是，也正是由于这种特殊的地理条件，其形成了一个相对独立的海岛生态环境地域小单元。在这样的地域单元内，往往具有其特殊的生物群落，并保存有一批独特的珍稀物种。

海岛是许多珍稀濒危物种栖息繁衍的唯一生境，南太平洋岛屿曾有400多种独特的鸟类，IUCN收录的濒危物种中约33%为海岛特有种。由于其生态系统的特殊性和脆弱性，海岛物种更易于濒危或灭绝，统计资料显示，17～20世纪地球上灭绝的维管植物中岛屿植物占36%；濒危或易危维管植物中岛屿分布种类占40%；世界上90%的爬行类、两栖类及50%的哺乳类灭绝皆发生于海岛地区。为加强海岛生物多样性的保护，《生物多样性公约》专门设置了"岛屿生物多样性"专章，将岛屿生物物种的独特性和脆弱性纳入工作方案。

11.2　生态修复流程

海岛生态修复流程主要包括前期调查、目标分析、修复方案设计、修复实施和跟踪监测5个阶段，其流程见图11.1。在本章后续小节中，将对前期调查、目标分析、修复方案设计

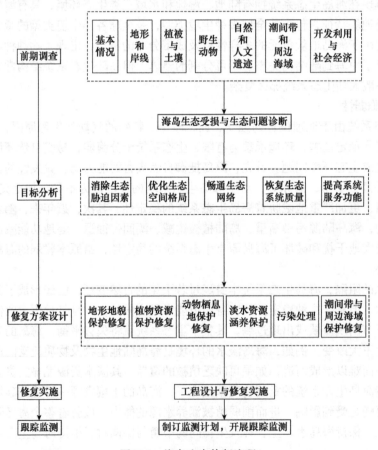

图11.1　海岛生态修复流程

进行系统讲解，并通过对一个具体工程案例的叙述，来帮助读者熟悉修复实施和跟踪监测阶段的工作内容。

11.3　前 期 调 查

前期调查旨在通过调查和资料分析掌握海岛自然地理和地质环境、岛陆及周边海域自然资源、海岛动植物分布及典型生态系统、自然灾害，结合收集的涉岛工程的概况、施工情况、空间分布、岸线利用情况、已采取的生态保护措施等，分析海岛生态问题，评估受损状况，为制订生态保护修复与管控措施、开展整治修复等提供依据。

11.3.1　调查区域

前期调查区域宜覆盖拟开展海岛生态修复的区域及可能影响项目实施或受到项目实施影响的周边区域。前期调查阶段，应尽可能明确可设定为参照生态系统的海岛，并开展相应的生态调查。

11.3.2　调查内容

通过资料收集和现场调查，掌握海岛岸线类型和分布、植被、动物、周边海域水质以及海岛潮间带底栖生物等区域自然环境的基本资料，收集海岛已开展的工程概况、施工情况、空间分布、岸线利用情况、已采取的生态保护修复措施等项目背景资料。具体调查内容列于表11.1中。

表11.1　海岛基本信息调查或收集表

要素	调查或收集的内容
位置与类型	海岛位置、海岛类型（按物质组成：基岩岛、沙泥岛、珊瑚岛）
地形和岸线	海岛地形、地貌特征；海岛岸线类型、长度、位置
植被	（1）全岛植被覆盖率 （2）植被调查：植被类型、面积与分布；植物群落的种类组成与结构，盖度、胸径、株高和冠幅等；外来植物物种的种类、分布及危害等；植被的保护与利用现状 （3）特有、珍稀和濒危植物调查：植物种类、数量、分布及其保护等情况
土壤	相关内容包括表层土壤类型、分布、理化特征、环境质量，当用岛项目涉及污染排放时，须根据排放特征污染物，补充相关调查
动物	（1）陆生脊椎动物：主要陆生脊椎动物（兽类、两栖爬行类、鸟类）的种类，简要描述其栖息地、繁殖地、觅食区等现状，受干扰因素和保护现状 （2）特有、珍稀濒危野生动物（包括龟鳖类），主要鸟类筑巢繁殖地或迁徙停歇地等方面的调查：动物种类、分布、特征；受威胁因素及影响程度；栖息地、繁育地和保护现状
自然和人文遗迹	海岛自然遗迹（主要为典型火山地貌、海蚀地貌、黄土沉积、海滩岩、沙丘地貌、海滩等）和人文遗迹（主要为人类活动遗址、遗迹等）的类型、分布、开发利用和保护状况等
潮间带与周边海域	岛滩及周边海域地形、潮间带表层沉积物类型与质量、潮间带生物、海水水质、海洋沉积物类型与质量、海洋生物质量、海洋生态及海岛周边海域水动力情况等
海岛开发利用及社会经济	海岛开发利用类型、规模、分布，以及经济产值、旅游收入、渔业收入、农业收入和海洋生态修复工程经济投入等

（1）岛陆空间特征和岸线资料。包括海岛位置、类型、地形地貌和岸线等，应收集海岛

（尤其是生态修复工程区）多年的遥感影像资料、海岸线类型及其变化资料，包括岸线实测数据、无人机航拍资料等。

（2）岛陆植被与土壤资料。收集海岛植被覆盖分布类型和范围及其历史变化情况；当分布或记载有特有、珍稀和濒危植物时，应开展详细调查或收集。收集海岛表层土壤类型、分布、理化特征、环境质量等资料。

（3）海岛动物资料。确定重点保护动物及迁徙鸟类栖息地范围和分布；当海岛记载或分布有特有、珍稀濒危野生动物（包括龟鳖类），以及作为主要鸟类筑巢繁殖地或迁徙停歇地的海岛，应开展详细调查或收集，内容包括：动物种类、分布、特征、受威胁因素及影响程度，栖息地、繁育地及保护现状等。

（4）自然和人文遗迹。主要包括海岛自然遗迹（主要为典型火山地貌、海蚀地貌、黄土沉积、海滩岩、沙丘、海滩等）和人文遗迹（主要为人类活动遗址、遗迹等）的类型、分布、开发利用和保护状况等。

（5）潮间带和周边海域资料。收集、调查海岛周边潮间带类型、位置分布、受损情况等资料；重点确定海滩分布、范围、规模等内容；收集海岛周边海水水质、海洋沉积物调查资料；收集海岛周边海域水动力调查资料，包括波浪、海流、潮汐、悬浮泥沙等相关资料。

（6）海岛开发利用及社会经济资料。收集、调查海岛开发利用类型、规模、分布，以及经济产值、旅游收入、渔业收入、农业收入和海洋生态修复工程经济投入等方面的资料。

11.4　问题诊断及修复目标确定

通过现状调查，结合历史变化对比，分析海岛岸线、海滩、植被分布、动植物群落、生物多样性、岛体稳定性等方面存在的问题，开展海岛生态系统受损现状及问题诊断，识别引起海岛生态退化的主要胁迫因素和驱动因子，诊断海岛受损与生态退化问题。

11.4.1　问题诊断

1．自然灾害

海岛的地理位置决定其自然灾害频发，台风、地震、海岸侵蚀等海洋灾害对海岛生态系统有极为不利的影响。海平面的上升、更剧烈的海浪、海面冰盖的减少、地面温度的升高促进了永久冻土融化和地面冰面减少，将造成沿海地区土地面积减少，这些影响的综合作用对居民和基础设施产生了严重影响，也会引起海岸带的退却。在夏秋季，海岛又经常受到台风和风暴潮的侵袭，对海岛生态环境带来巨大危害。海岸侵蚀对海岛产生严重威胁，海岸侵蚀表现为波浪、海流、潮汐、风暴潮、冰冻等对海岛的侵蚀作用。海水入侵改变了岛陆和滩涂的生态环境，污染海岛的地下水。另外，全球变暖和气候变化会造成珊瑚的"白化"。

2．淡水资源匮乏

水资源的匮乏是制约海岛发展的一个突出问题。海岛四周环海，无过境客水，陆域面积狭窄，集雨面积有限，形成不了大的水系，大多数海岛的地形以基岩丘陵为主，岩层富水性差，承压淡水及潜水的范围窄小。淡水资源基本上依靠大气降水，但由于海岛山丘低矮、坡陡源短，加之许多海岛植被覆盖率低，截水条件差，调蓄能力低，地表径流大都直接入海，海岛一般因为面积小而难以形成河流，因此海岛的淡水资源非常宝贵。

3．外来物种入侵

由于海岛生境是受隔离的，并形成其独特的生物区系，海岛生物在相当长的时期内保持着独特的自然状态和演替规律，并且海岛种通常是在较低竞争、捕食及疾病威胁下演化的。因此，海岛是最易受到外来种威胁的一类生态系统。当岛上群落遭到竞争力较强的外来种入侵后，大部分防卫能力差的海岛种就可能消失。随着海岛的开发，一些外来物种往往会被有意或无意地带到海岛上，导致海岛原有的生态平衡被打破，生物资源受到干扰，一些珍贵的生物种类甚至会灭绝。根据2019年的调查统计，生态环境部已公布的4批外来入侵物种名单里的植物均在海岛上出现。山东烟台的牛砣子岛、羊砣子岛和南砣子岛黑松遭受外来入侵动物松材线虫（*Bursaphelenchus xylophilus*）等的入侵危害，死亡率较高，造成乡土植物多样性降低；福建厦门的猴屿林下的灌木层以马缨丹（*Lantana camara*）为优势；棘冠海星（*Acanthaster planci*）又名魔鬼海星，会用胃袋捕猎其他生物，是食欲旺盛的"珊瑚杀手"，主要食物是珊瑚，偶尔会以贝类或其他海参为食，对南海珊瑚岛礁造成了一定的威胁。

4．炸岛取石

随着人们对海岛开发利用程度的不断加大，海岛及其周围海域生态环境和资源状况受到一定程度的破坏，特别是众多无居民海岛由于疏于管理，人为乱占乱用现象严重，任意在岛上开采砂石，甚至采取炸礁和围填海的行为严重破坏了海岛生态系统的健康。

5．水产养殖和渔业捕捞

近年来，海岛居民大面积砍伐红树林，用于围垦农田或开挖养殖池，致使红树林生态系统受到破坏甚至消失，物种多样性降低。随意围海或填海导致海岛海岸线改变，致使海岛岸线蚀退，沙滩质量下降甚至消失。同时人们对海岛周围渔业资源的过度捕捞也造成渔业资源衰退和海洋生态失衡。捕捞珊瑚作为建筑材料或售卖造成了珊瑚礁生态系统的严重破坏。

6．岛陆周边海域人为活动

海岛一般都拥有得天独厚的资源，但这些资源的不合理开发会给其带来不利影响。尽管海岛产业带来了大量就业机会与丰厚的经济收入，但同时也带来了污染、生物种类减少等弊端，甚至威胁到生态系统的平衡。随着海洋和海岛开发活动的加剧，各种工业废水和生活污水的排放、化肥和农药的使用、海水养殖污染等因素导致海岛周围海域水质恶化，严重威胁着海洋生物的生存。海洋捕捞，海上石油勘探、开采及运输等也会造成海岛周围海域的污染。污染也使海水富营养化现象日益突出，近年来海岛周围海域赤潮频繁发生，给海洋生态系统带来了严重的危害和重大的经济损失。海岛人口增多也造成岛上垃圾量增加，处理措施相对滞后，使得垃圾日益严重。海岛垃圾的随意堆放，在污染空气环境的同时，也会造成地下水和周围海域的污染以及疾病的传播。

11.4.2　修复目标的确定

结合资料收集和现状调查数据，根据生态问题诊断结果，筛选生态修复重点区域和对象，从生态系统结构、功能及稳定性等方面提出生态修复目标。海岛生态问题、修复目标和修复措施见表11.2。

表11.2　海岛生态问题、修复目标和修复措施

	生态问题		修复目标	修复措施
生态胁迫	自然灾害频发，防灾减灾能力不足，生态系统受损	提升海岸防护能力	生态胁迫因素消除	修复受损海岸；修复受损生态群落，构建后滨生态防护体系，恢复红树林、盐沼植被等
	入海污染物增加导致海水水质呈下降趋势	改善海水水质		控制入海污染物总量；治理海漂垃圾和海滩垃圾
	外来生物入侵侵占本地物种生存空间	控制或清除外来入侵物种		引入天敌；防治外来入侵物种；修复岛陆植被；恢复红树林、盐沼植被等
	炸山取石、乱砍滥伐、滥捕滥猎等导致生态失衡	提升岛体稳定性和生态安全性		保护修复地形地貌、岛陆植被与植物资源、动物及其栖息地等；污染处理
生态空间格局	海湾面积萎缩、海域淤积	海湾纳潮量增加、淤浅区域水深增加	生态空间格局优化、生态网络畅通	退围/退填还海；堤坝拆除；清淤疏浚
	水动力交换能力减弱	水动力环境改善，水交换能力增强		退围/填还海；海堤开口；堤坝拆除；清淤疏浚
	典型生境面积减少、破碎化趋势增加	典型生境面积维持或扩大、破碎化程度降低		恢复典型生境（海洋生态环境敏感区、滩涂湿地、红树林、盐沼、海草床、珊瑚礁等）面积
	人工化构筑物导致海陆连通性下降、自然岸线减少	保持和恢复海岸的连接度与连通性，构建自然化、生态化、绿植化的海岸线，生态恢复岸线长度增加		生态海堤建设；海滩修复与养护；促淤保滩；退围/填还滩
生态系统质量	生态退化，生物资源量下降	海洋生物资源量增加	生态系统质量恢复	退塘还林（还草）；增殖放流；人工鱼礁；大型藻类恢复；典型生境生态修复
	生物多样性降低	生物多样性指数增加		
生态效益与经济、社会效益	生态系统服务功能下降	海岛生态系统供给功能、调节功能、文化功能、支持功能等增强	生态系统服务功能提高	通过上述各项生态修复措施实现
	生态效益与社会、经济效益不协调	生态效益、社会效益、经济效益提升的同时，协调发展	三效益协调	

11.4.3　修复方式的确定

根据退化及受损程度，海岛生态修复的方式包括有效管理的自然恢复、人工促进恢复和生态系统重建恢复三种类型。

1）有效管理的自然恢复　适用于退化程度较轻的情形，可自然恢复到相对稳定状态的海岛生态系统，如由于乱砍滥伐、过度放牧、过度捕捞等，但未严重改变海岛地形地貌和降低生物资源的，可采取封山育林、改变放牧时间和放牧强度或停止放牧、严格执行休渔期禁止捕捞等措施，消除外界压力或干扰因素，促进生态系统自然恢复到相对稳定的状态。

2）人工促进恢复　适用于海岛生境受损退化未显现的情形。主要针对需要花费大量的人力、物力逆转受损海岛生态系统的情形，通过人为辅助调控，结合自然恢复过程，经过较长时间来恢复生态系统。这种修复类型的海岛生态系统特点是生物多样性下降，生产力下降，植物种类发生明显变化；但土壤和沉积物未显著受损。通过消除胁迫因素并修复生境条件后，在原地利用生态系统再生能力，或者参照本底生态系统予以针对性修复，促进生态系统恢复。

3）重建恢复　　针对海岛生境几乎丧失生态功能，并在相对短的时间内无法自然恢复的情况，需通过重建非生物环境，以岛陆土壤修复为基础，减少水土流失，增加土壤渗透性，提高土壤的水分维持能力，保护土壤表层，增加肥力，为岛陆植被的修复提供适宜的微环境，逐步开展重建恢复。

11.5　生态修复关键技术与方法

11.5.1　连岛坝的拆除技术

连岛坝工程是指大陆和海岛、海岛和海岛之间修建的连通工程。连岛坝可分为栈桥式连岛坝和实体式连岛坝。前者因岛、陆，岛、岛之间水体连通，对水动力虽有影响，但能保证两侧水体交换，其对生态环境的影响不大，一般而言这类工程不需进行整治。而实体式连岛坝工程因其隔断了坝体两侧的水体交换，从而使海水流通不畅，造成坝体两侧局部海域的生态环境恶化，对海洋开发产生了不利影响。连岛坝的整治工程主要是指对这类工程的整治，以达到恢复生态环境的目的。连岛坝工程整治的主要工程措施是连岛坝的拆除工程，它可分为部分拆除工程和全部拆除工程。采取多大的拆除规模取决于拆除工程后能否达到恢复工程海域生态环境的目的。

1．部分拆除工程

部分拆除工程是指将连岛坝的某一部分拆除，以达到岛、陆之间，岛、岛之间水域连通，改善生态环境的目的。拆除部位选在连岛坝两侧水域最易连通处，多采用小炮定向爆破方式，缩小爆破造成的影响范围。

2．全部拆除工程

连岛坝的全部拆除工程是指将岛、陆和岛、岛之间的连岛坝完全彻底地拆除，以完全恢复连岛坝建设前的海洋动力场和生态环境。

全部拆除连岛坝影响到方方面面，因此必须对全部拆除的环境效益、经济效益、社会效益进行深入细致的分析，论证其全部拆除的必要性。与部分拆除一样，连岛坝的全部拆除方式以对周边海域生态环境影响程度最小为原则，应以小型多次定向爆破为首选拆除方式。

11.5.2　岛体的保护与修复技术

岛体地形地貌修复的主要技术措施为边坡工程，主要针对滑坡和边坡水土流失进行治理。

1．滑坡治理

滑坡主要是指山体斜坡位置的岩石或土块出现失稳现象，受地心引力的影响，岩石或者土块整体顺着斜坡下滑的过程。产生原因主要有：一是受外界自然因素影响，如受到台风或者风暴潮的影响引起的滑坡；二是人为因素影响，在海岛的开发利用过程中，破坏了海岛植被，引起海岛土壤的保水性能降低，导致水土流失，进而引发滑坡。

1）挡土墙　　挡土墙是指支撑山坡土体、防止填土或土体变形失稳的构造物，是防治滑坡中经常采用的有效措施之一。对于大型滑坡来说，其是作为排水、减重等综合措施的一部分；对于中小型滑坡来说，其可以单独使用。按照结构形式，挡土墙可分为重力式挡土墙、锚定式挡土墙、薄壁式挡土墙、加筋土挡土墙等。按照墙体材料，挡土墙可分为石砌挡土墙、混凝土挡土墙、钢筋混凝土挡土墙、钢板挡土墙等。

2）锚杆　　边坡锚固就是对潜在失稳或将来可能发生失稳的滑体采用锚固技术进行加固处理。因此，锚固设计的任务首先根据工程地质勘察与分析研究，确定潜在滑移块体的位置、规模、形态、大小及稳定状态，然后确定边坡的工程性质与稳定性重要程度，选择合理的破坏准则和安全系数。最后决定锚杆布局、安设角度及预应力值，设计锚杆和锚杆体的类型与尺寸，验算锚杆稳定性和设计锚头等主要内容。

2. 边坡水土流失治理

海岛边坡水土流失是一种典型的人为干扰下的加速侵蚀。大量土石方工程开挖形成海岛上大面积的裸露边坡，不仅破坏了原有生态环境，导致水土流失，而且由于边坡的不稳定性，为地质灾害更是留下了安全隐患。海岛边坡防护技术形式多样，如喷混植生、格构防护、喷锚支护和生态袋护坡等。

边坡修复设计的主要原则包括边坡稳定原则、与周边景观相协调原则、生物与工程措施相结合原则、短期效果和长期效果相结合原则、经济适用原则和因地制宜原则。

1）喷混植生　　喷混植生的施工流程一般包括坡面清理、铺网钉网、喷混植生、养护等流程。喷混植生是利用特制喷混机械将土壤有机质、保水剂、黏合剂等混合干料搅拌均匀后加水喷射到岩石上，形成一层不被冲刷的多孔稳定结构层，从而达到快速恢复植被景观、改善生态环境的目的。适用于坡比为1∶1～1∶0.5的非光滑岩坡面，如砾石层、软石、破碎岩、较硬的岩石、极酸性岩土、开挖后的岩体边坡以及挡土墙、护面墙、混凝土结构边坡等不宜绿化的恶劣环境。

喷混植生一般是在钉网等工序完成后，即可进行喷混植生。将保水剂、黏合剂、团粒结构调节剂、植物纤维、泥炭土、腐殖土、缓释复合肥等混合干料，按比例搅拌均匀后，用喷射泵和空压机将干料送至喷射管口，在喷射管口将混合土与适量的水混合后喷射在坡面和铁丝网上，用水量控制在使喷射于岩面上的基质稠度达到既能黏结在岩面上又不致产生流淌为宜。喷射分两次进行，首先喷射不含种子的混合料，喷射厚度为15～25cm，待第一次喷射的混合土达到一定强度后，紧接着第二次喷射含种子的混合材料，将经过催芽处理后的种子加入过筛后的泥炭土、腐殖土、黏结剂、纤维、缓释复合肥、保水剂搅拌均匀后，喷射在混合土层上，喷射厚度为5cm，最终喷射混合材料平均厚度应大于20cm。施工时须严格核准材料混合比例及用水量：每平方米坡面（按20～30cm厚度计）基质配合比，其中植物纤维10kg，泥炭土30kg，土壤（腐殖质）318kg，砻糠0.3kg，锯末0.3kg，缓释复合肥3.5kg，保水剂0.15kg，黏合剂0.16kg；水量应根据喷射情况做出调整，以达到既能黏结在岩面上又不致产生流淌为宜。

喷混植生草种配方根据各个品种的习性、根系深浅、根干重及根系数量等确定。其中根深度和数量能反映草坪整体的营养和水分吸收水平；垂直分布最大深度可以反映草种耐旱性差异。选择根系深一些的品种能提高抗旱力，延长浇水时间间隔，节约用水。

喷混植生的养护管理主要靠喷灌和配合人工解决，其初期养护工作主要包括盖遮阳网、浇水、施肥、病虫害防治等工作。确保植物迅速生长，坡面快速复绿。经过养护管理后，植物群落将得到体现，混播的草本植物及灌木树种生长旺盛，根系盘结，在坡面上形成一个抗张力和抗剪强度良好的保护层，生物防护作用显著。种群出现多样性，植物生长进入良性自然生态循环系统，并可以降低养护要求甚至可免养护。

2）格构防护　格构防护是用混凝土、钢筋混凝土、钢筋混凝土格构＋锚杆、浆砌块（片）石等材料，在边坡上形成骨架，对滑坡体中深层坡体起保护作用并增强坡体的整体性，能有效防止边坡在坡面水冲刷下形成冲沟，防止地表水渗入坡体和坡面，从而引起边坡物质的风化，同时提高坡面地表粗度系数，减缓水流速度，使得一般冲刷仅限于格构内局部范围。格构防护适用于风化较严重的岩质边坡、坡面稳定的较高土质边坡和松散堆积体滑坡的治理；适用于有视觉景观和生态效果要求或边坡稳定性要求较高的公共场所。

3）喷锚支护　喷锚支护是借高压喷射水泥混凝土和打入岩层中的金属锚杆的联合作用（根据地质情况也可分别单独采用）加固岩层，分为临时性支护结构和永久性支护结构，使锚杆、混凝土喷层和围岩形成共同作用的体系，有效地稳定围岩，防止岩体松动、分离。当岩体比较破碎时，还可以利用丝网拉挡锚杆之间的小岩块，增强混凝土喷层，辅助喷锚支护。不同结构类型的围岩，开挖洞室后力学形态的变化过程及其破坏机制各不相同，设计原则也有差别。在块状围岩中必须充分利用压应力作用下岩块间的镶嵌和咬合产生的自承作用；喷锚支护能防止个别危石崩落引起的坍塌。

4）生态袋护坡　生态袋是由聚丙烯（PP）为原材料制成的双面熨烫针刺无纺布加工而成的袋子。在充分考虑材料力学、水利学、生物学、植物学等诸多学科要求的前提下，对抗紫外生态袋的厚度、单位质量、物理力学性能、外形、纤维类型、受力方式、受力方向、几何尺寸和透水性能及满足植物生长的等效孔径等指标进行了严格的筛选，具有抗紫外（UV）、抗老化、无毒、不助燃、裂口不延伸的特点，真正实现了零污染，主要运用于建造柔性生态边坡。生态袋材料是一种无纺土工布料，它可以抵抗紫外线的侵蚀，不受土壤中化学物质的影响，不会发生质变或腐烂，不可降解并可抵抗虫害的侵蚀。

生态袋运输方便，施工简单，适用于各种坡度护坡。施工时将边坡袋装满肥料种植土，根据设计坡度一层层错开叠压，每层间由专用连接标准扣连接。若坡度较陡则还需专用工程扣把生态袋与背部加筋土工格栅连接成为牢固的整体。生态袋适用于各种播种方式，可以将植物的种子直接放入生态袋中混播，或在施工过程中进行压播和插播；也可以在生态袋安装完成后实施喷播。植物播种可选用适合当地生长的优良植物品种。生态袋边坡防护绿化，是荒山、矿山修复、高速公路边坡绿化、河岸护坡、内河整治中重要的施工方法之一。由于施工过程的工厂化、简单化、标准化，生态袋在海岛边坡生态修复的环境绿化和生态恢复中具有广阔的前景。

3．采石场植被修复

随着经济活动的开展，许多海岛建了环岛公路或上山路，早期海岛监管不规范，因建筑需要开挖山体后，留下了废弃的采石场。这些未能及时治理的采石场严重破坏了海岛生态环境，淤塞塘库，由于多年来未对停采土、采石场和深坑进行整治，大多数土、石场开采后留下的坡壁表面结构不稳定，采石场停采后的危害仍然存在。已停止开采三个月的采石场一般在迹地和壁上有土壤部分和缝隙都自然生长一些植物，如类芦、红毛草等，停采时间长的采石场迹地和坡壁自然生长的植物覆盖面积较大，但因采石场内的土壤厚度与含量极为有限，植物的种类和生长均受到限制，植被十分稀疏，分布相对凌乱，无土壤的石壁和石坡及常发生滑坡的部位植物仍旧不能生长。总之，停采的采石场景观效果依然很差，需要进行有计划的人工复绿。目前,海岛采石场复绿采用的方法有直接种植复绿法、堆土自然复绿法、巢穴种植复绿法等。

1)直接种植复绿法　直接种植复绿法是在稍做整理后直接在采石场表层种植植物,植株生长达一定的密度后形成对山体的覆盖。此类方法主要针对采石场的平缓土坡和土壤较厚的迹地,以乔、灌、草复合型植被覆盖地表,使自然景观恢复。这种方法在复绿前先将迹地进行整治,选用根系生长旺盛,能快速生长并能覆盖地面的植物,主要选择乔灌植物和地被类植物。一般土质坡面、迹地直接种植;密实的土质边坡、迹地采取挖坑种植,在风沙坡地,设置沙障固定流沙,再种植固沙植物。

2)堆土自然复绿法　堆土自然复绿法是在坡度较缓(一般<40°),石质、泥石质的边坡、坡面和迹地进行覆土工作,或对含土量较多的采石场进行简单的水土保持工作后搁置,由于有了植物生长的介质、借助自然条件(风、雨、光)进行植物繁殖生长,植物生长3~5年后使石场恢复成自然景观的方法。复绿前进行必要的水土保持工程措施,石坡部分确定堆土厚度后再进行复工,然后把该场封闭。

3)巢穴种植复绿法　巢穴种植复绿法是在采石场边坡、石壁、底部以及开采外围定点开挖一定规格的巢穴,再往巢穴中加入理化性优良、具有良好的保水性、养分均衡并能较长效供肥的填土(采用基肥混土),然后种植合适的速生类植物。由于采石场的条件比一般园林绿化种植地恶劣,巢穴的规格相对要大。回填土壤够肥够多,能满足所种植株的生长要求。即采用大肥、大穴、壮苗种植,石场底部种植1~2年生壮苗为宜,边坡和石坡则以种植上攀下缘藤本植物为宜。

11.5.3　岛陆植被修复技术

岛陆植被修复是对海岛上自然因素或人为因素使植被遭受破坏,或植被发育差的区域进行人工修复,以增加海岛绿化面积,保持水土,促进水源涵养,改良海岛土壤,改善海岛生态环境,美化海岛,提高海岛开发利用价值,促进海岛经济发展。

海岛由于地理隔离,相对封闭,岛上土壤贫瘠及淡水资源缺乏等的原因,海岛生态系统稳定性差,植被种植存活率低。另外,海岛上高风速、高盐分也是制约植物生长发育的重要因素。生境差异形成不同的小气候,间接影响植物的生长发育。例如,盐雾对植物生长和发育的胁迫,不同坡向的植物利用水分效率差异显著,这些都是海岛植被生态修复应充分考虑的因素。

在海岛和海岸带区域恢复植被存在一定的难度,最好的办法是自然恢复,其优点是可以缩短实现森林覆盖所需的时间,保护珍稀物种和增加森林的稳定性,投资小,效益高。另一种办法是生态修复,通过人工辅助的方法,参照自然规律,创造良好的环境,恢复天然的生态系统,主要是重新创造、引导或加速自然演化过程。

1. 自然恢复——封山育林(草)

所谓封山育林,即禁止人们对植被的继续破坏,对尚存林木及其天然更新能力加以保护,使之得到一定的恢复。同时,针对植被的恢复状况,采取适宜的人为促进或改造措施,使其迅速成林达到符合人们的培育目的。封山育林的主要对象是次生林和受到严重破坏形成的残林迹地、生有稀疏乔木和幼树的灌丛地,有防护意义的疏林地以及乡镇周围期望封育成林的灌木林等。封山育林的技术措施应做到对象适宜,及时封护,积极培育和育改结合,灵活应用造林、经营等有关技术,要包括诱导针阔混交林的技术措施、幼林抚育措施、人工促进天然更新措施和改造措施等。

2. 生态修复方法

生态修复方法包括物种框架法和最大生物多样性方法。所谓物种框架法是指离海岛天然植被不远的地方，建立一个或一群物种，作为恢复生态系统的基本框架，通常是植物群落中的演替早期阶段物种或演替中期阶段物种。而最大生物多样性方法是指尽可能地按照该生态系统退化前的物种组成及多样性水平种植进行恢复，需要大量种植演替成熟阶段的物种，忽略先锋物种。无论哪种方法，在这些过程中要对恢复地点做好准备，注意种子采集和种苗培育，种植和抚育，防风加固、植物选配等辅助手段，加强利用自然力，控制杂草，后期养护和病虫害防治，用乡土种进行生态恢复的教育和研究。针对海岛植物生长限制因素，海岛植被生态修复将从方案设计、土壤改良、植物配置、种植施工及养护管理5个方面开展相关工作。

1) **方案设计**　方案设计是海岛生态恢复技术的核心，而植物筛选则是方案设计的关键，应根据适地适树的原则选择海岛适生植物种。乡土种经过长期的自然选择及物种演替，适应性强，对当地的极端气温和洪涝干旱等自然灾害具有良好的适应性和抗逆性。基于海岛植物生长的限制性条件，应优先考虑具有抗风、耐盐、耐旱、耐贫瘠等特性的植物。除此之外，树种的选择还需遵守多树种混交原则、乡土树种和引种驯化相结合原则等。适生植物的筛选对于构建海岛特色植被景观、保护海岛特有种具有一定的意义，同时也能减少海岛面临的气候灾害。

2) **土壤改良**　海岛以滨海风沙土、黄赤土、赤红壤、粗骨性红壤等土壤类型为主，土层深厚，质地黏重，肥力较差。种植前，针对贫瘠土壤，根据植被生态修复区域土壤类型的理化性状等特点，结合现场修复植物的不同种类和特性要求，进行科学的种植土配土改良。针对土壤的不良性状和障碍因素，采取相应的物理或化学措施，改善土壤性状，提高土壤肥力，增加作物产量，同时要做到因地制宜，营造与周边环境相协调的地形地貌，还要求符合植被恢复作业需要，以此营造优良的海岛土壤环境。根据土壤类型不同，种植土改良配方有所差异。常见的种植土参考配方（体积比）如下：滨海风沙土、赤红壤、腐殖土的比例为 3：5：2，黄赤土、腐殖土的比例为 8：2，赤红壤、腐殖土的比例为 9：1，粗骨性红壤、腐殖土的比例为 7：3。

土壤改造的方法主要包括人工干预措施、增施有机物质（施肥）、土壤动物改良和土壤植物改良。人为措施通过采取工程或生物措施，增加土壤有机质和养分含量，改良土壤性状，提高土壤肥力；有机物质不仅含有作物生长和发育所必需的各种营养元素，而且可以改良土壤物理性质，提高土壤的缓冲能力，降低土壤中盐分的浓度。有机肥料种类很多，包括人畜粪便、污水污泥、有机堆肥、泥炭类物质等；土壤动物作为生态系统不可缺少的成分，一直扮演着消费者和分解者的重要角色，因此，在土壤中若能引进一些有益的土壤动物，将能使重建的系统功能更加完善，加快生态恢复的进程。植被是土壤有机质最主要的来源，土壤植被改良对土壤物理、化学和生物学性质有着深刻的影响，自然植被的保护及恢复是抑制土壤退化、维持生态系统平衡的根本。

3) **植物配置**　海岛植物配置时应以中、小规格的矮壮苗木为主，乔灌草、针阔叶、常绿与落叶、速生与慢生、叶花果等相结合，形成多树种、多层次、多功能、多样性的生态系统。充分考虑植物对温度、光照及土壤基质的需求，还应综合考虑海岸类型、植物的抗风等级、海岛属性等因素。不同海岸类型的生境不同，对植物的需求不同；按照不同植物的风力层级进行配置，可最大限度地发挥植物的功效；海岛分为有居民海岛和无居民海岛，有居民海岛的植物种植应在保证生态效益的前提下结合景观优化提升，而无居民海岛则应以生态系统功能修复为主。

4）种植施工　海岛植被修复在种植实施过程中，根据植物习性、气候条件及海岛的具体环境特点，通常春季种植优于秋冬季，应避免在东北风盛行的秋冬季种植，或者选择雨水湿透土壤和种植后有连续阴雨的天气。物种的选择，尽量避免单一物种，其存在林分结构单一、衰退较快、林分稳定性差等问题，进而制约了可持续发展。应选择混交种植，以优化植物群落配置，提高植被生态系统中的植物物种多样性和群落稳定性。除此之外，海岛的植被修复还需要一些辅助措施，以提高种植苗木的成活率。节水抗旱措施是其中重要环节，根据种植现场的地理位置、自然条件及种植季节，在种植过程中喷施营养液、保水剂、生根剂、抗蒸腾剂等。防风固沙是海岛滨海地带植被修复的关键，防风通常以搭建防风篱笆或防风网类风障来实现较好的海岛植被修复效果。图11.2和图11.3分别给出了永久性和半永久性的风障示意图。风障不仅能减弱风沙活动，改变流速和风向，而且能减轻风力对植物的机械伤害，降低盐雾对植物的盐胁迫；同时，还能显著增加沙地土壤的种子库，提高植物生长势，促进植被恢复。风障能显著提高苗木成活率和生长状况，具有不可替代的作用。

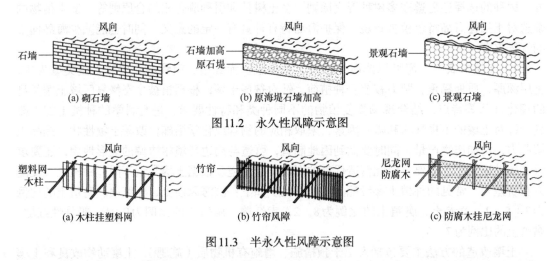

图11.2　永久性风障示意图

图11.3　半永久性风障示意图

5）养护管理　在恶劣的海岛环境下，土壤和气候条件对幼树的成活率影响很大，应格外重视植物的养护管理措施。海岛的岛陆植被修复后，此时必须加强抚育管理，植物种植后应及时浇水，将土踩实，并浇透定根水。还必须做好固定工作，可用三脚架支撑，也可用多种形式进行固定。日常的养护管理主要包括及时浇水、松土、除草、间伐、防治病虫害、苗木整形与修剪、防寒和防冻等。抚育幼林要做到三不伤、二净、一培土。三不伤是不伤根、不伤皮、不伤梢；二净是杂草除净、石块捡净；一培土是把锄松的土壤培到植株根部。

11.5.4　动物栖息地的修复技术

海岛是鸟类迁徙、繁衍及栖息的重要场所，人为或自然因素造成鸟类栖息及迁徙地遭受破坏或占用，导致鸟类不再在这些海岛上停歇，因此，在鸟类及其栖息地生态修复过程中，需实施具有针对性的环境修复措施，具体的措施如下。

1．水系修复

利用GIS与遥感技术统计分析海岛土地利用类型与水质之间的关系，加强周边土地的合理利用规划。水系的自然净化过程通过依靠各种物质循环机制达到水体中污染物去除的目的，通过改变迁徙地地形等手段，使得该空间内水体呈现流动性，改善水体自净能力，打造湿地水景，同时整改鸟类迁徙的水资源，控制污染物的排放，加强污水治理。水体自然净化方法包括植生处理法、土地处理法和接触氧化法。

2．土壤修复

土壤环境作为湿生植物生长的必备因素，也对鸟类迁徙产生了重要影响。土壤是动植物生长发育的主要场所，因此土壤恢复是鸟类迁徙地生态恢复的必备条件。收集被污染的土壤，堆积成不同的地形，在其上种植不同种类的植物，通过植物的根茎吸收被雨水稀释后的金属元素，达到净化土壤的目的。

3．植物多样性恢复

植物是鸟类生存环境中重要的组成部分。通过恢复鸟类迁徙地内的植物种群结构功能，净化水源，提供鱼虾所需的氧气及某些动物的食物，提升该区域生态系统的稳定性，有效增强生态系统的抗干扰能力。

4．动物多样性恢复

生态系统的稳定性建立在动物多样性的基础之上。大多数的水生和两栖类、爬行类动物是鸟类的食物来源，这些动物成为影响鸟类迁徙过程中停留、栖息的主要原因之一，是改善迁徙地生态环境的必要因素。修复过程可采用以下技术：一是选择重新引入原有物种，保持迁徙地的动物多样性；二是采用社群吸引技术（针对鸟类），制作假鸟模型，不断回放预先录好的声音，吸引在海岛飞过的鸟类停留、栖息、繁殖，如浙江韭山列岛的铁墩岛。

11.5.5　海岛污染处理

（1）生活污水处理工程包括污水收集管网和污水处理设施两部分，污水处理后需要继续回用的还需要配套污水回用设施。优先采用低成本、易管理、少维护的工艺，如厌氧池、生物塘、人工湿地等处理技术。处理后的生活污水尽可能回用，可用于农业灌溉、景观绿化、地层回灌等方面。

（2）生活垃圾进行初步的垃圾分类后，不能回收的集中收集到专门的垃圾处理场所，根据垃圾种类及海岛具体情况采用堆肥、焚烧、卫生填埋等一种或多种方法组合处理，尽量避免垃圾渗滤水对环境造成污染。

（3）应及时清理和妥善处置无居民海岛的海漂垃圾。

（4）针对海岛周边海域及滩涂油污，鼓励利用生物尤其是微生物及其产物，诱导或加快环境中溢油降解，修复受污染环境。

11.6　海岛生态修复典型案例——桥梁山岛整治修复

11.6.1　桥梁山岛基本概况

桥梁山岛，北纬30°28′，东经122°16′，为舟山群岛属岛，位于浙江省岱山县高亭镇北27.6km，衢山岛西北0.7km处。岛上曾经住人，现无居民。据调查，桥梁山岛的大规模挖山采石始于1993年,之前有零星采石,多为局部,影响不大。整个海岛的破坏主要发生在1992~2006年,大量石材被运到外地,用于填海抛石之用,约4hm²的岛陆区域被破坏。

1990年左右的海岛综合调查数据显示,桥梁山岛约有3.2hm²针叶林,原生环境良好。2000年左右,浙江省全省范围内受到松材线虫侵害,岛上大部分松树死亡,2009年12月生态修复前期调研时,岛上已没有成片松树生长,主要建群种为茅草,伴生一些灌木和小乔木。

据2009年12月14日现场调查结果分析,初步认定桥梁山岛的生态破坏比较严重。虽然经过多年的自然恢复,但采区地表仍然以裸地为主,间有杂草和稀疏的沙生植物分布,生态问题严重。结合1:10 000地理底图和遥感影像,在现场调查基础上,根据不同立地条件和植被生长状况,粗略地勾画出几种地块分类,在10hm²的地块中,约有6hm²为原生未被破坏,水土流失严重的面蚀区块约有3hm²以上,另外1hm²为植被严重退化区域。

11.6.2　存在的问题

采石区域形成的裸地,约占整岛面积的1/3,植被稀少,水土流失严重。岸段侵蚀破坏严重,海岸已经严重后退。在潮流、海浪和风力的作用下,海上漂来的垃圾在岛上大量堆积。影响岛上植物生长的两个重要因子是水和风,海风使植物很难扎根生长,风化土的水土保持能力低,仅仅能维持少量的沙生植物生长。

11.6.3　生态修复任务

主要包括海岛土地水土流失治理工程;在生产建设过程中采取措施保护水土资源,并尽量减少对植被的破坏;设置专门场地安放废弃土(石、渣)、尾矿渣等固体物,并采取拦挡治理措施;对采挖、排弃渣、填方等场地进行护坡和土地整治;对开发建设过程中形成的裸露土地修复林草植被,进行开发利用。

11.6.4　修复工作总体目标

(1)边坡修复,使立面裸露基岩和岛体形成景观上的连续;

(2)修复陆域生境,控制水土流失,给野生动物提供更多适宜的栖息地;

(3)岸段修复,防止波浪对岸线的进一步侵蚀;

(4)修筑简易码头,增加公共娱乐和休憩的机会。

11.6.5　生态修复措施

海岛生态修复是一项多学科交叉的实践性很强的工作,需要联合多方面的力量。生态修复工程与一般的农艺、园林工程有所不同,必须从生态景观、生态保护和种群演替的角度加以考虑,不同于一般的工程。在修复工程的具体实施过程中,尽量考虑本地物种,对外来物种入侵应有适当的考虑。对于局部的生态修复构造,必须考虑物种之间的行动方便,而不要给一些弱小动物造成死亡陷阱。

1. 桥梁山岛地面生态修复的强度干扰

地面生态修复主要是对原来采石形成的裸露地面的生态系统进行修复,并选择海岛南面区域作为试点区块,此方案为强干预方式的生态修复。采用客土回填、挡水沟、牧草栽种、植树绿化等方式,超大强度地干扰原有生态系统,在原来裸地上建立一个以牧草为主要建群种的生态系统。

1）客土回填　　利用衢山岛上道路修建工程需要破坏的原有地表上的土壤，选取其中1m左右的表土作为回填客土，体现了海岛生态修复过程中变废为宝的修复宗旨（图11.4）。

图11.4至图11.10的彩图可扫码查看。

图11.4　客土回填

2）构建生态沟渠　　图11.5所示为构建生态沟渠，为植被提供生长所需水源。

图11.5　构建生态沟渠

3）牧草栽种　　通过种播方式构建牧草，共进行春播和秋播两次主要的播种，其间根据出苗情况，进行适当的补播种，本次修复实际进行了三次播种工作（图11.6）。

图11.6　修复前采石场地表景观［（a）］和修复后采石场地表景观［（b）］

2．桥梁山岛地面生态修复的中度干扰

在基本保持原生环境的情况下，通过人工生态修复措施来改良植物生长条件，保证水分和养分的有效保存率。中度干扰的修复在边坡进行，主要措施为种植袋、等高环行垄（梯田）。对于坡下坍塌的坡度大概45°的土石质边坡，采用植生袋构筑等高环行种植带，移植容器苗，培植耐寒易生小灌木和藤本植物（图11.7）。

图11.7　用植生袋构筑等高环行垄

3．北边区域地面的轻度干扰修复

轻度干扰的生态修复措施主要有挡风栅栏、鱼鳞坑、条行坑、堆石等防风和储水等微地形地貌改造方法，外加适当的人工引种。这种方法的优点是资金投入少，如果投入大型机械，则修复时间短，其主要功能是启动自然生态演替过程，或者人为帮助原来的生态系统在初期发展。不足之处是时间较长，一般要3～5年的时间才能有明显的变化（图11.8）。

图11.8　轻度干扰的生态修复措施：挡风栅栏［(a)］和鱼鳞坑［(b)］

4．其他辅助工程

南面由于受风浪侵蚀，原来的码头已经坍塌。岸段防护工程采取就地取材，从基底干砌，并在外缘堆砌部分石头消浪。

11.6.6　生态修复效果评估

桥梁山岛生态修复项目在浙江省海洋与渔业局和各级地方部门的支持下，于 2010 年 4 月初开始，在 6 月顺利开展，通过仅一年时间的努力，就取得了以下成果。

桥梁山岛生态修复措施得当，采用的三种不同程度的干扰修复试验方法，均已经顺利实施，取得了比较显著的生态效果：植被覆盖率达到 90% 以上，生物量显著提高。坡面修复植物迁入效果明显，局部地区的植被覆盖率得到了提高（图 11.9）。

图 11.9　修复前后现场照片对比：修复前［2010 年 3 月，（a）（b）］和修复后［2010 年 10 月，（c）（d）］

在 8 月、10 月、11 月，分别对各地块的作物生长、土壤、植被覆盖等情况进行了初步调查，结果令人满意，总体覆盖率达到 90% 以上，植物生长茂盛，已经超过了原定的修复目标。

1 号地块所选播的百喜草、狗牙根、日本龙爪稷、决明 4 种作物中狗牙根和日本龙爪稷生长良好，百喜草、决明生长不理想，这可能与播种期偏迟，土壤水分低影响种子出苗有关。但由于狗牙根和日本龙爪稷生长良好，本地块作物对土表的覆盖度仍然较高，基本上达 95% 以上。

2 号地块所选播的白三叶、马棘、决明、狗牙根 4 种作物，除狗牙根生长较理想外，豆科白三叶和灌木马棘、决明生长不理想。地表植被覆盖度在 90% 左右。

3 号地块西侧播种狗牙根、刺槐、高羊茅，东侧播种印尼大绿豆、高羊茅，其中狗牙根、印尼大绿豆生长较好，刺槐、高羊茅出苗不理想。3 号地块西侧地表植被覆盖度约达 80%，东侧地表植被覆盖度约达60%。

4号地块所选播的白三叶和墨西哥玉米、狗牙根、高羊茅4种作物中，墨西哥玉米和狗牙根生长较好，白三叶和高羊茅出苗较差。地表植被覆盖度约达80%。地表作物生长与覆盖情况如图11.10所示。

图11.10　植被修复效果

思 考 题

1. 海岛生态系统的主要特征是什么？
2. 造成海岛生态系统受损因素主要有哪些？
3. 思考海岛生态修复与大陆岸线的生态修复有哪些区别。

参 考 文 献

彭少麟. 1996. 恢复生态学与植被重建. 生态科学, 15（2）: 28-33

任海, 李萍, 彭少麟, 等. 2004. 海岛与海岸带生态系统恢复与生态系统管理. 北京: 科学出版社

毋瑾超. 2013. 海岛生态修复与环境保护. 北京: 海洋出版社: 383

徐晓群, 廖一波, 寿鹿, 等. 2010. 海岛生态退化因素与生态修复探讨. 海洋开发与管理, （3）: 39-43

张琳婷, 肖兰, 姜德刚. 2020. 中国海岛植物种植管控技术研究进展. 世界林业研究, 33（4）: 74-81

Corlett R T. 2015. The Anthropocene concept in ecology and conservation. Trends Ecol Evol, 30(1): 36-41